U0426515

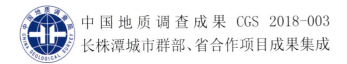

中国地质调查成果 CGS 2018-003
长株潭城市群部、省合作项目成果集成

长株潭城市群地质环境综合研究

CHANGZHUTAN CHENGSHIQUN DIZHI HUANJING ZONGHE YANJIU

盛玉环　徐定芳　等编著

内容提要

　　本专著为中国地质调查局和湖南省地质矿产勘查开发局等单位在长株潭城市群部署的多项地质环境项目的综合研究成果，涵盖了长株潭城市群地质环境条件、地质资源优势、主要环境地质问题、专题评价、地质环境保护与城市规划建议及数据库建设等方面内容，部分成果具有创新性和突破性，又有较强的学术性和实用性。

　　本专著数据资料来源于调查、统计，不作为官方发布资料，仅为从事水工环地质专业的教学和科研人员提供学术参考。

图书在版编目（CIP）数据

长株潭城市群地质环境综合研究/盛玉环，徐定芳等编著. —武汉：中国地质大学出版社，2018.3

ISBN 978-7-5625-4252-0

Ⅰ.①长…

Ⅱ.①盛… ②徐…

Ⅲ.①城市群－地质环境－研究－湖南

Ⅳ.①X141

中国版本图书馆CIP数据核字(2018)第042620号

审图号：湘S(2018)017号

长株潭城市群地质环境综合研究		盛玉环　徐定芳　等编著
责任编辑：胡珞兰　谢媛华	选题策划：毕克成　刘桂涛	责任校对：张咏梅
出版发行：中国地质大学出版社（武汉市洪山区鲁磨路388号）		邮政编码：430074
电　　话：（027）67883511　　传　　真：67883580		Email:cbb@cug.edu.cn
经　　销：全国新华书店		http://cugp.cug.edu.cn
开本：880毫米×1230毫米 1/16		字数：450千字　印张：14
版次：2018年3月第1版		印次：2018年3月第1次印刷
印刷：中煤地西安地图制印有限公司		印数：1—500册
ISBN 978-7-5625-4252-0		定价：280.00元

如有印装质量问题请与印刷厂联系调换

《长株潭城市群地质环境综合研究》编辑编委会

编纂指导委员会

主　　任：叶爱斌

副主任：黄建中　盛玉环

委　　员：肖光明　徐定芳　肖立权　皮建高　骆检兰

执行编辑委员会

主　　编：盛玉环　徐定芳

编写人员：范　毅　何　阳　刘声凯　龙西亭　童　军　姚腾飞

朱丽芬　赵祈溶　黄　超　刘一鸣　王灵珏　贺成斌

柏道远　周　华　刘显丽

参编单位：湖南省地质调查院

湖南省地质矿产勘查开发局四〇二队

湖南省地质矿产勘查开发局四一六队

湖南省地球物理地球化学勘查院

序

　　长株潭城市群是长江经济带建设的重点发展地区，是湖南经济发展的核心增长极。2007年12月，长株潭城市群获批为全国资源节约型和环境友好型社会建设综合配套改革试验区。为促进试验区建设，国土资源部中国地质调查局和湖南省人民政府联合在长株潭城市群部署了地质环境调查与区划、长沙市等9幅环境地质调查、地热资源调查评价等一系列地质工作。这些工作均由湖南省地质矿产勘查开发局承担完成，获取形成了上百万组地质数据，上百份地质调查报告，上千张地质图件。这些工作成果，对国家实施长江经济带发展战略、湖南建设美丽富饶幸福新湖南目标、推动地质科学发展进步，尤其是对长株潭城市群"两型"社会建设，具有十分重要的理论和实践价值。

　　为了让上述工作成果能够快捷高效和高质量地服务政府决策、社会利用和学术交流，湖南省地质矿产勘查开发局集中组织了一批地质专家进行成果集成，开展长株潭城市群地质环境综合研究。综合研究以地球系统科学理论为指导，以"空间、资源、环境、灾害"多要素为主线，取得了一系列集成成果，主要体现在：

　　一是从地形地貌、区域地质、水文地质、工程地质特征着手，全面系统地总结了长株潭城市群地下空间地质结构特征，阐述了活动断裂、软土、流砂的发育特征及对工程建设的不良影响，评价了区域地壳稳定性和地下空间开发利用适宜性，提出了城市群发展和规划的地学建议方案。

　　二是从地下水资源、矿泉水资源、地热资源、地质遗迹资源着手，全面系统地阐述了长株潭城市群优势地质资源特征、开发利用现状和潜力，重点研究了红层底部灰质砾岩岩溶地下水特征及集中供水意义，圈定了城市应急水源地，提出了加大矿泉水、地热和地质遗迹资源开发利用的建议方案。

　　三是从地下水环境、土壤环境、矿山环境着手，全面系统地梳理了长株潭城市群地质环境问题，科学分析评价了产生这些地质问题的原因及对生态环境的影响，提出了污染防治、生态保护、发展绿色矿业的对策建议，为长株潭地区生态文明建设提供了详实信息和地学支撑。

　　四是从崩塌、滑坡、泥石流、地面变形着手，全面系统地查明了长株潭城市群地质灾害现状、特点及灾情、险情，重点阐明了岩溶塌陷分布规律、发育特征、影响因素和形成机理，提出了加快建成地质灾害防治体系的对策建议，为地质防灾减灾救灾提供了详实资料和科学依据。

　　五是从调查手段、评价方法、数据库建设、服务信息平台打造着手，探索建立了一套比较完善的城市地质调查技术方法体系，为大规模高质量开展城市地质调查工作提供了方法技术示范。尤其是电子政务、综合监管和交换共享服务三大信息平台建成，可为城市规划建设运行管理提供全过程地质服务。

　　实施区域协调发展战略，构建大中小城市和小城镇协调发展的城镇格局，城市地质调查工作任务越来越繁重。向地球深部进军，为现代化国家建设提供能源资源保障，服务生态文明建设、美丽中国建设，地质工作责任越来越重大。湖南省地质矿产勘查开发局将以习近平新时代中国特色社会主义思想为指导，紧紧围绕国家实施长江经济带发展战略、湖南实施"创新引领、开发崛起"战略和建设富饶美丽幸福新湖南目标、实现人民群众美好生活向往对地质工作的三大需求，大力推进城市地质调查工作，着力实现地质工作成果、对象、领域、内容、方式、主体六大突破，朝着加快建成集调查研究、信息集成、成果转化、支撑服务国土资源规划管理四大功能的现代新型地质工作机构迈进，为实现"两个百年"目标做出湖南地勘人应有的贡献。

在《长株潭城市群地质环境综合研究》出版之际，谨向决策部署推动长株潭城市群地质调查工作的各级领导、各位专家表示衷心的感谢！谨向奋斗奉献在长株潭城市群地质调查研究一线的广大地质工作者表示衷心的祝贺，希望你们继续拿出自己的智慧和勇气，谱写出更加灿烂辉煌的新时代地质事业篇章！

湖南省地质矿产勘查开发局
党组书记、局长

2018 年 2 月

目 录

绪 言 1

    一、研究基础 1

    二、社会经济发展规划 4

    三、主要成果 7

第一章 城市群地质环境条件 11

    第一节 地形地貌 11

        一、地形地势 11

        二、地貌类型及特征 11

    第二节 区域地质概况 18

        一、地层 18

        二、构造 19

        三、岩浆岩 19

    第三节 水文地质条件 24

        一、地下水类型及含水岩组富水性 24

        二、水文地质分区特征 25

    第四节 工程地质条件 32

        一、岩土体类型及特征 32

        二、区域地壳稳定性 36

        三、核心区主要工程地质问题 37

第二章 城市群地质资源优势 44

    第一节 地下水资源 44

        一、评价分区与原则 44

二、计算方法与参数来源 44

　　三、计算结果及分析 45

　　四、地下水水质 46

　　五、地下水资源开发利用现状 48

　　六、地下水资源开发利用潜力 48

第二节　矿泉水与地下热水资源 49

　　一、矿泉水资源 49

　　二、地下热水资源 54

第三节　浅层地温能资源 66

　　一、总体特征 66

　　二、适宜性分区评价 67

　　三、资源量 70

　　四、开发利用 78

第四节　地质遗迹景观资源 79

　　一、资源分布及特征 79

　　二、开发利用现状 83

第三章　城市群主要环境地质问题 84

第一节　水土污染 84

　　一、地下水污染 84

　　二、土壤污染 88

第二节　地质灾害 90

　　一、崩塌、滑坡、泥石流、采空地面变形 90

　　二、岩溶塌陷 94

第三节　矿山地质环境问题 104

　　一、矿山地质灾害 104

　　二、占用破坏土地资源 105

　　三、影响破坏地下水系统 105

　　四、水土环境污染 105

第四章　专题评价 107

第一节　城镇应急（后备）地下水源地勘查评价 107

一、城镇应急（后备）地下水源地分布	107
二、城镇应急（后备）地下水资源量与水质	107
三、城镇应急（后备）供水方案建议	114
第二节　城市垃圾处理场适宜性评价	119
一、评价因子的确定	119
二、数学模型和评价标准	120
三、城市现有垃圾处理场适宜性评价	120
第三节　地下空间开发利用地质环境适宜性评价	121
一、评价原则	123
二、评价方法	123
三、评价结果	128
第四节　地质灾害调查评价	132
一、崩滑流地质灾害易发性、危险性评价	132
二、岩溶塌陷易发性、危险性评价	154
第五节　土地质量评价	162
一、评价方法	162
二、土地地球化学质量	163

第五章　城市群地质环境保护与城市规划建议 ... 167

第一节　地质资源开发利用建议 ... 167
一、地下水资源开发利用建议 ... 167
二、矿泉水资源开发利用建议 ... 167
三、地下热水资源开发利用建议 ... 168
四、浅层地温能资源开发利用建议 ... 171
五、地质遗迹资源保护和开发利用建议 ... 171

第二节　地质环境保护建议 ... 174
一、地下水保护建议 ... 174
二、地质灾害防治对策建议 ... 175
三、矿山地质环境保护建议 ... 179
四、土地开发利用及保护建议 ... 185

第三节　城市规划建设应注意的环境地质问题 ... 186
一、长株潭城市群核心区总体布局规划建议 ... 186
二、地铁规划建设建议 ... 199

  三、垃圾填埋场选址建议...203

第六章 数据库建设...206

  第一节 数据库建设概况...206
   一、基本情况...206
   二、目标任务...206
   三、提交成果...206
  第二节 工作方法及流程...207
   一、数据库编制依据与标准...207
   二、工作方法...207
   三、建库流程...207
   四、属性采集...208
  第三节 数据库主要内容...208
   一、属性数据库...208
   二、空间数据库...210
   三、元数据...210
   四、成果图件...210

结 语...212
主要参考文献...213

绪　　言

一、研究基础

长江经济带覆盖上海、江苏、湖南、重庆、云南等 11 省（直辖市），面积 $205\times10^4 km^2$，人口和生产总值均超过全国总量的 40%，为我国综合实力最强、战略支撑作用最大的区域之一，具有独特优势和巨大发展潜力。2014 年 9 月，国务院《关于依托黄金水道推动长江经济带发展的指导意见》的出台，标志着长江经济带正式上升为国家重大战略。2016 年 9 月，《长江经济带发展规划纲要》的印发确立了长江经济带"一轴、两翼、三极、多点"的发展新格局，其中"三极"指的是长江三角洲、长江中游和成渝 3 个城市群，长株潭城市群是长江中游城市群重要的组成部分。

长株潭城市群是以长沙、株洲、湘潭（以下简称长株潭）三市为依托，辐射周边岳阳、常德、益阳、衡阳、娄底五市的区域，总面积 $9.68\times10^4 km^2$。长株潭城市群主体区包括长沙、株洲、湘潭三市，面积 $2.8\times10^4 km^2$（图 0-1）。2007 年，长株潭城市群被确定为国家资源节约型环境友好型（简称"两型"）社会建设综合配套改革试验区，这是国家实施"中部崛起"战略的重大举措，也是长株潭城市群进入国家重大战略布局，实现又好又快发展的新机遇。2016 年，长株潭三市总人口达 1 444.9 万人，占湖南全省的 21.3%。2016 年实现 GDP 13 681.9 亿元，占湖南全省的 43.8%，人均 GDP 9.44 万元。城镇化水平为 70%。区内集中了湖南全省 3/4 的研发人员和 80% 的科技成果。区内有京广、沪昆、醴茶、石长铁路，武广、沪昆高速铁路，京港澳 G4、沪昆 G60、长张 G5513、长韶娄 S50、泉南 G72、岳临 S61、长株 S21、长潭西 S41、平汝 S11 等国家（省内）高速，以及 G106、G107、G319、G320 四条国道和 101、102、103、207、208、209、211、309、311、313、315、320、321 等多条省道贯通的交通网络（图 0-2）。

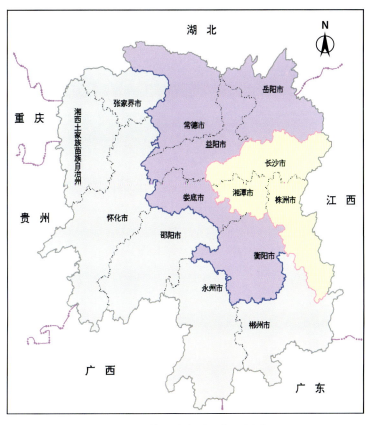

图 0-1　长株潭城市群区位示意图
（据《长株潭城市群区域规划（2008—2020）》2014 年调整版修改）

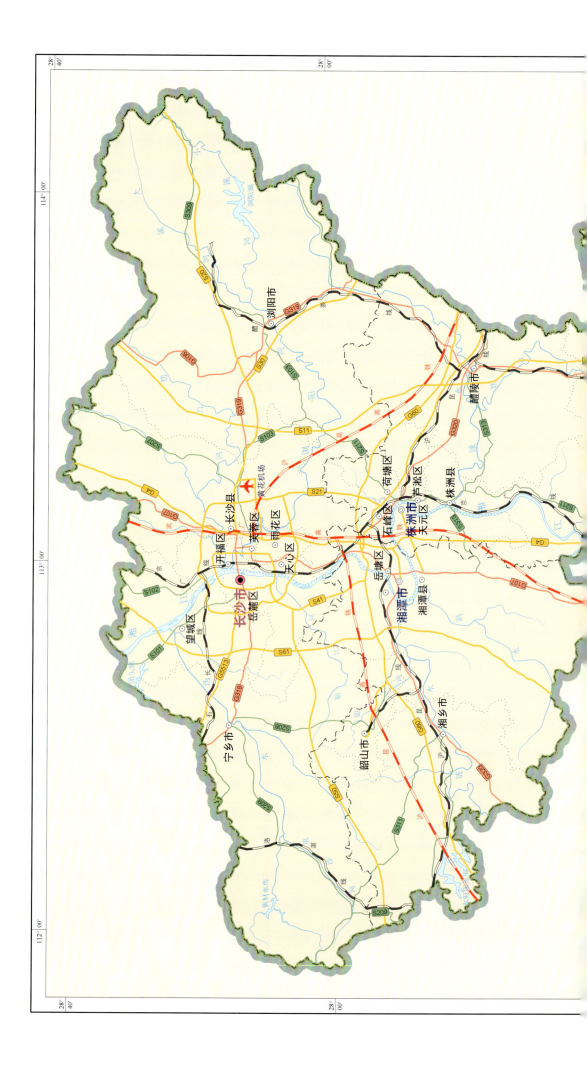

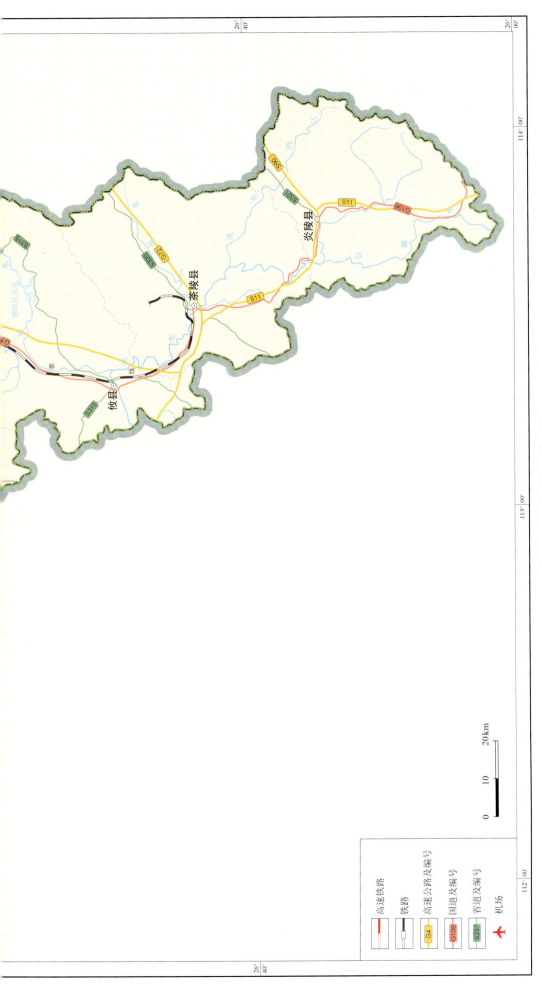

图 0-2　长株潭城市群交通图

为更好地服务于国家重大战略，促进长株潭城市群"两型"社会建设，2008年国土资源部与湖南省政府签订了合作协议。中国地质调查局及时跟进，根据部省合作协议，在长沙、株洲、湘潭三市域内部署了"长株潭城市群地质环境调查与区划"（2009—2015年），"湖南1：5万铜官幅（H49E022020）、长沙幅（H49E023020）、大托铺幅（H49E024020）、湘潭幅（G49E001020）、下摄司幅（G49E002020）、青山铺幅（H49E022021）、株洲县幅（G49E002021）、镇头市幅（H49E024022）、普迹幅（G49E001022）环境地质调查"（2014—2015年），"湖南省地热资源调查与区划"（2013—2015年），"长沙市浅层地温能调查评价"（2011—2013年），"湖南省主要城市浅层地温能调查评价"（2013—2015年）等工作项目。

湖南省内也投入大量资金在长沙、株洲、湘潭三市域内相继开展了"长沙、株洲、湘潭三市矿山环境地质调查与评价"（2007—2009年）、长沙县等15个县（市、区）"1：5万地质灾害详细调查"（2012—2015年）、"株洲市地下水资源调查评价"（2013—2014年）、"湖南省矿泉水资源及其开发利用调查评价"（2013—2014年）、"宁乡县灰汤地下热水人工回灌试验及回灌井勘探建井"（2010—2011年）、"宁乡县灰汤地下热水人工回灌条件下资源潜力评价"（2013—2014年）以及炎陵县平乐、长沙市麻林桥、攸县柏市镇等11项地下热水资源勘查工作。

二、社会经济发展规划

（一）发展战略目标

战略定位：全国"两型"社会建设的示范区，中部崛起的重要增长极，全省新型城镇化、新型工业化和新农村建设的引领区，具有国际品质的现代化生态型城市群。

发展目标：到2020年，"两型"社会建设综合配套改革主要任务基本完成，资源节约、环境友好的体制机制基本形成，新型工业化、新型城镇化和城市群一体化发展模式基本建立，创新能力和开放水平在中西部位居前列，经济社会发展与人口、资源、环境协调发展的格局基本形成，在全省率先向基本现代化迈进。长株潭三市的人均GDP达到14万元，城镇化水平达到75%以上；带动长株潭城市群（3+5）的人均GDP达到9万元，城镇化水平达到65%。

（二）发展规划

1. 城镇体系结构规划

形成"一核（长株潭城市群核心区）三带（岳阳-长株潭-衡阳、长株潭-益阳-常德、长株潭-娄底城镇产业聚合发展带）一环（长株潭城市群城镇功能联系环）五楔（洞庭湖生态区、雪峰山生态区、罗霄山生态区、湘东生态区、湘西农业生态区五大区域生态绿楔）"的空间构架，长沙为长株潭城市群中心（一级）城市，人口超过500万人；株洲、湘潭为长株潭城市群副中心（二级）城市，人口100万~300万人。

2. 产业布局

形成以长株潭为核心，以长株潭-娄底城镇产业聚合发展带为骨架、多点分布的重要开发园区为载体的产业梯度布局的发展格局。长株潭三市为核心区，重点发展先进制造业、电子信息、生产性服务业等高新技术产业。长株潭-娄底城镇产业聚合发展带，重点提升沿线地区的机械制造、能源原材料工业，依托区位优势加快发展现代物流业，打造西向经济通道。

3. 交通建设规划

公路规划高速公路形成"六纵七横两环七支"网络布局，六纵为张家界—安化—武冈、二广G55、南县—益阳—娄底—祁东、岳临S61、京港澳G4、平汝S11，七横为杭瑞G56、长张G5513、安化—益阳—平江、怀化—娄底—长沙—浏阳、沪昆G60、武冈—永州—常宁—耒阳—茶陵、泉南G72，两环为长沙外环、长株潭大外环，七支为娄底—新化、衡东—双峰、衡阳—邵阳、石门—津市—安乡、慈利—宜昌、湘潭—韶山、衡阳—衡山。规划国道、省道为"八射二十九纵二十九横"，构建"九纵九横九联"长株潭城市群快速道路网络。

铁路规划建设渝厦客运专线、蒙华铁路（湖北荆州—湖南岳阳—江西吉安段）、西长快速铁路（陕西西安—湖北宜昌—湖南常德—湖南长沙），实施湘桂铁路扩能、石长增建二线、洛湛铁路增建二线等工程（图0-3）。

城际轨道交通规划形成"一心（长株潭核心区，由长沙—株洲、长沙—湘潭线路组成"人"字形骨架）六射（依托核心区城际线网向外辐射岳阳、浏阳、益阳—常德、醴陵、衡阳、娄底6个方向）一半环（平江—汨罗—湘阴—宁乡—韶山—湘乡—衡山—攸县—茶陵）"网络布局。

地铁仅在长沙市区内规划，至2020年将建设轨道交通线路7条，总长200～260km。

跨湘江通道，长沙市中心城区规划了冯蔡路、学士路特大桥及湘雅路、劳动路隧道，预留白泉大桥、人民路隧道。

4. 供水规划

长沙市主城区目前有一、二、三、四、五、八共6座水厂，此外还有长沙县的星沙水厂、㮾梨水厂、廖家祠堂水厂、黄花水厂。至2020年，将在暮云新建七水厂（日供水量$30×10^4m^3$，水源地为湘江），在开福区筹建六水厂（日供水量$50×10^4m^3$，水源地为浏阳的达浒水库），扩建星沙水厂、廖家祠堂水厂和黄花水厂的供水规模。此外，还将加强第二水源地浏阳株树桥水库的保护与引水工程建设。

株洲市区目前有一、二、三、四共4座水厂，供水能力$100×10^4m^3/d$。规划一水厂、三水厂降低产能（由现有$10×10^4m^3/d$、$50×10^4m^3/d$降为$5×10^4m^3/d$、$35×10^4m^3/d$），二水厂维持现有$30×10^4m^3/d$规模，四水厂由$10×10^4m^3/d$扩容至$20×10^4m^3/d$，在云龙示范区新建云龙水厂（日供水量$10×10^4m^3$，水源地为醴陵官庄水库），5座水厂总供水能力为$100×10^4m^3/d$。加强第二水源地醴陵官庄水库、茶陵洮水水库的保护与引水工程建设。

到2020年，湘潭市共需设置规模大于$5×10^4m^3/d$的水厂有12座，其中湘潭市区4座、九华新城和昭山组团1座、湘潭县城2座、湘乡城区2座、韶山市区1座、楠湖新城1座、花石镇1座。加强第二水源地湘乡水府庙水库的保护与引水工程建设。

5. 生态保护建设规划

核心区生态建设工程规划包括长株潭绿心创新功能建设和生态"客厅"建设工程，生态林业圈建设和生物多样性保护工程，株洲一江四港等城市生态走廊工程，清水塘、竹埠港地区环境综合整治工程，湿地公园和森林公园（长沙团头湖、千龙湖、金洲湖、松雅湖、株洲湖里、酒埠江6个湿地公园；长沙

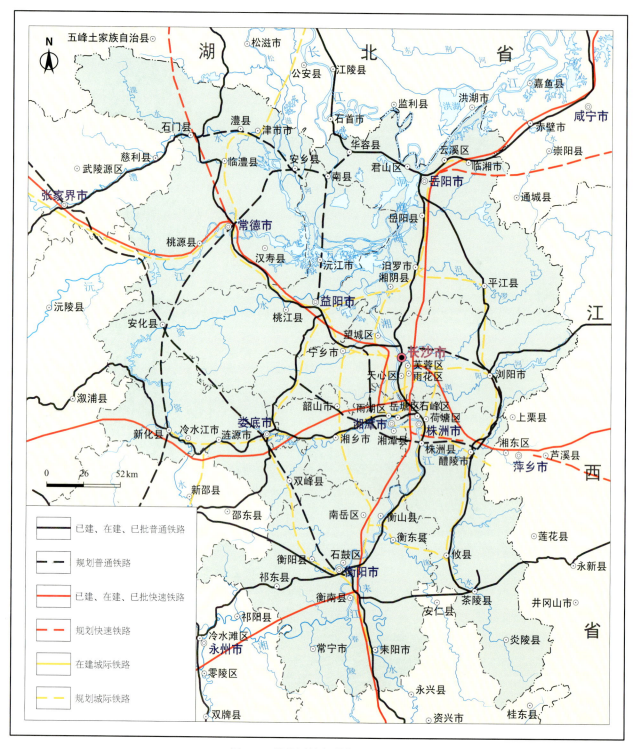

图 0-3 长株潭城市群交通规划图

(据《长株潭城市群区域规划(2008—2020)》2014年调整版修改)

天际岭、青羊湖、大围山、凤凰山、黑麋峰、湘潭东台山、株洲云阳、神农谷、攸州9个国家级森林公园）建设，浏阳河百里花木示范走廊，酒埠江国家地质公园，金霞山公园，虎形山、凤形山生态休闲主题公园，仰天湖生态公园建设。

三、主要成果

本次成果总结以中国地质调查局部署的"长株潭城市群地质环境调查与区划"和"湖南1∶5万铜官幅（H49E022020）、长沙幅（H49E023020）、大托铺幅（H49E024020）、湘潭幅（G49E001020）、下摄司幅（G49E002020）、青山铺幅（H49E022021）、株洲县幅（G49E002021）、镇头市幅（H49E024022）、普迹幅（G49E001022）环境地质调查"两个项目成果为基础，系统综合了中国地质调查局及湖南省有关单位自2009年以来在长沙、株洲、湘潭三市域内部署的多个项目成果资料。主要成果如下。

第一，基本查明了长株潭城市群的地质环境条件。

长株潭城市群地处长江中游、湖南省中北部，平原、丘陵、低山、中低山地貌皆有，主要为丘陵。地下水类型包括松散岩类孔隙水、红层裂隙孔隙水、碳酸盐岩类裂隙溶洞水及基岩裂隙水四大类，其中基岩裂隙水分布最广。分散在宁乡花明楼、浏阳古港、湘乡壶天、韶山银田、湘潭中路铺、株洲泉水窟等地的碳酸盐岩类裂隙溶洞水及零星分布在湘潭市区、醴攸盆地酒埠江、长沙县春华镇、宁乡市白马镇等地的灰质砾岩裂隙溶洞水，面积虽不大，但富水性中等至丰富，对城镇供水意义重大。基岩裂隙水富水性贫乏至中等，仅适合分散供水。区内工程地质岩组较复杂，岩浆岩、浅变质岩、碎屑岩、碳酸盐岩及第四系松散土体均有分布，以浅变质岩岩组为主。

第二，首次开展了长株潭三城市规划区浅层地温能调查评价、灰汤温泉区回灌试验和回灌井勘探建设，并对长株潭城市群全区地下水、矿泉水、地下热水、地质遗迹景观等地质资源进行了系统调查评价，提出了开发利用规划建议。

长株潭城市群地下水资源较丰富，多年平均补给量为 $42.653\times10^8 m^3/a$，可开采量为 $19.125\times10^8 m^3/a$，已开采量为 $0.527\times10^8 m^3/a$，仅占可开采量的2.76%，开发利用潜力大。建议优化水资源供给结构，适当增加地下水开采量，并在开采过程中加强保护，避免地下水资源遭受破坏或引发环境地质问题。

区内矿泉水共有130处，类型较全，水质优良，水量较丰富，可开采量为 $22\,873.94 m^3/d$，已开采量为 $2\,138.5 m^3/d$，仅占可开采量的9.35%，开发利用潜力大。15处具有近期开发利用的价值，105处可供远期开发利用。

区内地下热水共25处41点，水温 $25\sim91$ ℃，除1处为中温外，其余均为低温地热资源。估算评价资源总量为 $59\,285 m^3/d$，已开采量为 $3\,124 m^3/d$，仅占可开采量的5.27%，开发利用潜力大。宁乡灰汤、长沙市区、长沙县麻林桥3处热水有着良好的开发利用前景，尤其在灰汤温泉区进行了回灌试验和回灌井勘探建井，扩大可开采量 $2\,000 m^3/d$，保证了灰汤地下热水资源持续利用，极大地促进了宁乡市经济发展。

长株潭三城市规划区浅层地温能资源总换热功率为 $5\,599.5\times10^4 kW$，夏季、冬季分别为 $3\,641.3\times10^4 kW$、$1\,958.2\times10^4 kW$；总资源潜力为 $11\,808.7\times10^4 m^2/km^2$，地下水、地埋管地源热泵系统资源潜力分别为 $6\,305.2\times10^4 m^2/km^2$、$5\,503.5\times10^4 m^2/km^2$；浅层地温能每年可利用资源量相当于 $1\,686.08\times10^4 t$ 标准煤。三市大部分区域都适宜发展地埋管地源热泵系统，仅长沙、株洲市区少部分区域可以适度发展地下水地源热泵系统。建议重点推动湘江新区、株洲市高新技术产业开发区、湘潭高新技术产业开发区等新建城区浅层地温能开发利用，开发利用方式以地埋管地源热泵系统为主。

长株潭城市群有丰富的地质遗迹景观资源，包括地质剖面和构造形迹，古生物化石，地质地貌景观，水文遗迹及岩石、矿物、宝玉石五大类，共 75 处，具有重要的科学研究价值和环境生态意义，且有利于适度开发，促进区域经济建设的发展。

第三，梳理出长株潭城市群主要环境地质问题为地下水污染、土壤污染、地质灾害和矿山环境地质问题，并提出了防治对策及建议。

1）地下水污染

长株潭城市群浅层地下水总体污染状况较轻，84% 为轻微污染及以下，严重污染点仅占 8.4%，污染元素主要为 As、Cd、Fe、Mn、Pb 等重金属及"三氮"，其中 Fe、Mn 超标点较多，最大超标十几倍至几十倍，NO_3—N、NO_2—N、As、Cd、Pb 最大超标数倍。主要分布在望城区北部、长沙市区南部、宁乡市、湘潭县南部、韶山市、株洲市区、株洲县城等地。

2）土壤污染

长株潭城市群土壤综合环境质量为Ⅲ类土壤及劣Ⅲ类土壤，分别占总样本数的 67.96% 和 7.58%，劣Ⅲ类土壤主要分布在湘江沿岸和株洲市区北部，其他地区有零星分布。土壤中元素含量超标的重金属主要为 Cd，其中 Cd 含量最大值达Ⅲ类土壤标准的 16 倍。砷土壤环境质量为Ⅲ类、劣Ⅲ类的样本分别占总样本数的 0.44%、3.01%，锌土壤环境质量为Ⅲ类、劣Ⅲ类的样本分别占总样本数的 1.42%、0.17%。

3）地质灾害

长株潭城市群共调查发现崩塌、滑坡及泥石流等地质灾害点 1 000 余处，其中滑坡 900 多处、崩塌 200 多处，不稳定斜坡 60 处、泥石流 40 多处、采空地面变形（包括采空塌陷及地面沉降）百余处。地质灾害累计造成百余人死亡，直接经济损失达 3 亿多元；这些灾害点构成的潜在危害威胁人口有 6 万多人，威胁资产约 15 亿元，其中地面塌陷居首，滑坡次之，崩塌第三。

4）矿山环境地质问题

长株潭城市群主要矿山环境地质问题包括矿山地质灾害（地面变形、岩溶塌陷、崩塌、滑坡、泥石流），占用及破坏土地资源，含水层破坏，矿山废水、废渣对水土环境的污染等。主要分布于宁乡市煤炭坝—大成桥—喻家坳地区、浏阳市澄潭江煤矿区、文家市煤矿区、七宝山多金属矿区、株洲市攸县煤矿区、湘潭县谭家山煤矿区等地，给矿区及附近地质环境造成了较大影响。

第四，评价了长株潭城市群区域地壳稳定性，并对核心区活动断裂、软土、流砂、砂土液化等主要工程地质问题进行了综合研究。

地壳稳定性评价主要依据地震震级，同时参考新构造断裂和活动断裂的发育情况及现代地壳升降速率等进行。经综合分析，长株潭城市群地壳稳定性可分为稳定、基本稳定两级。地壳稳定区包括浏阳地壳稳定区（Ⅰ$_1$）、攸县-炎陵地壳稳定区（Ⅰ$_2$），地壳基本稳定区包括宁乡-长沙地壳基本稳定区（Ⅱ$_1$）、中沙地壳基本稳定区（Ⅱ$_2$）。

核心区内活动断裂 12 条，分布于中北部，以北东向活动断裂为主，多为正断层，且以抬升变形和垂直运动为主导，断裂活动年龄值为 1.5 万～9.62 万年。

软土主要分布于湘江及其支流与湘江汇集的河谷地带，包括靖港镇汝洋湖—严家湾、望城区高瓦桥、星城镇唐家河、星城镇王家湾、捞刀河镇戴家河、芦淞区龙泉村、长沙市新河垸—樟树园、天顶乡槐树坪—靳江村—洋湖垸、岳塘区茅屋湾等15个地段，总面积为78.58km²。

流砂分布区域集中在湘江干流沿岸靖港镇方家祠堂—魏家湖村、星城镇涧湖村—捞刀河镇戴家河、湘潭市霞城乡大水棚—下摄司村—龙王庙、株洲市杨家塘—冯家祠堂、沩水支流八曲河入河口、靳江河许家洲—机子塘、涓水彭家茅屋—石家屋场、渌水黄湖胜—松岗村、浏阳河镇头—普迹等地，共76个地段，总面积为149.25km²。

砂土液化仅存在于长沙市区局部第四系橘子洲组饱和砂土内，均为轻微液化，面积为8.645km²。

第五，首次系统开展了长株潭城市群应急（后备）地下水源地论证、勘查评价，圈定了23处应急（后备）地下水源地，对鸭子铺—南郊公园、南郊村—林家简车等9处应急（后备）地下水源地进行了勘查评价，并提出了应急（后备）供水建议。

根据本次工作和以往水文地质资料，共圈定了23处应急（后备）地下水源地，可采资源总量为$55.79×10^4m^3/d$，水质优良。本次勘查评价的长沙鸭子铺—南郊公园、洋湖垸、宁乡南郊村—林家简车、花明楼—靳江村、苏家托—捞湖围、崩坎—竹根坝、乔口—靖港—新康、湘潭市河西、泉水窟—罗正坝、雷打石—坝湾10处应急（后备）地下水源地，面积为544.98km²，可采资源量为$29.71×10^4m^3/d$。长沙鸭子铺—南郊公园、宁乡南郊村—林家简车、崩坎—竹根坝、泉水窟—罗正坝、湘潭市河西等19处宜作为长沙市区、宁乡市区、长沙星沙、株洲市区、株洲县城、湘潭市、湘潭县城等地的应急地下水源地，能满足20L/人·天、50L/人·天的应急需要；铜官、乔口—靖港—新康、花明楼—靳江村、双板桥—古塘桥—白水村4处地下水源地可作为望城区铜官、靖港、宁乡花明楼、湘潭县河口等地后备地下水源地。

第六，开展了岩溶塌陷调查评价专题研究，查明了岩溶塌陷的分布规律、发育特征、影响因素及形成机理，提出了防治对策及建议。

区内岩溶塌陷共212处，主要分布在宁乡市喻家坳—煤炭坝—回龙铺、浏阳市达浒—沿溪—永和、湘乡市壶天镇、岳麓区—雨湖区—湘潭县、炎陵县三河—鹿原—船形等地，规模以小型为主。已造成人员死亡1人，直接经济损失12 955.9万元。潜在威胁人口4 345人，威胁资产31 039万元。岩溶塌陷多为采矿、城镇抽（排）地下水诱发，归纳为潜蚀-重力、潜蚀-吸蚀-重力两种致塌模式。划分了12个高易发区、11个中易发区、16个低易发区、34个危险性大区、5个危险性中等、13个危险性小区。

第七，评价了长株潭城市群已有及规划在建垃圾填埋场适宜性。

对区内已建（或在建）的12座及规划的4座垃圾填埋场，综合考虑地质环境条件（场地稳定性、水文地质条件、工程地质条件等）、环境保护条件、经济条件、场地条件等因素，采用层次分析法进行了适宜性等级划分，评价结果表明，12座已建（或在建）垃圾场的场址均达到基本适宜以上等级，规划垃圾场均为较适宜以上等级，可作为规划填埋场地。

第八，首次采用层次分析法评价了长株潭城市群核心区地下空间地质环境开发利用适宜性，划分出了适宜性好、较好、较差、差4个等级区。

选取了地形坡度、断裂密度、断裂活动性、土体类型、岩体强度、软土、地下水埋深、含水组类型及富水性、承压水顶板埋深、承压水水头压力、地下水的腐蚀性、岩溶、流砂13个评价因子，采用层次分析法对长株潭城市群核心区地下空间分0～15m、15～40m、40～60m三层进行了适宜性评价，划分出了适宜性好、较好、较差、差4个等级区，开创了湖南省城市地下空间开发利用适宜性评价的先河，为城镇地下空间开发利用规划、建设提供了重要参考依据。

第九，根据长株潭城市群地质环境条件、存在的主要环境地质问题结合规划建设，提出了地质资源开发利用、地质环境保护及城市规划建设的建议。

对长株潭城市群地下水、矿泉水、地下热水、浅层地温能及地质遗迹5类地质资源提出了开发利用建议。地下水资源可适当扩大开采，对河流两岸、岩溶及灰质砾岩分布区、富水断裂带等富水地段，可作为城镇或新农村建设集中供水区的应急（后备）水源地。针对矿泉水资源划分了开发利用条件好15处及开发利用条件中等82处。地下热水资源划分了2个大量开采区、1个可适量开采区和3个可开采区。浅层地温能资源切实推行相关规划，加强浅层地温能开发利用，搭建浅层地温能动态监测系统。地质遗迹资源须统一管理，大力开发有价值资源，加大科普宣传以提升旅游品位。

长株潭城市群地质环境保护须从地下水资源保护、地质灾害防治、矿山地质环境保护、土地开发利用及保护4个方面着手。建议制定地下水开发利用规划，加强综合管理与监测，加强对地下水资源的保护；针对地质灾害共圈划出43个重点防治区、22个次重点防治区，提出了相应的防治对策建议；针对矿山地质环境划分了14个环境质量差区、32个环境质量中等区，提出了相应的矿山地质环境保护对策建议；土地开发利用及保护方面建议进一步开展详细调查与研究，对划定的耕地进行分类防治或管控，实施耕地质量提升措施。

针对长株潭城市群核心区总体布局规划，指出了应注意的环境地质问题；总结了长沙市地铁建设存在的地质环境问题，提出了地铁6、7号线规划建设建议；对区内今后规划的垃圾填埋场从地质环境条件（场地稳定性、水文地质条件、工程地质条件等）、环境保护条件、经济条件、场地条件等方面提出了垃圾填埋场选址建议。

第十，编制了长株潭城市群1：25万环境地质图系、1：5万水文地质图、工程地质图及说明书。

编制成果图件42幅，包括遥感影像图、水系及流域图、地貌图、第四纪地质图、基岩地质图、水文地质图、工程地质图、环境地质问题分区图8幅基础图，地下水污染图、土壤污染图、地质灾害分布及易发性分区图、（长沙市、株洲市、湘潭市）应急地下水源地水文地质图、岩溶塌陷分布及易发性分区图、岩溶塌陷危险性分区图、长株潭城市群核心区地下空间（0～15m、15～40m、40～60m）开发利用适宜性分区图、砂土液化分布图等14幅专题图，地质灾害防治区划图、城市规划建设地质环境适宜性评价2幅综合评价图，宁乡市、花明楼、泉交河、㮾梨4幅水文地质图及说明书，宁乡市、花明楼、㮾梨、柏嘉山、株洲等14幅工程地质图及说明书。

第十一，首次全面、系统、规范地建立了长株潭城市群环境地质调查数据库。

建立的环境地质调查数据库包括工作区野外调查卡片、相关影像资料、原始资料（物探、钻探、地下水动态监测、水质分析等）电子档、成果图件、各图层数据文件及相应外挂数据表，内容丰富、全面、系统。严格按照中国地质科学院水文地质环境地质研究所《重要经济区和城市群地质环境调查评价数据库建设指南（Ver4）》，采用武汉地质调查中心统一下发的系统库和子图库，数据库非常专业、规范，为今后该地区环境地质调查工作奠定了坚实基础，也为政府管理、专业应用和公众查询提供了便利。

第一章　城市群地质环境条件

第一节　地形地貌

一、地形地势

工作区整体地势东、西部高，中部低。以丘陵为主，间有平原及山地。区内河流纵横交错，湖泊、水库星罗棋布。高程一般在500m以下，切割深度一般为100～300m，坡度较缓。最高峰为株洲市炎陵县罗霄山脉酃峰，高程2 115m（图1-1）。

二、地貌类型及特征

区内地貌按其成因、形态并结合物质属性，划分为五大成因类型、6种形态类型、32个物质属性组合（表1-1，图1-2）。

表1-1　长株潭城市群地貌类型分类表

成因类型	形态类型	物质属性组合	地貌形态特征
剥蚀侵蚀类型	中、低山	浅变质岩中、低山陡坡峡谷	分布于工作区西部黄材水库—望北峰一带，面积为354km²，由板溪群、冷家溪群、寒武纪板岩、变质砂岩组成。山顶高程多数在400m以上，最高峰为望北峰，高程为474m
		砂页岩中、低山陡坡峡谷	分布于工作区南部龙渣瑶族乡—下村乡一带，面积为80km²，由泥盆纪砂页岩组成。山顶高程一般为400～800m，地形切割强烈，山坡陡峻，坡度多达40°以上
		岩浆岩中、低山陡坡峡谷	分布于工作区西部大坪乡—巷子口镇、东部大围山镇—金钟电站及南部平乐乡—沔渡镇一带，面积为161km²，由侵入板溪群、冷家溪群的花岗岩和花岗闪长岩组成。山顶高程多数在500m以上，切割较强烈，河谷呈"V"字形
	低山	浅变质岩低山陡坡峡谷	分布于工作区东北部稽中和镇—白沙乡、中部雨敞坪镇—黄金乡、西北部祖塔乡—崔坪乡、茶恩寺镇—锦石乡及南部麻石岭—凉江乡一带，面积为2 695km²，由板溪群、冷家溪群，寒武纪、奥陶纪变质岩组成。高程为150～1 400m，山坡坡度为20°～30°
		砂页岩低山陡坡峡谷	主要分布于工作区东南部凉江乡—兰村乡、栗山坝镇—嘉树乡及东部金刚镇—澄潭江镇一带，面积为318km²，由泥盆纪砂页岩组成。高程200～1 050m，山峰尖棱，地形坡度大于45°
		岩浆岩低山陡坡峡谷	分布于长沙市北部一带，由桥驿镇-天雷山岩浆岩组成低山陡坡峡谷，面积为328km²，高程150～423m，由侏罗纪、白垩纪二长花岗岩组成

续表 1-1

成因类型	形态类型	物质属性组合	地貌形态特征
剥蚀侵蚀类型	低山	浅变质岩低山陡坡谷地	分布于株洲市东北部五里墩乡—太平桥镇、株洲市西南部锦石乡—梅林桥镇、韶山市西部大坪乡—杨林乡一带，面积为1 936km²，由浅变质岩组成，山顶高程多数在300m以上
		砂页岩低山陡坡谷地	分布于长沙市南部含浦镇—坪塘镇、大托镇—洞井镇、湘乡市西北部育墪乡—清溪镇、工作区西部杉山镇—壶天镇及工作区南部龙渣瑶族乡—杉木仙一带，面积为323km²，由泥盆纪砂岩、页岩组成，高程一般为100～200m
		岩浆岩低山陡坡谷地	分布于工作区东北部小河乡—上洪乡一带，面积为231km²，由加里东期花岗岩组成，山顶高程多数在500m以上
		浅变质岩低山陡坡宽谷	分布于工作区北部捞刀河镇—桥驿镇、果园镇—双江乡一带，面积为676km²，由浅变质岩组成。山顶高程多数在300m以上，一般高程为100～300m
侵蚀剥蚀类型	中、低山	浅变质岩中、低山缓坡谷地	分布于株洲市东北部镇头镇—江背镇一带，面积为64km²，由浅变质岩组成，最高高程为100m
	低山	砂页岩低山缓坡谷地	分布于工作区西北部喻家坳乡—煤炭坝镇、株洲市东北部柏加镇—江背镇、工作区南部老沙仙—笔架峰一带，面积为459km²，由砂页岩组成。工作区南部老沙仙—笔架峰山顶高程多数在500m以上，切割深度为150～300m，工作区西北部喻家坳乡—煤炭坝镇、株洲市东北部柏加镇—江背镇一带，山顶高程为100m
		岩浆岩低山缓坡谷地	分布于长沙市北部霞凝乡—丁字镇一带，面积为80km²，由燕山期花岗岩组成，高程为50～250m
		浅变质岩低山缓坡宽谷	主要分布于韶山市北部杨林乡—金石镇一带，面积为48km²，由白垩纪砂砾岩组成。山顶高程多数在200m以上，山坡平缓，沟谷多呈"U"字形，植被中等发育
		砂页岩低山缓坡宽谷	主要分布于工作区南部中村乡—水口镇及湘潭市西北部道林镇附近，面积为131km²，由砂页岩组成。工作区南部山顶高程多数在600m以上，湘潭市西北部高程多数在150m以上，植被发育
	高丘陵	浅变质岩高丘缓坡宽谷	分布于茶陵县西南部云阳山附近及株洲市东南部龙凤桥乡—七转步乡一带，面积为815km²，山顶高程多数在300m以上，丘顶浑圆，植被发育较差
		砂页岩高丘缓坡宽谷	分布于工作区南部船形乡—浣溪镇、小田乡—秩堂乡、云阳山附近以及工作区东部大林乡—杨花乡—达浒镇一带，面积为990km²，由砂页岩组成。大林乡—杨花乡—达浒镇一带山顶高程多数在300m以上。船形乡—浣溪镇一带山顶高程多数在500m以上。云阳山附近山顶高程多数在600m以上
		岩浆岩高丘缓坡宽谷	主要分布于工作区南部尧水乡—秩堂乡、工作区北部金井镇—双江乡、青山铺镇—白沙乡一带，面积为617km²，由花岗岩组成。工作区北部山顶高程多数在100m以上，丘顶多呈浑圆状。工作区南部最高峰可达1 016m，切割深度300～500m
		碳酸盐岩高丘缓坡宽谷	主要分布于工作区南部和东部，大面积分布于工作区东南部鸾山镇—柏市镇一带，面积为938km²，由石炭纪灰岩、白云岩组成。山顶高程多数在550m以上，最高可达到909m，山坡较缓
		浅变质岩高丘缓坡谷地	主要分布于湘潭市西北部响塘乡—鹤岭镇、株洲县南部王十万乡—南阳桥乡、湘乡市南部分水乡—栗山镇—中沙镇一带，面积为395km²，由浅变质岩组成。山顶高程多数在100m以上，植被中等发育

续表 1-1

成因类型	形态类型	物质属性组合	地貌形态特征
构造剥蚀类型	高丘陵	砂页岩高丘缓坡谷地	主要分布于工作区西北部崔坪乡—云台山、望北峰附近，株洲县南部王十万乡—石亭镇及湘乡市南部排头乡—乌石镇—塔子山一带，面积为339km²，由砂页岩组成。工作区西北部崔坪乡—云台山、望北峰附近山顶高程多数在500m以上。株洲县南部王十万乡—石亭镇山顶高程多数在300m以上。湘乡市南部排头乡—乌石镇—塔子山一带山顶高程多数在100m以上
		岩浆岩高丘缓坡谷地	主要分布于工作区西南部青山桥镇—梅桥镇，株洲市东南部仙井乡—五里墩乡、新阳乡—枫林市乡，攸县北部檵山乡—大桥乡、攸县东部麻石岭—八团乡及工作区南部船形乡—东风乡一带，面积为1 209km²，由岩浆岩组成。工作区西南部青山桥镇—梅桥镇山顶高程多数在300m以上，切割深度为100～200m。株洲市东南部仙井乡—五里墩乡、新阳乡—枫林市乡、攸县北部檵山乡—大桥乡山顶高程多数在150m以上，切割深度为50～100m。攸县东部麻石岭—八团乡山顶高程多数在600m以上
	低丘陵	浅变质岩低丘谷地	分布面积较小，仅在株洲县南部、宁乡市南部坝塘镇附近出现，由浅变质岩组成，面积为138km²。高程为50～100m，地形波状起伏。部分地段呈弧丘星散分布，丘顶浑圆，丘坡较缓。谷地多呈北东向且平缓开阔，多为干谷
		红岩低丘谷地	分布面积较小，仅在攸县北部、浏阳市西南部葛家乡附近出现，由白垩纪砂岩、砂砾岩组成，面积为28km²，高程为50～100m，地形波状起伏。丘陵与谷地相间，形成宽坦的谷地与低缓的红土低丘组合地貌
		砂页岩低丘岗地	主要分布于炎陵县北部沔渡镇—湖口镇、茶陵县西北部平水镇—酒埠江镇、工作区西部棋梓镇—壶天镇一带，面积为883km²，由泥盆纪砂页岩组成
		碳酸盐岩低丘岗地	主要分布于韶山市龙洞乡—花明楼镇、工作区西部水府庙水库—壶天镇、攸县西北部桃水镇附近、茶陵县西北部平水镇—凉江乡、工作区南部鹿原镇—三河镇、株洲市西北部双马镇—荷花乡和跳马乡一带，面积为1 212km²，由三叠纪、石炭纪灰岩和泥质灰岩组成，高程多数在100m以上，地形较缓
		红岩低丘岗地	大面积分布于工作区，面积为5 687km²，由第三纪（古近纪+新近纪）和白垩纪红层砂砾岩组成，山顶高程多数在100m以上，相对高差在30m以下
		碳酸盐岩低丘坡地	分布于湘潭市南部乌石镇—石潭镇—杨嘉桥镇、白石乡—潭家山镇一带，面积为378km²，由二叠纪、石炭纪灰岩组成，山顶高程多数在150m以上，一般高程为50m
		红岩低丘坡地	分布于韶山市东部平顶岭—大屯营乡、茶陵县东北部秩堂乡—湘东乡一带，面积为21km²，高程为100～250m
侵蚀堆积类型	岗地	松散岩冲（洪）积岗地	主要分布于宁乡市北部城郊乡—菁华铺乡，工作区内总面积为185km²，由橘子洲组粉质黏土、砂砾石层组成，高程为50～100m
	平原	松散岩冲积河谷平原	分布于湘江、捞刀河、沩水、浏阳河、涟水、涓水、渌水、攸水两岸，面积为2 940.60km²，由网纹红土及砂砾堆积形成Ⅰ、Ⅱ、Ⅲ、Ⅳ级阶地，一般高出河水15～40m
堆积类型	平原	松散岩冲湖积平原	分布于望城区北部湘江两岸，面积为203.91km²。由白沙井组、新开铺组、汨罗组构成Ⅲ～Ⅴ级阶地，具河谷平原特征

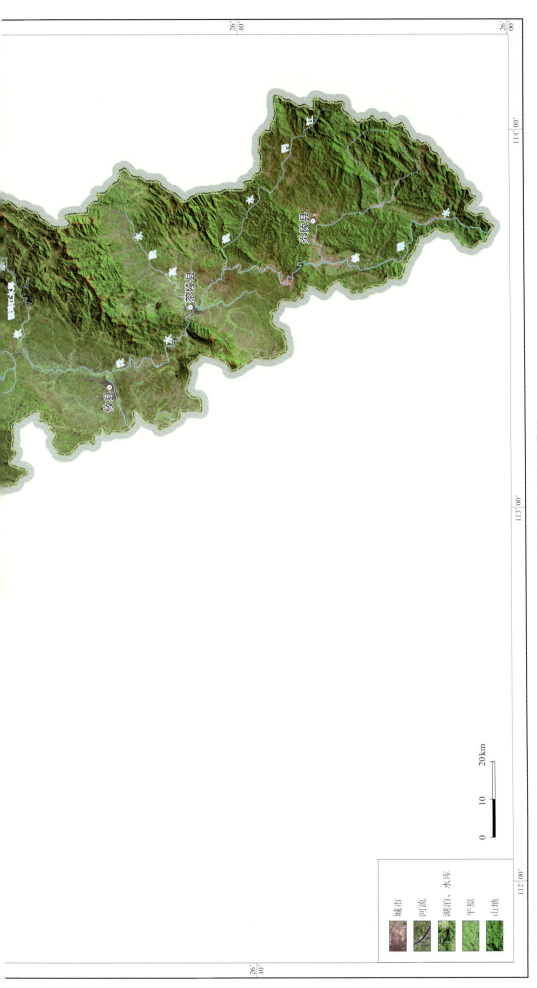

图 1-1 长株潭城市群遥感影像图

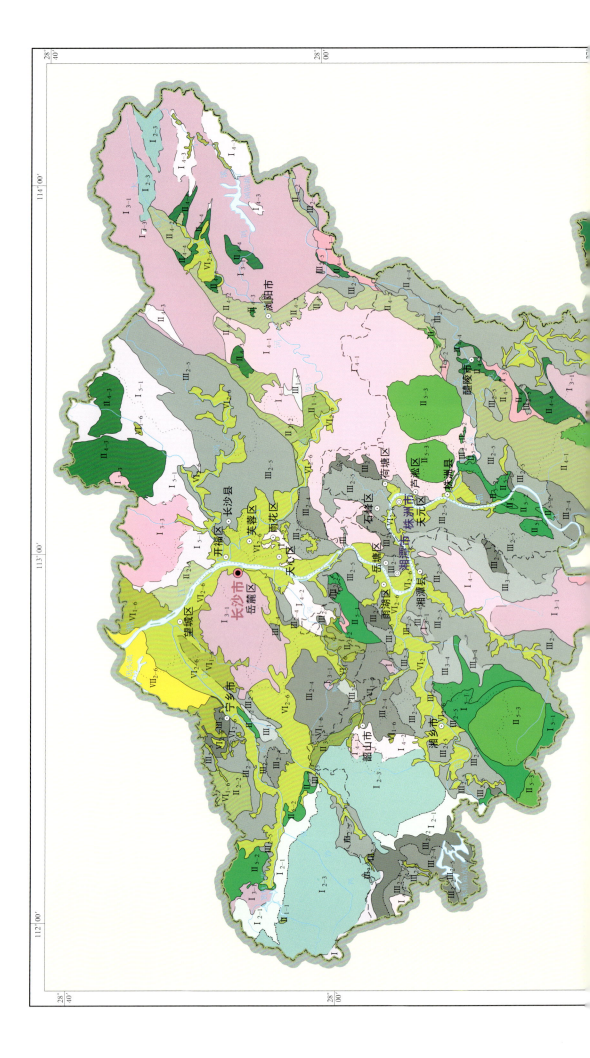

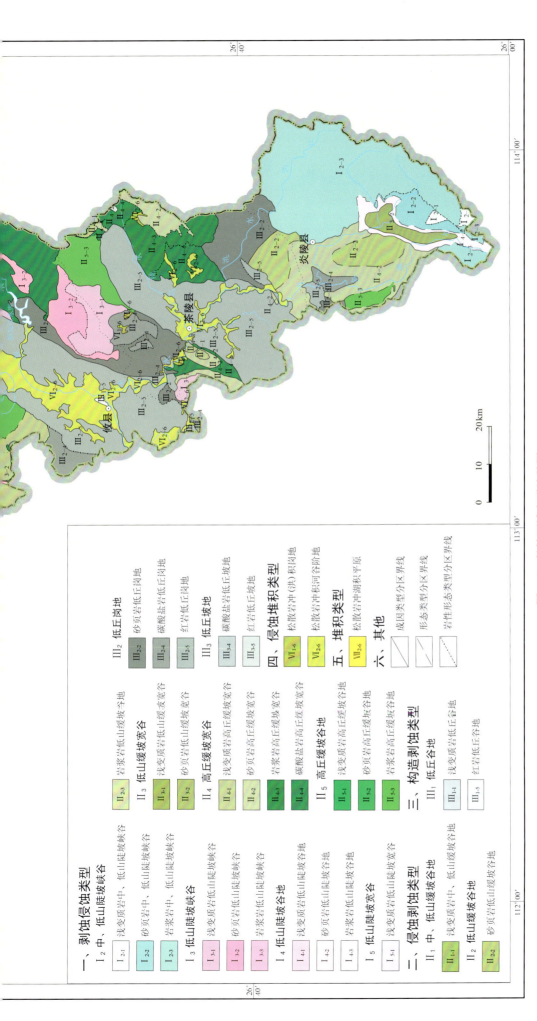

图 1-2 长株潭城市群地貌图

第二节　区域地质概况

一、地层

区内地层除因构造事件造成中—上志留统、上泥盆统、中三叠统、上侏罗统、下白垩统下段等缺失外，自新元古代以来地层总体发育齐全（图 1-3）。

苍溪岩群仅出露于浏阳中和—文家市一带，为一套以绢云千枚岩、绿泥石云母片岩、长石石英质片岩、二云母片岩、黝帘石阳起石片岩等为主的中深变质岩系。

冷家溪群广泛出露于宁乡—龙口一线以东、龙凤桥—丫江桥一线以北地区，为一套活动陆缘盆地形成的砂泥质沉积，岩性以板岩、粉砂质板岩为主，砂岩和粉砂岩为次。

板溪群与高涧群为同期异相产物，岩性均以板岩、砂岩为主。板溪群分布于梓门桥—朱亭—醴陵一线以北，岩石多为红色；高涧群分布于该线以南，岩石以灰—深灰色为主。

南华系、震旦系主要分布于工作区西部黄材—韶山一线，前者下部长安组和上部洪江组以含砾砂质板岩为主(所谓冰碛砾岩)，工作区中部为富禄组砂岩和大塘坡组板岩；后者自下而上分别为金家洞组板岩、硅质板岩和留茶坡组硅质岩夹碳质板岩。

寒武系、奥陶系分布于工作区西部黄材—韶山、东南部平水—八团等地，后者在炎陵地区尚有大面积出露。寒武系大体以醴陵—丫江桥一线为界，工作区西北部以板岩、碳质板岩、钙质板岩等为主夹较多灰岩和砂岩，工作区东南部主要为砂岩、板岩夹极少量灰岩和硅质岩；奥陶系总体为一套板岩、砂岩夹少许硅质岩和灰岩。

志留系分布于工作区西部黄材地区，底部为碳质板岩，下部为砂岩、粉砂岩夹板岩、粉砂质板岩，上部为板岩、粉砂质板岩夹砂岩和粉砂岩。

泥盆系广泛分布，主要为滨浅海相碳酸盐岩和碎屑岩沉积，岩性为灰岩、白云质灰岩、白云岩、泥灰岩、砂岩、粉砂岩、泥岩（页岩）、硅质岩及砾岩等。横向上存在碳酸盐岩与碎屑岩、灰岩与泥灰岩、灰岩与硅质岩等相变。

石炭系分布广泛，大体以宁乡—长沙—醴陵一线为界，该线以东下部主要为砂（页）岩，上部主要为灰岩、白云岩；该线以西主要为灰岩、白云岩夹粉砂岩、泥灰岩、页岩。

二叠系主要分布于宁乡—醴陵一线以西，岩性主要为灰岩、泥灰岩、钙质页岩、砂岩、粉砂岩、硅质岩等。

下三叠统仅在工作区中部楠竹山、杨嘉桥和东南部黄丰桥一带少量出露，为海相泥灰岩、含泥质灰岩夹钙质页岩。上三叠统—中侏罗统为陆相盆地沉积，主要在潭澄江和茶陵—酒埠江连片出露，总体为一套砾岩、砂岩、粉砂岩、页岩夹煤层沉积。

白垩系—古近系分布于宁乡、长沙-湘潭、醴陵-攸县、茶陵-永兴等盆地，属陆相断陷盆地沉积，主要为一套紫红色砾岩、砂岩、粉砂岩、粉砂质泥岩、泥岩、泥灰岩。

第四系分布于冲积平原、现代河流及两侧阶地，尤以铜官—长沙—湘潭—株洲一带沿湘江两侧分布最广，为河湖相砾、砂、泥质松散堆积。

二、构造

大体以醴陵-攸县盆地为界，本区北西大部属扬子陆块，南东属华夏板块。

本区经历了武陵运动、加里东运动、印支运动、早燕山运动、喜马拉雅运动等几期主要的挤压构造事件以及晚燕山期区域伸展构造事件，形成了大量的褶皱、逆断裂、走滑断裂以及正断裂等构造变形，同时叠加了大量的晚燕山期断陷盆地（图1-4），形成了复杂的构造变形特征。

前白垩纪的隆-坳构造和白垩纪—古近纪的盆-岭构造组成了本区主体构造格架。前白垩纪形成了一系列隆起-坳陷带，北部自西向东依次为沩山-青山桥北西向构造-岩浆隆起带、煤炭坝-湘潭坳陷带、湘东北隆起带，南部自北往南为九埠江-茶陵坳陷带、炎陵隆起带。白垩纪—古近纪，北东—北北东向的断陷盆地与盆地间的山岭组成了典型的盆-岭构造，主要断陷盆地自北西往南东有湘阴-宁乡盆地、长沙-湘潭盆地、醴陵-攸县盆地、茶陵-永兴盆地。

受边界条件控制，各挤压构造事件的构造线走向常具显著变化。武陵运动形成的褶皱和同走向逆断裂构造线走向自北向南由北西西向渐变为北东向；加里东运动形成的褶皱和同走向逆断裂构造线走向自北西向南东由东西向至北东向变化，最南部的炎陵隆起带内构造线呈北西—北北东向；印支运动和早燕山运动形成的褶皱和同走向逆断裂构造线走向以北东—北北东向为主，中部煤炭坝—韶山一带受北西向沩山-青山桥构造-岩浆隆起带制约，从而形成向南凸出的北西向弧形构造；古近纪后期喜马拉雅运动形成的褶皱和同走向逆断裂构造线走向主要为北东—北北东向。各期挤压构造事件除形成褶皱和逆断裂外，还形成了较多横切褶皱和逆断裂的走滑断裂。

白垩纪—古近纪区域伸展体制下形成以北东—北北东向为主的正断裂，往往为控制断陷盆地发育的同沉积断裂，断陷盆地之间隆起剥蚀区内先期逆断裂常产生继承性的正断裂活动。

上述地质构造针对前新近纪而言，新近纪以来的构造活动除差异升降外，主要形成了新构造断裂，相对于先期断裂而言，其运动规模很小。

三、岩浆岩

区内岩浆岩以花岗岩为主，有少量玄武岩和各类脉岩分布。

花岗岩广泛出露于北部安沙—开慧、东北部大围山—山口、中东部宏夏桥—板杉铺和丫江桥、东南部锡田—策源、西部沩山—歇马等地。花岗岩形成时代有新元古代（武陵期）、志留纪（加里东期）、三叠纪（印支期）、侏罗纪（早燕山期）、白垩纪（晚燕山期）等，其中分布最广的是三叠纪花岗岩，其次为志留纪花岗岩。花岗岩岩石类型有黑云母二长花岗岩、二云母二长花岗岩、黑云母花岗闪长岩、黑云母英云闪长岩等；多具块状构造，部分具片麻状等定向构造，节理发育程度不一。

玄武岩见于宁乡和攸县网岭—桃水，前者夹于古近系中，后者夹于白垩系中。

区内岩脉广泛分布于花岗岩体及其围岩中，包括各类基性、中基性、中酸性和酸性岩脉，规模一般不大。

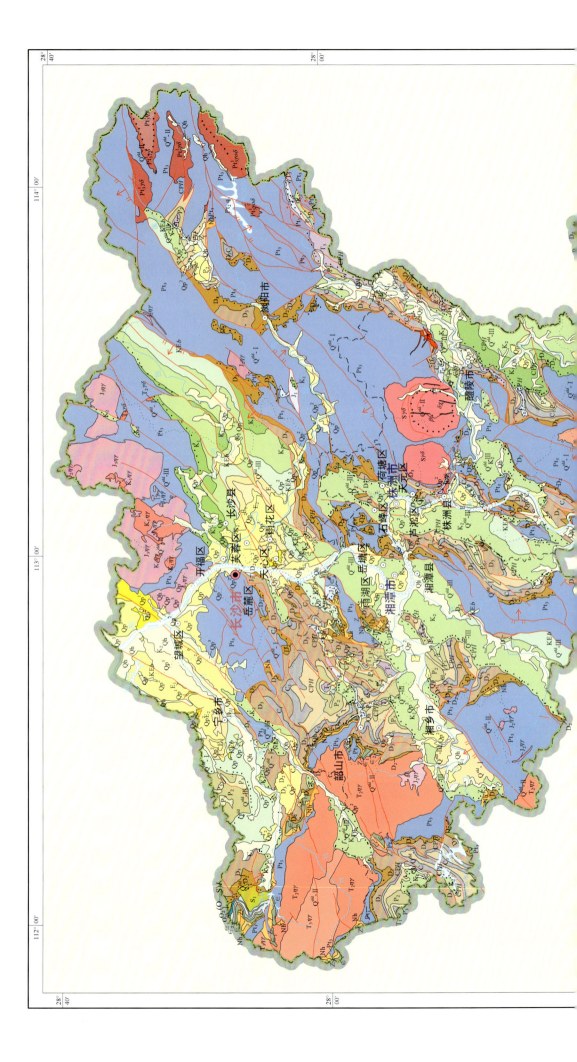

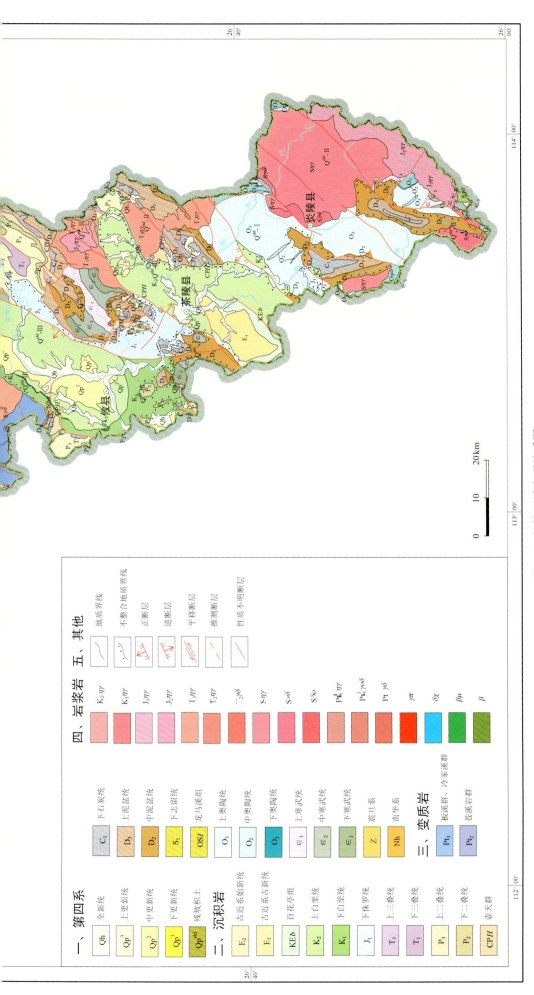

图 1-3 长株潭城市群地质图

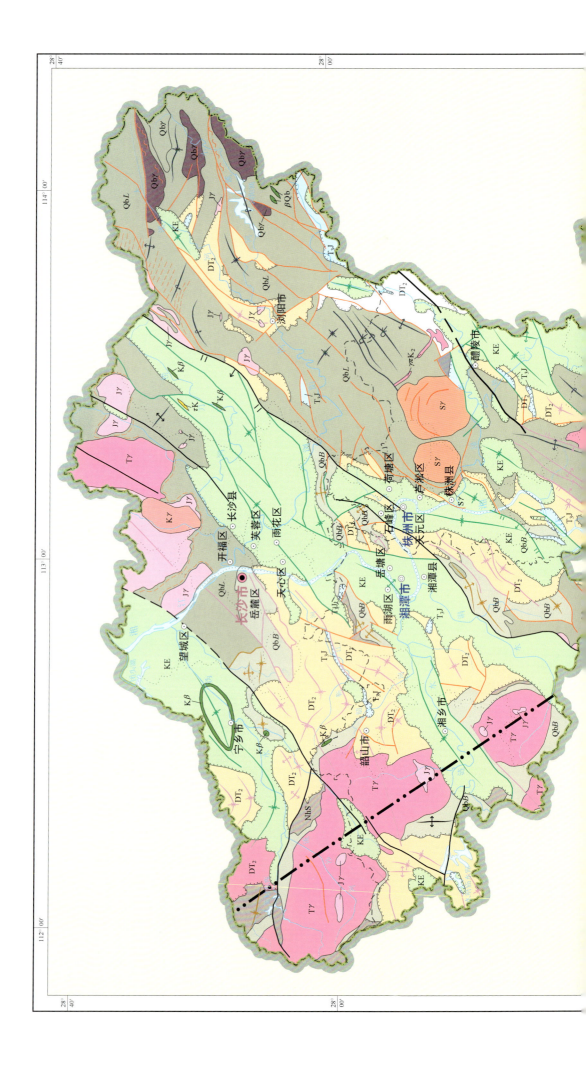

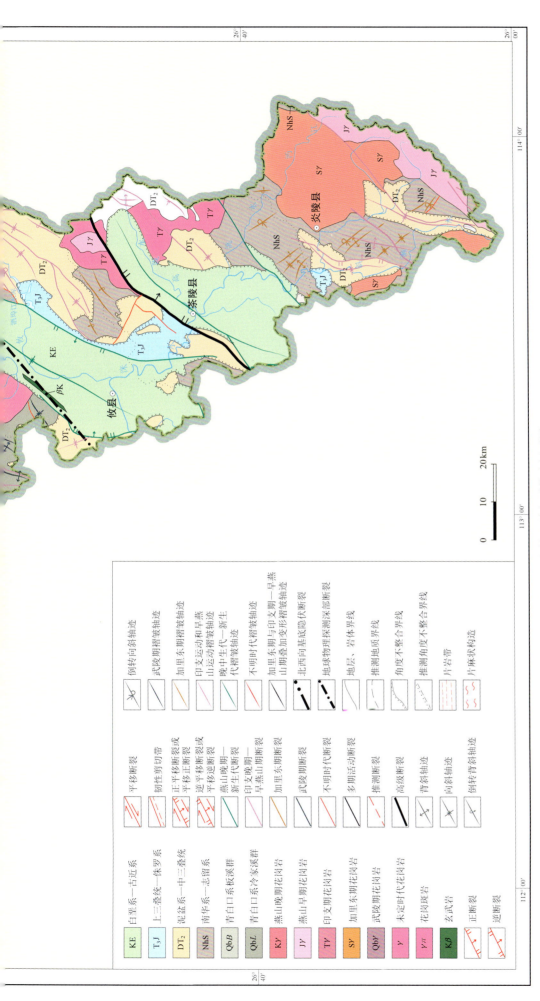

图 1-4 长株潭城市群构造纲要图

第三节　水文地质条件

一、地下水类型及含水岩组富水性

长株潭城市群地下水按赋存条件、含水介质岩性、水理性质及水动力特征，划分为松散岩类孔隙水、红层裂隙孔隙-裂隙水、碳酸盐岩类裂隙溶洞水、基岩裂隙水四大类，以及松散岩类孔隙潜水、松散岩类孔隙承压水、砂砾岩裂隙孔隙-裂隙水、红层裂隙岩溶水、裸露型碳酸盐岩类裂隙溶洞水、裸露型碳酸盐岩夹碎屑岩裂隙溶洞水、覆盖型碳酸盐岩类裂隙溶洞水、埋藏型碳酸盐岩类裂隙溶洞水、碎屑岩类裂隙水、浅变质岩类裂隙水、岩浆岩类裂隙水11个亚类。松散岩类孔隙水以单井（孔）涌水量为主要指标，划分为水量丰富、中等、贫乏3个富水等级；红层裂隙孔隙-裂隙水、碳酸盐岩类裂隙溶洞水主要以单井（孔）涌水量、地下水径流模数，结合泉水流量，划分为水量丰富、中等、贫乏3个富水等级；基岩裂隙水主要以泉水（民井）流量，参考地下水径流模数、单井（孔）涌水量为指标，将碎屑岩类裂隙水划分为水量丰富、中等、贫乏3个富水等级，将浅变质岩类裂隙水和岩浆岩类裂隙水划分为水量中等、贫乏2个富水等级（图1-5）。

（一）松散岩类孔隙水

1. 孔隙潜水

孔隙潜水广泛分布于烂泥湖、湘江及其一级支流沿岸和宽缓的溪沟中。含水层由第四系全新统橘子洲组（Qhj）至下更新统洞井铺组（河积）（Qp^1d）或汨罗组（湖积）（Qp^1m）砂砾石层组成。由于各含水层所处的位置不同，其富水性有显著差异。富水等级可分为水量贫乏、水量中等和水量丰富3级。

2. 孔隙承压水

孔隙承压水分布于工作区北部靖港—新康一带，下部含水层由第四系更新统汨罗组（Qp^1m）砂砾石组成，厚度为6.65～16.95m。上部为橘子洲组（Qhj）、白水江组（Qp^2bs）含水层所覆盖，上下含水层之间夹有8.56～29.95m的灰白色黏土或砂质黏土作为相对隔水层。Ⅰ含水岩组砂层、砂砾石层一般在1～3层，厚度为20～65m。第一层砂砾石层顶板一般为黏土和粉质黏土，湖区边缘厚度一般小于10m。Ⅱ含水岩组砂层、砂砾石层有1～2层，局部地区有4层，厚度为5.17～149.93m。顶板埋深为20.26～133.57m，大部分地区富水性中等—丰富，单井涌水量为1 336～1 538m³/d，水量丰富。

（二）红层裂隙孔隙-裂隙水

区内红层地下水的赋存条件及水力特征较为复杂，归纳起来存在着两种情况：①红层中的砂砾岩层构造裂隙发育，上覆泥岩或富含泥质的岩层，地下水具承压性，局部地下水位高出地面，属孔隙裂隙水；②局部地区红层底砾岩夹砾岩，砾石多为石灰岩，钙质或泥质胶结，发育溶孔、溶洞，地下水赋存于溶洞及溶蚀裂隙中，此类水一般分布于湘潭、醴攸红层盆地边缘。

（三）碳酸盐岩类裂隙溶洞水

该类裂隙溶洞水包括裸露型碳酸盐岩类裂隙溶洞水、裸露型碳酸盐岩夹碎屑岩裂隙溶洞水、覆盖型碳酸盐岩类裂隙溶洞水及埋藏型碳酸盐岩类裂隙溶洞水。以裸露型及埋藏型碳酸盐岩类裂隙溶洞水较为丰富，主要分布于湘乡棋梓桥、韶山、花明楼、株洲龙头铺、柏市镇、酒埠江、炎陵三河、鸭子铺—新开铺—洋湖垸等地。由泥盆纪—石炭纪灰岩、白云质灰岩、泥灰岩等组成，其富水性分为水量丰富、水量中等两类。鸭子铺—新开铺—洋湖垸一带碳酸盐岩类裂隙溶洞水埋藏于白垩纪地层之下，埋藏深度一般为 $150 \sim 200m$，单井涌水量为 $148 \sim 887.2 m^3/d$。

（四）基岩裂隙水

区内基岩裂隙水广泛分布，可分为碎屑岩类裂隙水、浅变质岩类裂隙水和岩浆岩类裂隙水 3 个亚类。

1. 碎屑岩类裂隙水

碎屑岩类裂隙水含水岩组为中泥盆统跳马涧组、下石炭统樟树湾组、上二叠统、上三叠统及侏罗系，宁乡、湘乡以东地区有上泥盆统岳麓山组及下石炭统樟树湾组，由砾岩、砂岩、粉砂岩及页岩组成。地下水主要赋存于构造裂隙中，局部存在层间裂隙水。富水程度差异较大，以水量贫乏为主，泉流量常见值为 $0.018 \sim 0.08 L/s$，单井涌水量一般小于 $100 m^3/d$。

2. 浅变质岩类裂隙水

浅变质岩类裂隙水大面积分布于长沙北部、浏阳地区、韶山、宁乡—湘乡、醴陵、攸县、茶陵、炎陵等地。含水岩组主要由新元古界板溪群、冷家溪群板岩和砂板岩等一套浅变质岩组成。以水量贫乏为主，泉流量一般为 $0.027 \sim 0.092 L/s$。仅茶陵县北部、炎陵县北部及南部水量中等，泉流量常见值为 $0.1 \sim 1.4 L/s$，最大达 $3.5 L/s$。

3. 岩浆岩类裂隙水

岩浆岩类裂隙水分布于望湘、沩山、紫云山、幕阜山、板杉铺、丫江桥、炎陵等地花岗岩体范围内，含水岩组主要为三叠纪和志留纪黑云母二长花岗岩、二云母二长花岗岩、黑云母花岗闪长岩、黑云母英云闪长岩等。表层岩石风化强烈，网状风化裂隙发育，风化带厚度一般为 $10 \sim 35m$，局部地带可超百米。地下水主要赋存于风化裂隙中，断裂带内分布构造裂隙水。一般水量中等，泉流量一般为 $0.018 \sim 1.4 L/s$。

二、水文地质分区特征

依据影响区域水文地质条件的主要因素——大地构造、地貌，结合地下水类型，长株潭城市群区域内地下水分为北部坳陷沉积平原孔隙水区、东北部褶皱低山丘陵裂隙水区、中东部断褶坳陷丘陵盆地裂隙-岩溶

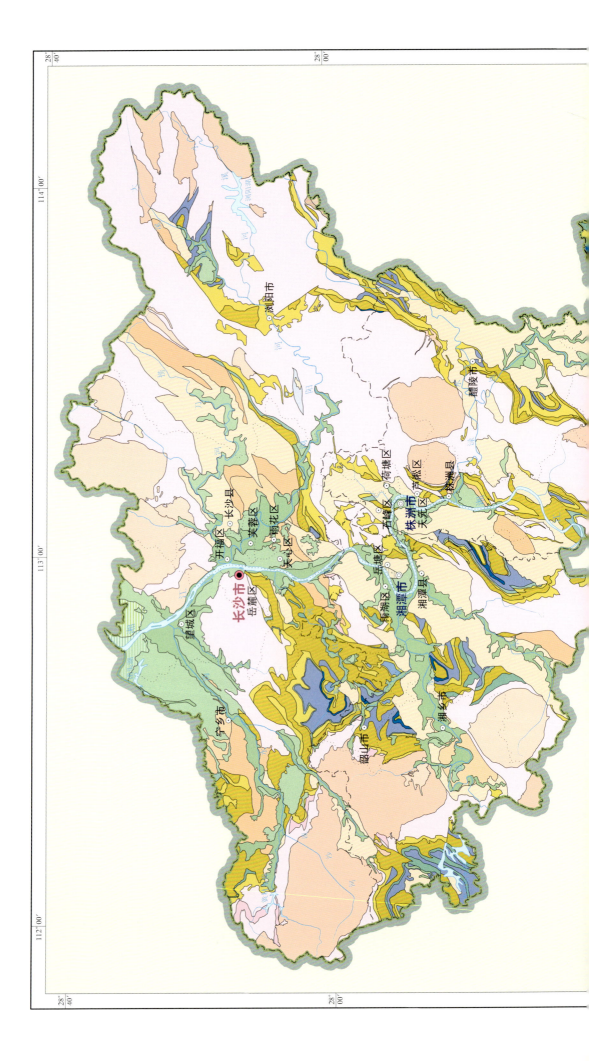

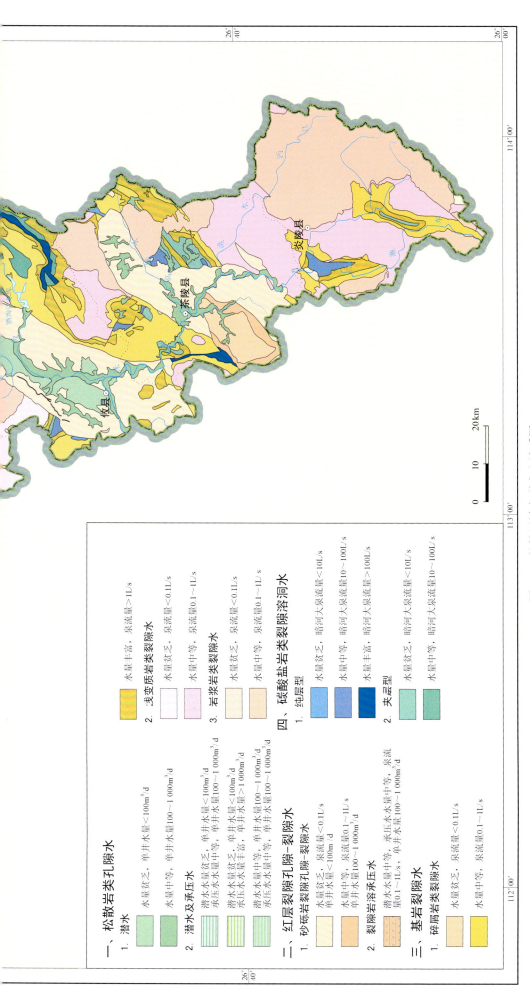

图1-5 长株潭城市群水文地质图

水区、西南部复向斜低山丘陵岩溶水区、东南部褶皱中低山丘陵裂隙-岩溶水区5个水文地质区（图1-6），各区水文地质特征如下。

（一）北部坳陷沉积平原孔隙水区（Ⅰ）

该区为第四纪松散岩类孔隙水分布区，东北部为承压水分布区，表层尚分布潜水。孔隙潜水含水层位包括全新统及局部地区的更新世细砂、粉砂及黏质砂土层，富水性一般较贫乏，单井涌水量一般为2.25～95.45m^3/d，在靖港镇至新康乡沿湘江一线和沩水沿岸，富水性中等。孔隙承压水赋存于Ⅰ、Ⅱ含水岩组，Ⅰ含水岩组砂层、砂砾石层一般在1～3层，厚度为20～65m。第一层砂砾石层顶板一般为黏土和粉质黏土，湖区边缘厚度一般小于10m。Ⅱ含水岩组砂层、砂砾石层为1～2层，局部地区有4层，厚度为5.17～149.93m。顶板埋深为20.26～133.57m，大部分地区富水性中等—丰富，单井涌水量多在175～983m^3/d之间。水位埋深为0～17.29m，个别地区高出地面。松散岩类孔隙水水化学类型以HCO_3—Ca、HCO_3—Ca·Mg为主，矿化度一般小于0.3g/L，pH值为5.5～8.5，硬度为0.75～1.50mmol/L。

（二）东北部褶皱低山丘陵裂隙水区（Ⅱ）

区内地下水以基岩裂隙水分布最广，约占全区面积的77%，其次为红层裂隙孔隙-裂隙水，岩溶水仅在浏阳零星分布。

基岩裂隙水主要为浅变质岩类和岩浆岩类裂隙水。浅变质岩类裂隙水赋存于元古宙浅变质岩层，大部分地区含水贫乏，泉流量一般为0.01～0.089L/s。岩浆岩类裂隙水分布于幕阜山、板杉铺等地花岗岩体范围内，一般含水量中等，泉流量一般为0.114～0.863L/s。碎屑岩类裂隙水仅于浏阳地区零星分布，柏加镇—江背镇—蕉溪乡一带含水量中等，泉流量为0.16～0.39L/s，其他地区含水贫乏。地下水水位埋深一般小于20m，局部地区水位高出地面。水化学类型为HCO_3—Ca、HCO_3—Ca·Mg、HCO_3—Na，矿化度小于0.3g/L，pH值为5.5～7.5，硬度一般为1.50mmol/L。

红层裂隙孔隙-裂隙水分布于长沙县及浏阳部分地区，多为风化裂隙水，富水性贫乏，单井涌水量为0.35～4.6m^3/d，泉流量为0.006～0.09L/s。地下水水化学类型为HCO_3—Ca、HCO_3—Ca·Mg、HCO_3—Na·Ca，矿化度小于0.2g/L，pH值为5.0～7.5，硬度为0.75～3.0mmol/L。

碳酸盐岩类岩溶水分布于浏阳官渡—永和—古港一带，含水岩组为泥盆纪及石炭纪、二叠纪灰岩和白云岩层，一般含水贫乏—中等，大泉流量一般为11.9～19.24L/s。水位埋深一般小于30m，水化学类型为HCO_3—Ca、HCO_3—Ca·Mg、HCO_3—Na·Ca，矿化度为0.1～0.3g/L，pH值为5.0～7.5，硬度为1.50～3.0mmol/L。

（三）中东部断褶坳陷丘陵盆地裂隙-岩溶水区（Ⅲ）

本区内地下水类型多样，以基岩裂隙水分布较广泛，其次为红层裂隙孔隙-裂隙水，岩溶水仅占少部分。

基岩裂隙水赋存于元古宙及早古生代浅变质岩层，富水性贫乏—中等，泉流量为0.01～0.87L/s，最

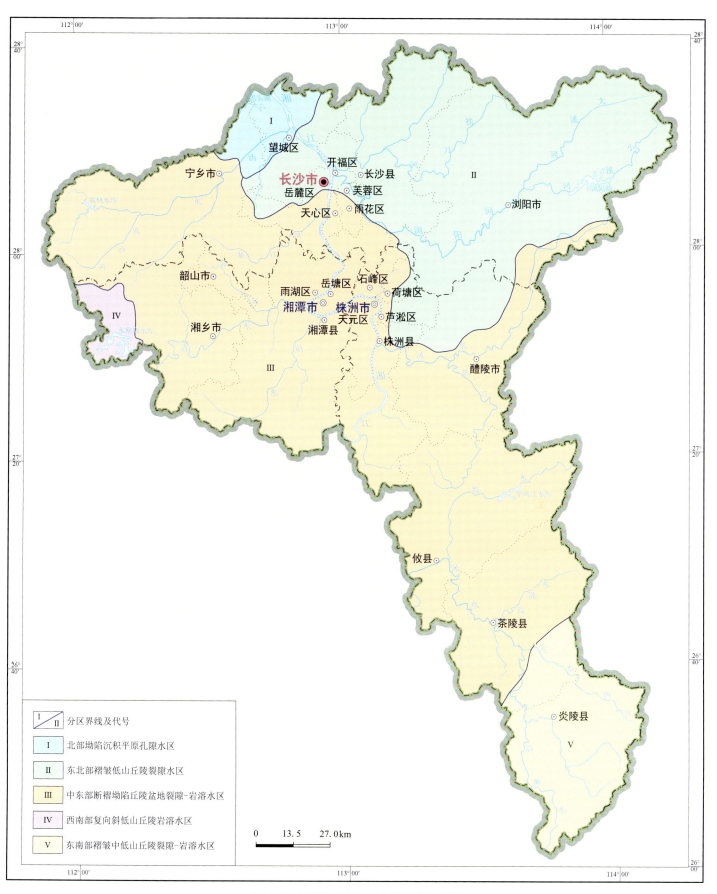

图1-6 长株潭城市群水文地质分区略图

大为1.4L/s。攸县地区跳马涧组（D_2t）及早石炭世、晚三叠世和侏罗纪的碎屑岩层，富水性中等，泉流量为0.125～0.783L/s，最大为15.67L/s。韶山、株洲、醴陵等地跳马涧组、武功山地区上二叠统，富水性贫乏，泉流量一般小于0.1L/s。水位埋深为2.95～42.75m，局部高出地面35m。沩山、紫云山花岗岩体，富水性中等，泉流量为0.101～0.87L/s，最大为1.79L/s。基岩裂隙水水化学类型为HCO_3—Ca、HCO_3—Ca·Mg、HCO_3—Na及HCO_3—Na·Ca，矿化度为0.1～0.3g/L，pH值为5.0～8.0，硬度一般小于0.75mmol/L。

红层裂隙孔隙-裂隙水赋存于白垩纪和古近纪砾岩、砂岩、粉砂岩及泥岩层，主要为裂隙水，局部地区存在裂隙溶洞水。裂隙水主要赋存于红层近地表风化裂隙和砂砾岩层构造裂隙中，前者呈潜水状态，后者多具承压性。富水性贫乏，单井涌水量为2.32～84.50 m³/d，最大为338.48m³/d，泉流量小于0.1L/s。湘乡盆地上白垩统、茶永盆地南端下白垩统，富水性中等，单井涌水量为152.88～994.22m³/d。水位埋深为0.27～37.115m。湘潭市区、醴攸盆地酒埠江、长沙县春华镇及宁乡市白马镇等地分布白垩纪底砾岩或层间砾岩，砾石多为石灰岩，钙质胶结，溶孔、溶洞发育，赋存裂隙溶洞水，含水丰富，具承压性（图1-7），单井涌水量为1 019～1 818m³/d。湘潭市区水量最丰，最大达14 005.6m³/d，泉流量多数大于1L/s，水位埋深6.73～25.6m。水化学类型为HCO_3—Ca、HCO_3—Ca·Mg，矿化度为0.1～0.3g/L，pH值为5.5～8.0，硬度为0.75～3.0mmol/L。

碳酸盐岩类裂隙溶洞水主要分布于煤炭坝、韶山、谭家山、石潭、潦水、柏市等向斜盆地，构成储水向斜。含水岩组为棋梓桥组（D_2q）、壶天群（CPH）、栖霞组（P_2q）灰岩、白云岩、泥质灰岩，富水性以丰富为主，地下河及大泉流量一般为10.24～429.62L/s，钻孔涌水量为129.6～3 640.03m³/d，矿坑涌水量最大达12 000m³/h。水位埋深为0.11～50.58m，局部地区达62.29m。水化学类型为HCO_3—Ca、HCO_3—Ca·Mg、HCO_3—Na·Ca，矿化度小于0.3g/L，pH值为5.5～8.5，硬度多为1.50～3.0mmol/L。

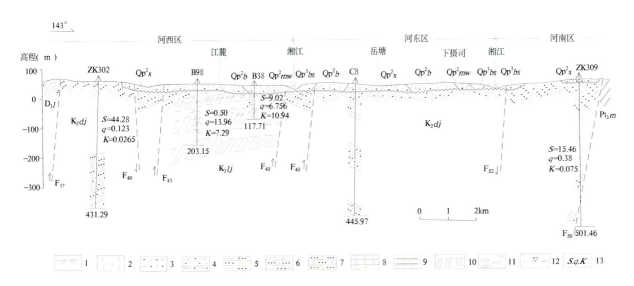

图1-7 湘潭市湘江河谷水文地质剖面图

（据《湖南省湘潭市供水水文地质详查报告》修改，1990）

1.人工填土；2.网纹黏土；3.砂砾石层；4.砂质泥岩；5.粉砂质泥岩；6.含石膏泥岩；7.含砾砂岩；
8.灰质砾岩；9.板岩；10.岩溶发育带；11.溶洞；12.水位线；13.降深、单井涌水量、渗透系数

（四）西南部复向斜低山丘陵岩溶水区（Ⅳ）

区内地下水以碳酸盐岩类裂隙溶洞水为主，基岩裂隙水为次，红层裂隙孔隙-裂隙水局部存在。

碳酸盐岩类裂隙溶洞水包括纯层型、夹层型两个亚类，含水岩组为棋梓桥组（D_2q）、壶天群（CPH）、栖霞组（P_2q）、大冶组（T_1d）灰岩、白云岩、泥质灰岩，富水性以中等为主，地下河及大泉流量一般为 4.158～40.0L/s。第 758 号矿井排水量为 22.78t/h，位于断裂带附近。

区内基岩裂隙水包括浅变质岩和碎屑岩两个裂隙水亚类。在该区北部出露极少量板溪群牛牯坪组浅变质岩，其余为碎屑岩裂隙水，富水性中等。

裂隙孔隙-裂隙水局限于小面积的由以罗镜滩组（K_2lj）为主构成的红层盆地内，富水性贫乏。

地下水埋深一般小于 50m，分水岭地段可逾百米。水化学类型为 HCO_3—Ca、HCO_3—Ca·Mg，矿化度小于 0.3g/L，pH 值为 5.5～8.5。

（五）东南部褶皱中低山丘陵裂隙-岩溶水区（Ⅴ）

区内基岩裂隙水分布最广，约占全区面积的 75%，次为碳酸盐岩类裂隙溶洞水，红层裂隙孔隙-裂隙水仅局部少量分布。

基岩裂隙水包括岩浆岩、变质岩及碎屑岩裂隙水 3 类，其中岩浆岩类裂隙水中燕山期和加里东期花岗岩富水性中等，印支期花岗岩富水性贫乏。变质岩类裂隙水中香楠组（$\epsilon_{1-2}x$）、桥亭子组（O_1q）、烟溪组（O_2y）板岩和石英砂岩层，含水量贫乏，泉流量一般为 0.027～0.092L/s；天马山组（O_3t）和爵山沟组（ϵOj）含水量变化较大，中等至贫乏。碎屑岩类裂隙水含水岩组为高家田组（J_1g）和跳马涧组（D_2t），含水量中等。广大基岩裂隙水分布的山区，只是在植被地区的谷底底部、边缘和构造破碎带、岩脉侧旁裂隙发育带地下水相对富集，有一定供水意义。

区内碳酸盐岩类裂隙溶洞水分为两类，其中纯层型含水岩组主要为石炭系石磴子组（C_1s）和泥盆系棋子桥组（D_2q）灰岩、泥灰岩，富水性中等。夹层型含水岩组为马栏边组与天鹅坪组（C_1m+t）、欧家冲组与孟公坳组（D_3o+m）、长龙界组与锡矿山组（D_3c+x）及佘田桥组（D_3s），除部分马栏边组与天鹅坪组（C_1m+t）含水量贫乏外，其余富水性中等。

另外，在本区东北部出露少量的下白垩统罗镜滩组（K_2lj），其中含砂砾岩裂隙孔隙-裂隙水富水性贫乏。

水化学类型为 HCO_3—Ca、HCO_3—Ca·Mg，矿化度为 0.1～0.5g/L，pH 值为 6.9～8.0，硬度多为 1.50～3.0mmol/L。

第四节 工程地质条件

一、岩土体类型及特征

长株潭城市群内岩土体类型复杂，岩体分为沉积碎屑岩、沉积碳酸盐岩、岩浆岩、变质岩四大建造类型及 15 个岩组，土体分为砂砾石土、黏性土两大类（图 1-8）。

（一）岩体工程地质类型及特征

1．沉积碎屑岩建造

1）坚硬至较坚硬薄层—层块状砂岩岩组

该岩组包括区内上白垩统（KEb、K_2hh、K_2lj）、下白垩统（K_1sh、K_1l），岩性主要为石英砂岩、石英粉砂岩、砂岩、砂砾岩夹少量页岩、泥岩等。其工程地质特性总体良好，但此类岩石多胶结不良，且碎屑颗粒大小均匀性极差，因此，其强度差异很大。

2）软弱至坚硬薄层—厚层状泥（页）岩夹砂岩岩组

该岩组包括古近系（E_1c）、上侏罗统（J_2q）、上三叠统（T_3sj）、下三叠统（T_1z）等，岩性主要为页岩、泥岩、碳质页岩、硅质页岩、灰质砂质泥岩、砂质泥岩等。本岩组强度一般较低，也极易发生泥化作用，形成软弱的泥化夹层。

3）坚硬至软弱薄层—层块状砂砾岩与泥（页）岩互层岩组

该岩组包括下侏罗统（J_1g）、上二叠统（P_3l）、下石炭统（C_1t），岩性主要为含砾砂岩、细砂岩、粉砂岩、泥质粉砂岩、砂砾岩、泥岩、砂质泥岩、页岩等。岩石强度软硬相间，泥化夹层问题也很普遍。

4）坚硬至较软弱薄层—层块状砂砾岩、砾岩夹泥（页）岩岩组

该岩组包括古近系（E_2g、E_1z）、上白垩统（K_2c、K_2dj）、下侏罗统（J_1s）、上三叠统（T_3zs、T_3sq）、下石炭统（C_1c、C_1zs）、上泥盆统（D_3yl）、中泥盆统（D_2t），岩性主要为砂岩、石英砾岩、砾岩、砂砾岩、灰泥质砾岩、冰碛砾泥岩、冰碛砾粉砂岩夹页岩、泥岩等。岩石强度上呈软硬相间的特点，泥、页岩的软化和泥化问题普遍存在，红层中以灰岩砾石为主的底砾岩中岩溶也常常很发育。

5）坚硬至软弱薄层—层块状碎屑岩夹碳酸盐岩岩组

该岩组主要包括中、上泥盆统（D_3m、D_3o、D_3w、D_2y、D_3s）等，岩性主要为砂岩、石英砂岩、页岩、泥岩、粉砂岩夹白云岩、白云质灰岩、灰岩、泥质灰岩及泥灰岩等。除具有一般碎屑岩特征外，还存在岩溶渗漏及塌陷问题。软硬相间的特点，泥、页岩的软化和泥化问题普遍存在，红层中以灰岩砾石为主的底砾岩中岩溶也常常很发育。

6）坚硬至软弱薄层—厚层状硅质岩夹页岩岩组

该岩组主要为上、中二叠统（P_3d、P_2g），岩性主要为硅质岩、硅质页岩、硅质白云岩夹页岩、板状

页岩等。本岩组中硅质岩强度一般较高，但其中节理裂隙多较发育，岩石多破碎呈小碎块状，岩组中所夹的页岩强度一般较低，也易产生泥化软化现象。

2．沉积碳酸盐岩建造

1）坚硬至较坚硬薄层—层块状碳酸盐岩岩组

该岩组主要为下二叠统（P_1m）、上石炭统（C_2d）、下石炭统（C_1z）及中上泥盆统（D_2q、D_3s）等，岩性主要为灰岩、白云岩、白云质灰岩、生物碎屑灰岩、灰质白云岩、泥质条带灰岩、含硅质团块和条带灰岩、泥质灰岩、泥灰岩等。除少量的泥灰岩外，其他岩石强度高，岩溶发育。

2）坚硬至较软弱薄层—层块状碳酸盐岩夹碎屑岩岩组

该岩组主要有下三叠统（T_1d）、中二叠统（P_2q）、下石炭统（C_1s、C_1m）、上泥盆统（D_3x、D_3c）等，岩性主要为灰岩、泥质灰岩、白云质灰岩、白云岩、泥质条带灰岩、泥灰岩等，夹页岩、泥岩、砂岩、粉砂岩、页岩及硅质岩等。岩石强度差异大，岩溶发育。

3）坚硬至软弱薄层—层块状碳酸盐岩与碎屑岩互层岩组

该岩组主要为中二叠统（P_2x）、下石炭统（C_1sb）等，岩性主要为灰岩、白云岩、灰质白云岩、泥质白云岩、泥质灰岩、泥灰岩、角砾状灰岩，以及页岩、粉砂岩、砂岩和硅质岩等互层。岩石强度上软硬相间，岩溶较发育。

3．浅变质岩建造

1）坚硬至较坚硬薄层—厚层状板岩夹浅变质砂岩岩组

该岩组主要为中奥陶统（O_2y）、下寒武统（$\in_1n$）、震旦系（Z）、板溪群（Pt_3n、Pt_3dy、Pt_3m）、冷家溪群（Pt_3y）等，岩性主要为砂质板岩、绿泥石绢云母板岩、砂质泥板岩、条带状粉砂质板岩、绢云母板岩夹浅变质细砂岩、浅变质粉砂岩等。本岩组板岩类岩石力学强度变化较大，且在构造及地下水作用下，常形成泥化夹层及破碎夹层。

2）坚硬至较坚硬薄层—层块状板岩与浅变质岩互层岩组

该岩组含湘乡地区下志留统（S_1z）、株洲炎陵一带的下奥陶统（O_1q、O_1bs）、上寒武统（$\in_{3-4}xz$）、中寒武统（$\in_2cy$）、下寒武统（$\in_1x$）及长沙、湘潭等地的板溪群（Pt_3t、Pt_3hl）、冷家溪群（Pt_3x、Pt_3l、Pt_3p），岩性主要为浅变质的砂岩、石英砾岩、砂砾岩、长石石英砂岩、粉砂岩、细砂岩和板岩、砂质板岩、泥质板岩、绢云母板岩、凝灰质板岩、碳质板岩等，多呈互层产出。具性脆易碎的特性，具有良好的透水性。

3）坚硬至较坚硬薄层—层块状板岩浅变质砂岩夹火山岩岩组

该岩组包括奥陶系至志留系（$OSl+S_1lj$）、南华系（Nh）、冷家溪群（Pt_3h），岩性主要为浅变质的砂砾岩、砾岩、砂岩，以及砂质板岩、条带状板岩、钙质板岩夹变质凝灰岩、变余凝灰岩。岩石强度总体较高，但软弱夹层及构造、卸荷、风化等弱结构面发育。

4）软弱至较坚硬薄层—中厚层状板岩岩组

该岩组包括板溪群（Pt_3bh、Pt_3b），岩性主要为泥板岩、砂质板岩、碳质板岩、硅质板岩、碳泥质板岩、硅质碳泥质板岩等。力学强度一般不高，次生软弱泥化夹层现象普遍。

5）坚硬至较坚硬薄层—层块状浅变质砂岩夹板岩岩组

该岩组含炎陵县一带的上奥陶统（O_3t）、宁乡西北一带的寒武系至奥陶系的爵山沟组（$\in Oj$）、板溪群（Pt_3w），岩性主要为浅变质的石英砂岩、长石石英砂岩、粉砂岩夹砂质板岩、绢云母板岩、碳质板

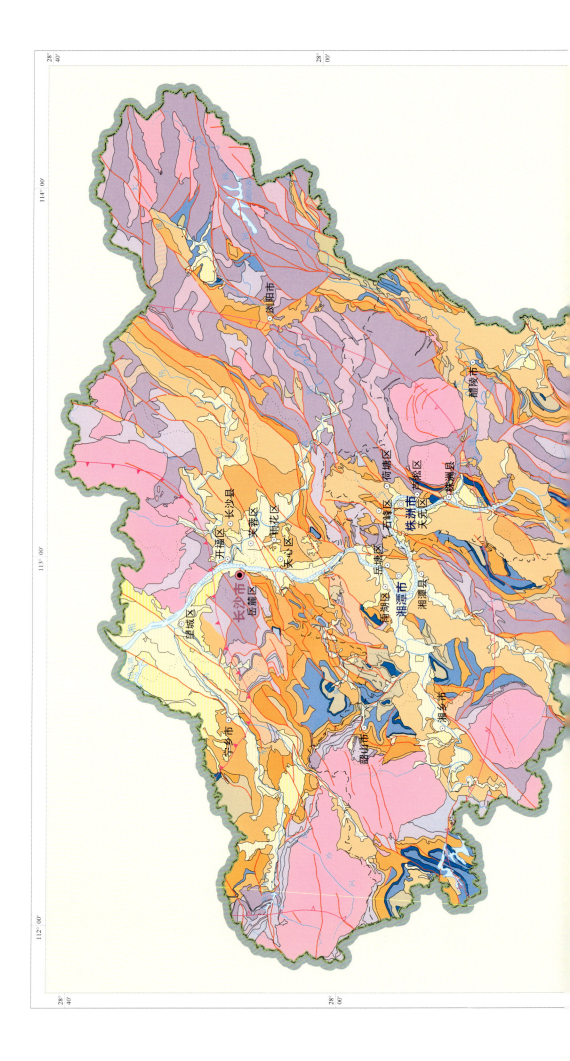

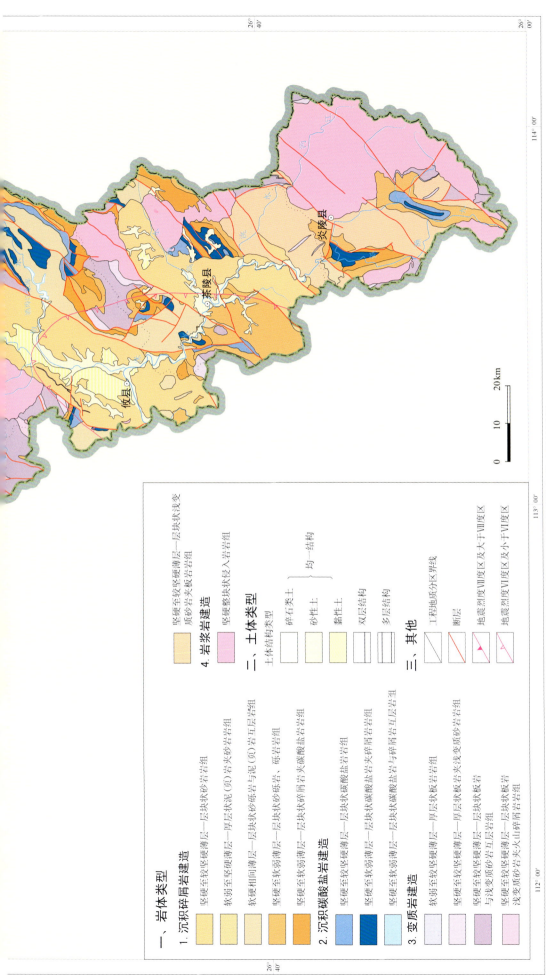

图1-8 长株潭城市群工程地质图

岩及板岩等。岩石强度一般较高，但存在软弱夹层。

4. 岩浆岩建造

该建造仅有坚硬整块状侵入岩岩组，包括新元古代、志留纪、三叠纪、侏罗纪、白垩纪等时代以酸性花岗岩为主的侵入岩体。该岩组致密坚硬，呈整块状结构，透水性极弱。

（二）土体工程地质类型及特征

1. 砂砾性土

砂砾性土包括中粗砂土、砂砾卵石土和粉细砂土。中粗砂土、砂砾卵石土广泛分布于北部洞庭湖地区、湘江及其支流各级阶地和河床中，堆积时代为早更新世至全新世，厚度为数米至10余米，与其他土层间多呈双层或多层结构产出，力学性质差异大。粉细砂土主要分布于北部洞庭湖地区、湘江干流河漫滩及Ⅰ级阶地，呈多层状产出，埋深为0～3.0m，厚度为0.5～9.52m，多呈饱和松散状，变形模量较大，容许承载力很低。

2. 黏性土

黏性土广泛分布于丘岗平原区及湘江流域各级阶地的表层。堆积时代主要为更新世，成因类型有冲积、湖积、洪积、残坡积等。岩性主要为黏土及粉质黏土，部分地段含碎石粉质黏土、淤泥质黏土、粉土等，厚度为0.5～10.0m。在湘江沿岸为双层结构，在洞庭湖区常为多层结构，老黏土的容许承载力较高。

二、区域地壳稳定性

（一）新构造运动

本区将新近纪以来的构造运动称为新构造运动。区内新构造运动的主要表现有升降运动（包括差异升降）、掀斜运动、断裂活动等。

1. 升降运动

本区新近纪以来总体表现为阶段性的地壳上升，由夷平面即层状地貌和多级河流阶地得以体现。层状地貌以长沙地区为例，由于间歇性的地壳上升和相对稳定期的剥蚀夷平，形成了4级较明显的不同高程剥夷面，分布高程分别为500～600m（Ⅳ级）、250～350m（Ⅲ级）、150～250m（Ⅱ级）、70～130m（Ⅰ级）。但局部地区的某些历史时期存在地壳沉降，如铜官、九华东面一带分别受公田-宁乡断裂和九华-庙湾里断裂控制而断陷下沉。

2. 掀斜运动

因横向上抬升幅度不一而产生掀斜运动。掀斜运动主要通过河道迁移、阶地性质横向变化、垂直河道方向阶地面高程的倾斜、倾斜地貌等体现，主要分布在浏阳河高塘与捞刀河崩坎、黄花—干杉、大托铺、望城—靖港、湘潭—九华、梅林桥—马家河一带。

3. 新构造断裂活动

本书新构造断裂指新近纪以来尤其是第四纪以来活动的断裂。本区厘定主要新构造断裂34条，主要集中在铜官—长沙—湘潭—株洲一带。区内新构造断裂延长规模不一，长者100km以上，短者5～10km。多为正断裂，少量为逆断裂。正断裂上盘常充填较厚沉积，部分上盘形成断陷槽谷。以北东向为主，次为北北东向和北西向。断裂错距大小不一，大者可达数十至百余米，总体上北东向、北北东向断裂的错距大于北西向断裂，正断裂的错距大于逆断裂。

（二）地震

本区总体属地震不活动区。历史地震（1970年以前的地震）主要为3.0～3.9级和4.0～4.9级，无5.0级以上的地震。现今的地震（1970年以来的地震）主要为3.0～3.9级，4.0～4.9级地震仅于本区西南外侧有1处，无5.0级以上的地震。区内地震主要分布在湘乡—醴陵以北、望城—永和以南、沩山—壶天以东的中北部地区（宁乡—长沙—醴陵—浏阳一带），中北部地区内又以宁乡—长沙—湘潭—株洲一带地震密度最大。中北部地区地震大量分布可能与该地区新构造断裂发育、地壳差异性运动比较强烈以及位于隆起与沉降区的交接地带有关。

（三）地壳稳定性评价

地壳稳定性评价主要依据地震震级，同时参考新构造断裂和活动断裂的发育情况及现代地壳升降速率等进行。根据《中国地震动参数区划图》（GB 18306—2015）中对长株潭地震烈度划分，本区地震烈度为Ⅵ度。经综合分析，本区地壳稳定性分为稳定、基本稳定两级。地壳稳定（Ⅰ）：地震震级（M）小于4.0，新构造和活动断裂总体不发育，地壳升降速率极低。地壳基本稳定（Ⅱ）：地震震级（M）为4.0～4.9，新构造和活动断裂较发育或不发育，地壳升降速率极低。

地壳稳定区包括浏阳地壳稳定区（I_1）、攸县-炎陵地壳稳定区（I_2），地壳基本稳定区包括宁乡-长沙地壳基本稳定区（II_1）、中沙地壳基本稳定区（II_2）（图1-9）。

三、核心区主要工程地质问题

（一）活动断裂

1. 活动断裂的分布

核心区内活动断裂（晚更新世以来活动的断裂）分布于铜官—长沙—湘潭的南北向湘江带上，自北往南主要有湘江断裂（F_1）、公田-宁乡断裂（F_2）、曹家屋-竹山屋断裂（F_9）、庵子冲-刘家冲断裂（F_{10}）、葫芦坡-炮台子断裂（F_{12}）、施家冲-磊石塘断裂（F_{15}）、大托铺-莲花山断裂（F_{16}）、乐子桥断裂（F_{22}）、九华-庙湾里断裂（F_{23}）、泉塘-砂子岭断裂（F_{24}）、瓦铺子-青莲庵断裂（F_{25}）、姜畲-金霞山断裂（F_{26}）共12条（图1-9）。

2. 活动断裂的发育特征

活动断裂主要为北东走向，仅湘江断裂（F_1）为北西向、姜畲-金霞山断裂（F_{26}）为北西西向，断

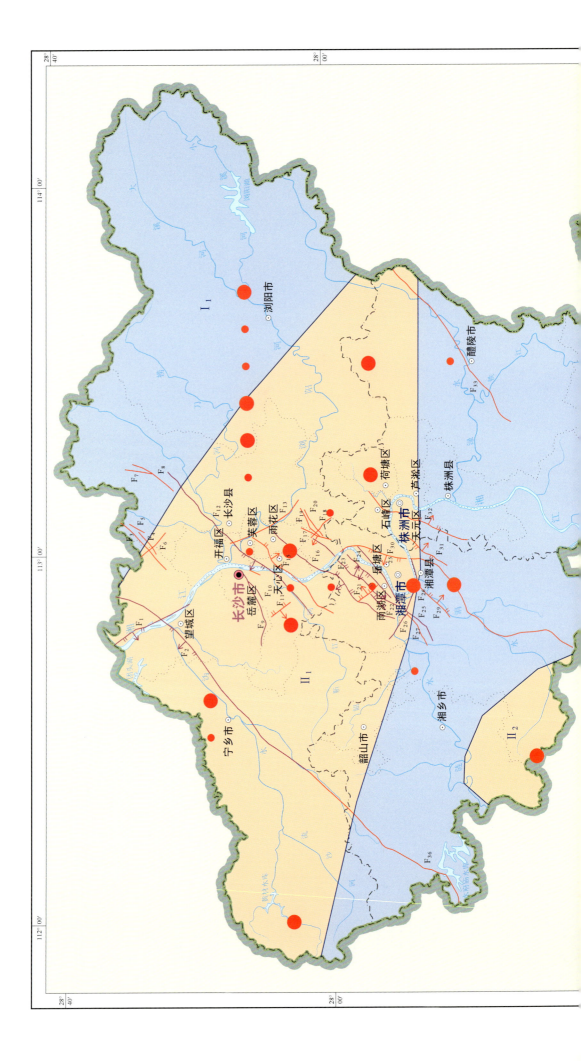

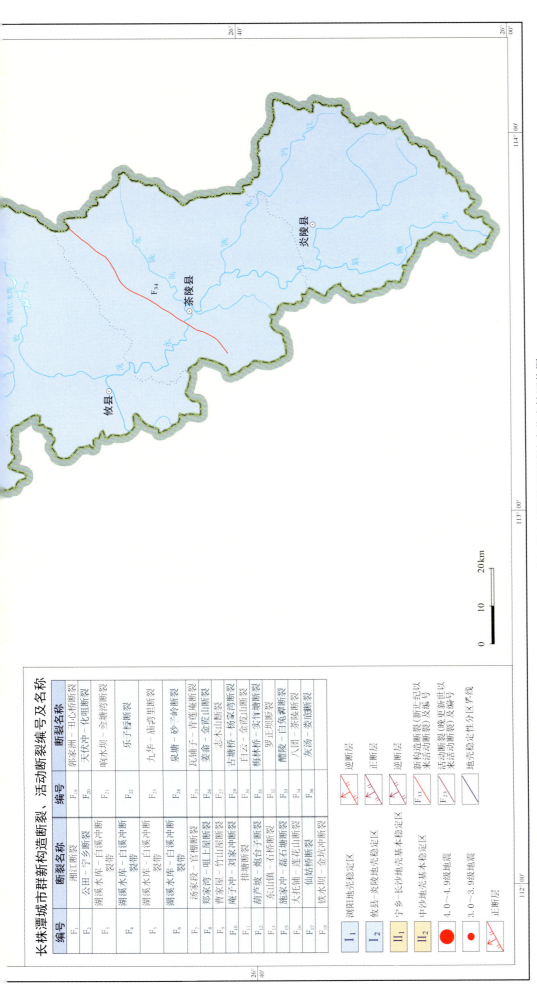

图 1-9 长株潭城市群活动断裂及区域地壳稳定性评价图

裂延长规模自 6km 至 100km 以上。各活动断裂自早更新世—中更新世即开始活动（有的尚为基底断裂），晚更新世以来的活动表现不一，归纳起来主要有地震活动性、氡气测量异常、对地貌和现代河流的控制作用、断裂活动的年龄测定等。

3. 活动断裂对工程建设的影响

1) 区域构造沉降、第四纪软弱层厚度增加

核心区北部望城—铜官下游一带受湘江断裂（F_1）和公田-宁乡活动断裂（F_2）的影响，总体上以加速度的形式急剧沉降，年沉降率高达 10mm/a，第四系明显增厚，造成地面不均匀沉降等工程地质问题。

2) 破坏岩体完整性，导致透水性增加

活动断裂带岩石破碎，透水性强，含水量丰富，导致地下工程塌方、突水突泥、渗（漏）水严重，施工困难，成本增加。

3) 易形成崩塌、滑坡

活动断裂两盘抬升和下降明显，形成不少的陡坡地段，活动断裂带及附近岩石破碎，风化严重，易形成崩塌、滑坡，给行人及交通安全造成较大影响。

（二）软土

1. 软土的分布规律

长株潭城市群核心区内的软土地层多分布于湘江各支流注入湘江的汊口地段，如沩水注入湘江一带的望城新康镇至靖港镇，涟水河注入湘江一带的云龙桥至河口，白石港溪、建宁港溪、枫溪注入湘江一带地段，另在长沙市芙蓉区浏阳河沿岸、长沙市洋湖垸一带也有小面积的分布，共 15 个地段，总面积为 78.58km^2（图 1-10）。

2. 软土的工程地质特征

长株潭城市群核心区的软土大多为淤泥质软土，另少部分地区分布有淤泥、泥炭质土等。其特点是天然含水量大、孔隙比大、压缩系数高、抗剪强度低、具有蠕变性等，易发生压缩变形，从而导致基坑失稳、地面沉降等地质灾害，工程地质条件较差。

（三）流砂

1. 流砂的分布规律

长株潭城市群核心区的流砂主要发生在湘江及其支流的Ⅰ、Ⅱ级阶地上，包括第四系白水江组及橘子洲组中所含的粉细砂地层。分布区域集中在湘潭市易俗河至雨湖区、昭山一带、长沙市大托至洋湖垸、新港镇一带、长沙市黄兴镇至𣘗梨镇、马王堆一带等区域，共 76 个地段，总面积为 149.25km^2（图 1-11）。

2. 流砂形成的原因

流砂形成的原因有内因和外因。

（1）内因：取决于土的性质，土的孔隙比大、含水量大、黏粒含量少、粉粒多、渗透系数小、排水性能差等均容易产生流砂现象。因此，流砂现象极易发生在细砂、粉砂和亚黏土中，但是否发生流砂现象，

图 1-10　长株潭城市群核心区软土分布图

图 1-11 长株潭城市群核心区流砂分布图

还取决于一定的外因条件。

（2）外因：地下水在土中渗流所产生的动水压力（渗流力）的大小。当单位颗粒土体受到向上的渗流力大于或等于其自身重力，则土体发生悬浮、移动。即渗流力 - 单元体自重应力大于0，则流砂形成。

3. 流砂对工程建设的影响

流砂现象主要在地下构筑物施工过程中突现，造成桩孔坍塌、基坑垮塌或地面沉陷。此时，基底土完全丧失承载能力，施工条件恶化，严重时会造成边坡塌方，甚至危及邻近建筑物。

此外，砂土液化仅存在于长沙市区内第四系橘子洲组的饱和砂土内，均为轻微液化，主要分布于长沙市洋湖垸至橘子洲一带、浏阳河河口一带两个地段，总面积为8.645km^2。

第二章　城市群地质资源优势

第一节　地下水资源

一、评价分区与原则

区域性地形、地貌、地质、构造是控制地下水赋存的主要因素。长株潭城市群北部望城、铜官、双江口镇等小片地区属南洞庭湖平原松散岩类孔隙水分布区，南部大片均属低山丘陵裂隙水分布区，主要根据地下水类型的组合展布特征按3个行政区进行分类计算。确定计算原则如下：

（1）本次计算以天然补给资源为主，对于含水相对均一、富水性较好、有集中供水意义的单元计算可开采资源，现状开采量主要来源于2004年各市水资源公报的相关数据。

（2）对不具供水意义的松散岩类孔隙水含水层及范围狭小、分布零散的其他含水层，按相邻含水层的参数计算地下水资源。

（3）由于资料所限，本次天然补给资源只计算陆面大气降水入渗补给量，并分枯水年和多年平均进行计算。

（4）对含水相对均一、富水性较好的孔隙水分布区，采用平均布井法拟布钻孔计算开采资源量，其余计算区则按现有钻孔、生产井和泉水（单井、泉水量大于或等于10m³/d）的可开采量统计开采资源。

二、计算方法与参数来源

1. 地下水的天然补给资源量

地下水天然补给资源量是指地下水系统中参与现代水循环和水交替，可以恢复、更新的重力地下水。根据地下水的赋存条件和水动力特征及其与降水、地表水补排关系的差异，分平原区和山丘区进行评价，并分别计算多年平均天然补给资源量及枯水年天然补给资源量。其中，平原区天然补给资源量包括大气降水量（$Q_{降}$）、稻田入渗补给量（$Q_{稻}$）、湖泊渗漏量（$Q_{湖}$）、河流侧向补给量（$Q_{侧}$）；山丘区只计算大气降水补给量。主要计算公式如下：

$$Q_{降}=\alpha \times F \times P \times 0.1 \ (\times 10^4 \mathrm{m}^3/\mathrm{a})$$

式中，α 为降水入渗系数，采用水文站多年流量分割法或地下水动态资料计算；F 为计算段陆面面积（km²）；P 为多年平均降水量（mm）。

$Q_{稻}$ 分稻谷生长期和非生长期两个时段计算。

稻谷生长期：

$$Q_{稻1}=\beta \times F \times T \times 0.1 \ (\times 10^4 \mathrm{m}^3/\mathrm{a})$$

式中，β 为灌溉回归深度（mm/d），即稻田水层渗漏值；F 为计算段稻田面积（km²）；T 为水稻平均生长期及早稻泡田天数。

稻谷非生长期：

$$Q_{稻2}=\alpha \times F \times P \times 0.1 \quad (\times 10^4 \mathrm{m}^3/\mathrm{a})$$

式中，α 以为降水入渗系数；F 为计算段稻田面积（km²）；P 为水稻非生长期内不同保证率的降水量（mm）。

$$Q_{河}=100 \times F \times \Delta H \quad (\times 10^4 \mathrm{m}^3/\mathrm{a})$$

式中，F 为计算段湖泊水面面积（km²）；ΔH 为经验渗透厚度（m/a）。

$$Q_{侧}=B \times H \times K \times I \times 10^{-4} \quad (\times 10^4 \mathrm{m}^3/\mathrm{a})$$

式中，B 为断面长度（m）；H 为含水层厚度（m）；K 为渗透系数（m/d）；I 为水力梯度。

2．地下水的可开采资源量

地下水可开采资源量，是指在一定技术经济条件下，开采过程中不会诱发严重的环境问题，可以持续开采利用的地下水量。其中，平原区的可开采资源量采用平均布井法计算，山丘区的可开采资源量采用平均布井法、水文地质比拟法、地下水动力学稳定法及数理统计法等计算，主要计算公式及方法如下。

（1）平均布井法（用于第四系松散岩类孔隙水分布区）：

$$Q_{开}=3.65 \times Q_{cp} \times X \times 10^{-2} \quad (\times 10^4 \mathrm{m}^3/\mathrm{a})$$

式中，Q_{cp} 为计算区在降深5m、8h条件下单井涌水量的平均值（m³/d）；X 为计算区平均布井数，$X=F/4R^2$，其中，F 为计算区面积（m²），R 为单井影响半径（m）。

（2）水文地质比拟法（用于缺乏勘探资料、调查精度较低的地区）：

$$Q_{开}=3.65 \times Q_{已}/F_1 \times F_2 \times 10^{-2} \quad (\times 10^4 \mathrm{m}^3/\mathrm{a})$$

式中，$Q_{已}$ 为已计算区开采资源量（m³/d）；F_1 为已计算区面积（km²）；F_2 为推算区面积（km²）

（3）地下水动力学稳定法（用于有详细抽水试验资料的地区）。根据抽水试验数据，建立涌水量与降深之间的函数关系，然后分别确定设计降深，外推得到未来生产井的开采量。

（4）数理统计法。累加实际开采量大于1 000m³/d的钻孔涌水量，并加上大水矿床的矿井排水量。

三、计算结果及分析

长株潭三市多年平均的累计补给资源量为 $42.653 \times 10^8 \mathrm{m}^3/\mathrm{a}$，枯水年的累计补给资源量为 $35.952 \times 10^8 \mathrm{m}^3/\mathrm{a}$，累计可开采资源量为 $19.125 \times 10^8 \mathrm{m}^3/\mathrm{a}$，详见表2-1。

表2-1　长株潭城市群地下水资源量统计表

地区	面积（km²）	天然补给资源量（×10⁸m³/a）	可开采资源量（×10⁸m³/a）	现状开采量（×10⁸m³/a）	开采程度（%）	开采潜力系数
长沙市	11 820	12.701/15.212	7.658	0.180	2.35	42.54
株洲市	11 262	16.495/19.339	5.716	0.018	0.31	317.56
湘潭市	5 007	6.756/8.102	5.751	0.329	5.72	17.48
总计	28 089	35.952/42.653	19.125	0.527		

注：天然补给资源量第一项为枯水年天然补给资源量，第二项为多年平均天然补给资源量。

长株潭城市群地下水资源中,基岩裂隙水的分布面积最大,为$1.68\times10^4 km^2$,占长株潭总面积的59.19%;其次为碎屑岩类孔隙-裂隙水,为$0.52\times10^4 km^2$,占总面积的18.50%;松散岩类孔隙水和碳酸盐岩类裂隙溶洞水分布面积较小,面积分别为$0.32\times10^4 km^2$及$0.29\times10^4 km^2$,分别占总面积的11.39%和10.32%。

基岩裂隙水分布区的径流模数一般小于$15\times10^4 m^3/d \cdot km^2$,长沙、浏阳、平江交接处的金井镇地区及株洲、醴陵北部地区径流模数可达$(15\sim20)\times10^4 m^3/d \cdot km^2$,具有资源较为贫乏、开采难度较大的特点,供水意义较差。碎屑岩类孔隙-裂隙水分布区的径流模数通常处于$(5\sim15)\times10^4 m^3/d \cdot km^2$之间,具有资源比较丰富、开采难度适中的特点,供水意义较大,尤其是在长沙-平江盆地、湘潭盆地、宁乡盆地、株洲盆地等地红层盆地边缘灰质砾岩水量非常丰富。松散岩类孔隙水主要分布在湘江及其支流的河谷平原等地,径流模数一般为$(10\sim15)\times10^4 m^3/d \cdot km^2$;此外,宁乡-铜官的南洞庭湖平原区地带径流模数可达$(20\sim40)\times10^4 m^3/d \cdot km^2$,具有资源比较丰富、开采难度最小的特点,供水意义大。碳酸盐岩类裂隙溶洞水分布区的径流模数一般为$(20\sim40)\times10^4 m^3/d \cdot km^2$,具有资源比较丰富、开采难度适中的特点,供水意义较大,尤其是在韶山—宁乡、湘乡市、株洲雷打石和泉水窟等岩溶强发育区,水量很丰富。

四、地下水水质

本次只针对长株潭地区浅层地下水质量进行评价,主要采用单项组分评价和综合评价,数据来源于"洞庭湖地区(含长株潭及岳阳部分地区)多目标生态地球化学调查"成果数据及本次勘查取样的测试数据。单项组分评价参照《地下水质量标准(GB/T 1484—93)》,判别各组分的质量类别,并赋分值,综合评价在单项评价的基础上按综合评价分值进行(表2-2,图2-1)。评价项目为16项,主要为pH值、硫酸盐、铁、锰、铜、锌、钼、硝酸盐、亚硝酸盐、氟化物、汞、砷、铬(六价)、铅、硒、镉。

综合评价分值计算公式如下:

$$F=\sqrt{\frac{\overline{F}^2+F_{max}^2}{2}} \qquad \overline{F}=\frac{1}{n}\sum_{i=1}^{n}F_i$$

式中:F为综合评价分值;$\overline{F}$为各单项组分评分值F_i平均值;F_{max}为单项组分评分值F_i中最大值;F_i为单项组分评分值;n为评价项数。

表2-2 地下水质量评价标准表

类别	Ⅰ	Ⅱ	Ⅲ	Ⅳ	Ⅴ
单项组分评分值F_i	0	1	3	6	10
综合评价分值F	<0.80	0.80~2.50	2.50~4.25	4.25~7.20	>7.20
质量级别	优良	良好	较好	较差	极差

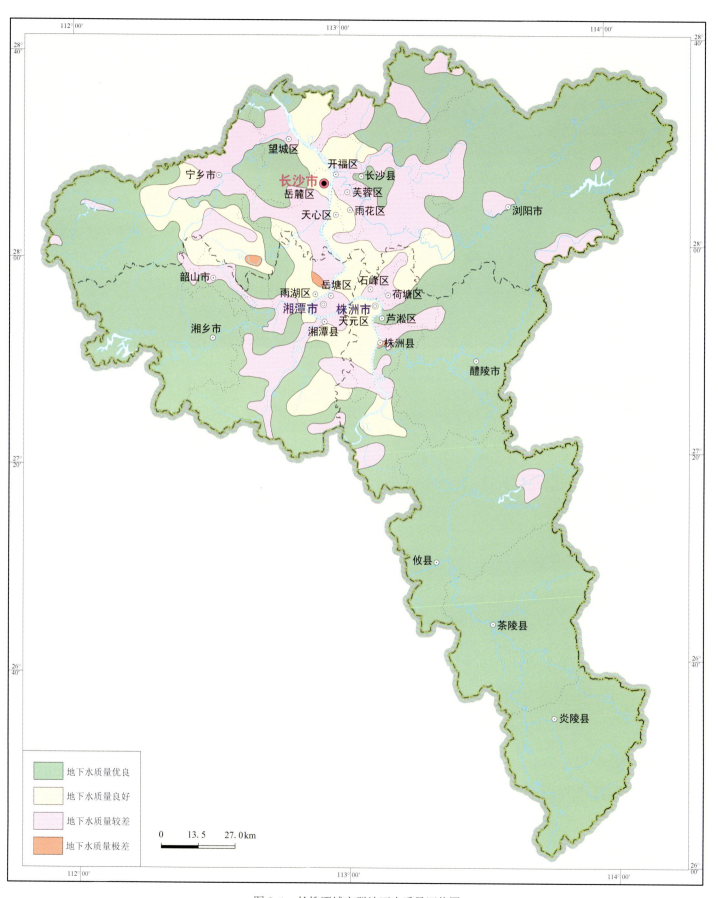

图 2-1 长株潭城市群地下水质量评价图

五、地下水资源开发利用现状

由表2-1可知，长株潭三市地下水的累计现状开采量仅为$0.527\times10^8m^3/a$，整体上开采程度很低，尤其是株洲市几乎没有开采，仅偏远农村地区分散取水；长沙市地下水开采程度为2.35%，以农村生活用水为主；湘潭市开采程度略高，也仅为5.72%，包括工业用水、城镇及农村生活用水，初步统计共有12个供水井的开采量大于$1\ 000m^3/d$，其中有两处甚至大于$6\ 000m^3/d$，属于大型开采机井（照片2-1、照片2-2）。一般来说，地下水开采量中红层碎屑岩孔隙裂隙水、松散岩类孔隙水及碳酸盐岩裂隙岩溶水为主要的开采目的层，基岩裂隙水则因其开采难度较大，开采量所占比例甚微。

地下水的开采方式因地而异，平原地区以井的形式开采，较集中的供水以管井方式开采，开采深度较大，可达150m以上，居民生活生产用水以大口径民井为主，民井口径一般2～3m，大者可达4m，农村分散农户以小口径的手压泵水井占大多数，深度则在20m以内，广大的山丘地带除管井和大口径民井外，引泉则为普遍的方式。

照片2-1　湘潭市雨湖区湘潭大学机井

（开采量约$6\ 000m^3/d$）

照片2-2　湘潭市雨湖区长城乡羊牯村冷库机井

（开采量约$6\ 720m^3/d$）

六、地下水资源开发利用潜力

长株潭三市的地下水开采潜力系数均大于17，扩大开采潜力可达$5\times10^8m^3/a$以上，地下水多年平均补给资源量与地下水可开采资源量之间的补开比在1.41～3.38之间，整体上可开采资源的保证程度较高，且目前开采仅限于浅层水，深部第四系孔隙水、岩溶含水层及构造带的富水部位也有很好的供水前景，因此，整体而言，长株潭地区地下水仍具有较大的开采潜力。在城市发展规划中可以加大地下水资源的合理开发利用，尤其是株洲市区、株洲县、醴陵市、攸县、茶陵县、炎陵县和长沙市区、浏阳市、宁乡市等地区，地下水现状开采量很低，开采潜力较大；而湘潭市河西片区现状开采量较大，开采潜力相对较小，河东地区及湘潭县、韶山市和湘乡市开采潜力较大。

第二节　矿泉水与地下热水资源

一、矿泉水资源

（一）矿泉水资源类型与分布

工作区内矿泉水资源较为丰富，据已有资料统计，共有130处，其中饮用天然矿泉水81处，饮用、医疗矿泉水31处，医疗矿泉水18处（表2-3，图2-2）。若按达标的特殊化学成分分类，共有15种类型，主要为硅酸水（91处）、硅酸氡水（12处）、锶水（7处）。饮用天然矿泉水主要分布在长沙市区，长沙县福临、金井、双江、安沙、星沙、黄花等镇，浏阳市龙伏镇、沿溪镇、淳口镇、蕉溪乡、关口街道，湘乡市月山镇、育塅乡、东郊乡、泉塘镇、山枣镇，株洲市区，株洲县渌口镇、仙井乡、太湖乡，醴陵市枫林市乡、黄獭嘴镇、板杉乡、仙霞镇。医疗矿泉水分布在宁乡市灰汤镇、浏阳市沿溪镇大光社区、长沙县路口镇麻林桥。

表 2-3　长株潭城市群矿泉水分类表

化学类型 用途类型	硅酸水	锶水	氡水	锌水	硅酸氡水	硅酸锂氡硫化氢水	硅酸锶氡水	硅酸硒水	硅酸锌水	硅酸氟水	硅酸锶水	硅酸锶锂水	硅酸锂水	锶锂水	硒锶锂水	合计
饮用矿泉水	62	7		2	3		1	1		1	1		2		1	81
饮用、医疗矿泉水	16				9		3				2		1			31
医疗矿泉水	13		1			1			2			1		1		18
小计	91	7	1	2	12	1	3	1	2	3	1	2	2	1	130

（二）矿泉水资源量与水质

区内矿泉水类型较全，而且水量较丰富。据76处自然出露的矿泉水点统计，小于0.1L/s的有18处，0.1～1.0L/s的有38处，1.0～10L/s的有14处，大于10L/s的有6处。全区矿泉水可开采量为22 873.94m³/d（表2-4）。

区内矿泉水水质优良。其无色、无味、无嗅、透明、感官性状良好，水温一般为18～23℃。水化学类型以HCO_3-Ca、$HCO_3-Ca·Na$为主，次为$HCO_3-Mg·Ca$、SO_4-Ca等。pH值在6.5～8.5之间，总硬度多为0.16～3.09mmol/L。硅酸水中H_2SiO_3含量一般为31.65～65.5mg/L，最高可达227.88mg/L。硅酸氡水中H_2SiO_3含量一般为36.4～51.74mg/L，最高达54.3mg/L；Rn含量一般为29～59mg/L，最高达640.7mg/L。锶水中Sr含量一般为0.212～1.08mg/L，最高达2.42mg/L。

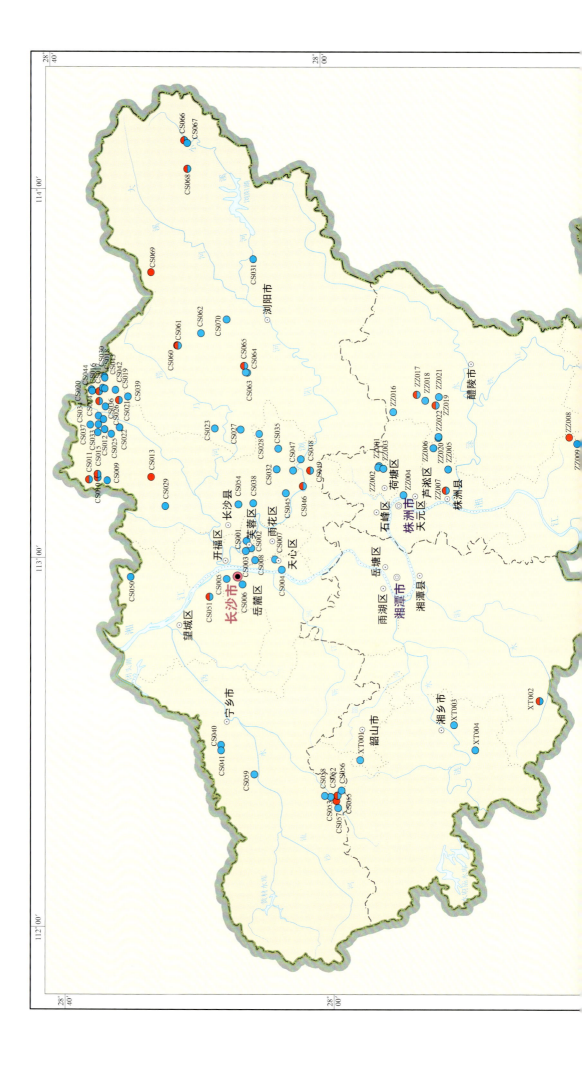

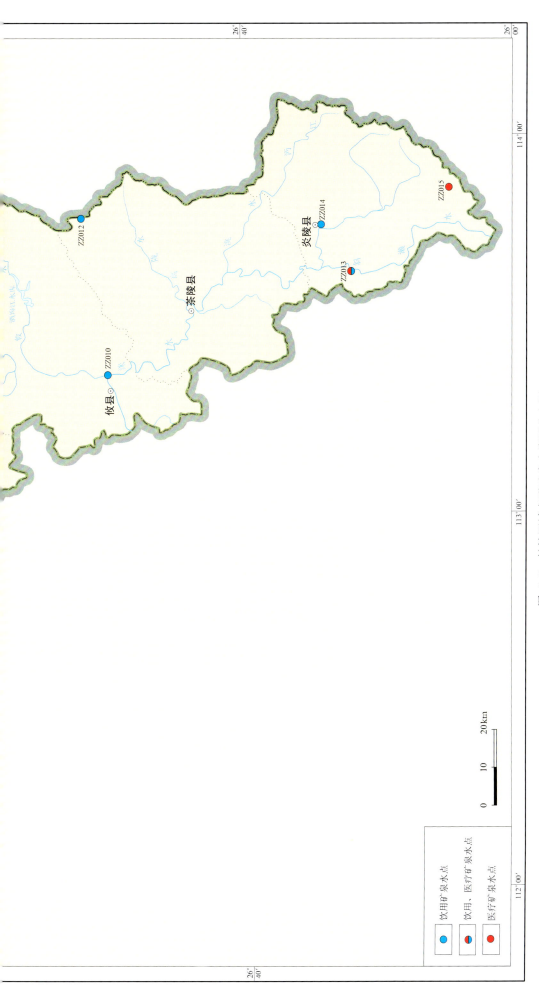

图 2-2 长株潭城市群矿泉水资源分布图

表 2-4　长株潭城市群矿泉水资源量统计表

县（市、区）	数量（处）				可开采量（m³/d）	已开采量（m³/d）		
	饮用矿泉水	饮用、医疗矿泉水	医疗矿泉水	小计		商业开采	生活饮用水等	小计
长沙市区	10	1		11	6 926.24		232.50	232.50
长沙县	34	17	1	52	1 242.43		4.00	4.00
宁乡市	1	3	1	5	3 954.03	1 902.00		1 902.00
浏阳市	7	3	2	12	375.58			
株洲市区	5			5	1 875.92			
株洲县		3		3	79.49			
醴陵市	7			7	405.30			
攸县	2	1	1	4	1 284.33			
茶陵			6	6	1 201.00			
炎陵县	2	1	2	5	1 427.85			
湘潭市区	2		1	3	321.67			
湘潭县	1	1	2	4	1 160.40			
湘乡市	9	1		10	2 025.90			
韶山市	1		2	3	593.80			
合　计	81	31	18	130	22 873.94	1 906.00	232.50	2 138.50

（三）矿泉水成因类型

根据矿泉水出露的地质、水文地质条件，可将其分为断裂型、岩浆岩型、红层盆地型和浅变质岩型 4 类。

1. 断裂型

该类型矿泉水以沿断裂或断裂带两侧出露、受断裂控制为主要特点。水温一般为 19～22.5℃，pH 值为 6.5～7.8，水化学类型主要为 HCO_3—Ca、SO_4—Ca、HCO_3—Ca·Mg，总硬度多为 1.6～14.36mmol/L，矿化度多小于 0.5g/L。

2. 岩浆岩型

该类型主要出露于花岗岩和花岗闪长岩中（图 2-3）。以总硬度低、偏硅酸高、水化学类型主要为 HCO_3—Ca、HCO_3—Ca·Mg 及主要分布于岩浆岩边缘或断裂带附近为特点。

3. 红层盆地型

此类型矿泉水还可细分为盆地边缘型（图 2-4）和盆地中部型两种。前者特点是偏硅酸含量变化幅度小，总硬度中等，pH 值、矿化度较低；后者偏硅酸、矿化度两项达标，水化学类型均为 SO_4—Ca，总硬度高。

4. 浅变质岩型

该类型主要发育在冷家溪群和板溪群中。具有偏硅酸含量较低，并有断裂通过等特点。

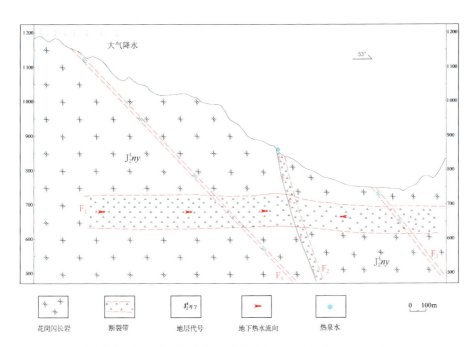

图 2-3 炎陵县平乐乡乐富村盘海山热矿泉水成因剖面示意图

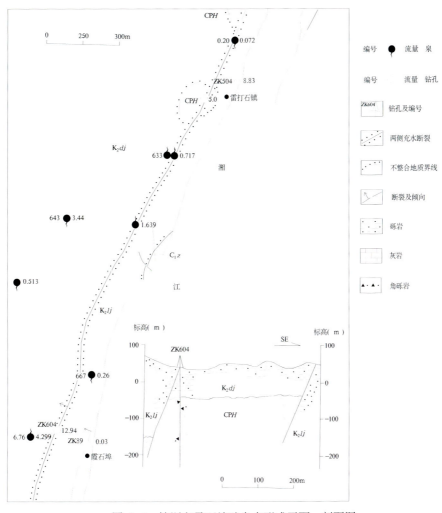

图 2-4 株洲市霞石埠矿泉水形成平面、剖面图

(据《湖南省株洲市水文地质工程地质环境地质详细普查报告》修改，1987)

（四）矿泉水资源开发利用现状

区内矿泉水总体开发利用程度低，在 130 处矿泉水中现只有 5 处在开发利用。相对而言，医疗矿泉水的开发利用情况稍好，其开发利用时间较早，且已取得了丰富的经验和显著的经济、社会效益；而饮用天然矿泉水的开发利用则起步较晚，数量少，规模小。区内矿泉水真正作为饮用开发利用的仅有长沙县福临镇影珠山、星沙镇凤青山矿泉水 2 处，约 4m³/d。全区现状开采量为 2 138.5m³/d。

（五）矿泉水资源开发利用潜力

目前，工作区内矿泉水开发利用规模不大，普遍性不广，有的甚至未被利用。据前所述，区内矿泉水可开采量为 22 873.94m³/d，现状开采量为 2 138.5m³/d，仅占可开采量的 9.35%。因此，其开发利用潜力还很大，无论在深度上还是广度上都可以加强。

二、地下热水资源

（一）地下热水资源分布与成因

1. 地下热水资源分布

湖南省长沙市、株洲市、湘潭市境内共发现温泉和地热钻孔 41 点（计 25 处地热基本单元），除宁乡市灰汤温泉为中温地热田（最高温度 91℃）以外，其余均为低温地热田。温度 $T \geq 60℃$ 的地热点有 7 个，占 17%；温度 $40℃ \leq T < 60℃$ 的地热点有 1 个，占 2%；其余 33 个地热点温度均介于 $25℃ \leq T < 40℃$ 之间，占 81%（表 2-5，图 2-5）。

表 2-5　长株潭地区已发现地下热水点统计表

市（州）	分布县（市、区）	地热基本单元（处）数	已发现地下热水点数	水温特征（点）		
				热水	温热水	温水
长沙	芙蓉区、天心区、雨花区、岳麓区、长沙县、浏阳市、宁乡市	13	23	7		16
株洲	茶陵县、荷塘区、天元区、炎陵县、攸县、株洲县	10	15		1	14
湘潭	韶山市、湘潭县	2	3			3
合计	15 个	25	41	7	1	33

2. 地下热水成因类型

长株潭地区的地下热水类型主要有两类：其一为盆岭转换断裂控制带状对流型，代表性的地热田为宁乡灰汤地热田；其二为断陷盆地层状传导型，代表性的地热田为长沙盆地地热田。

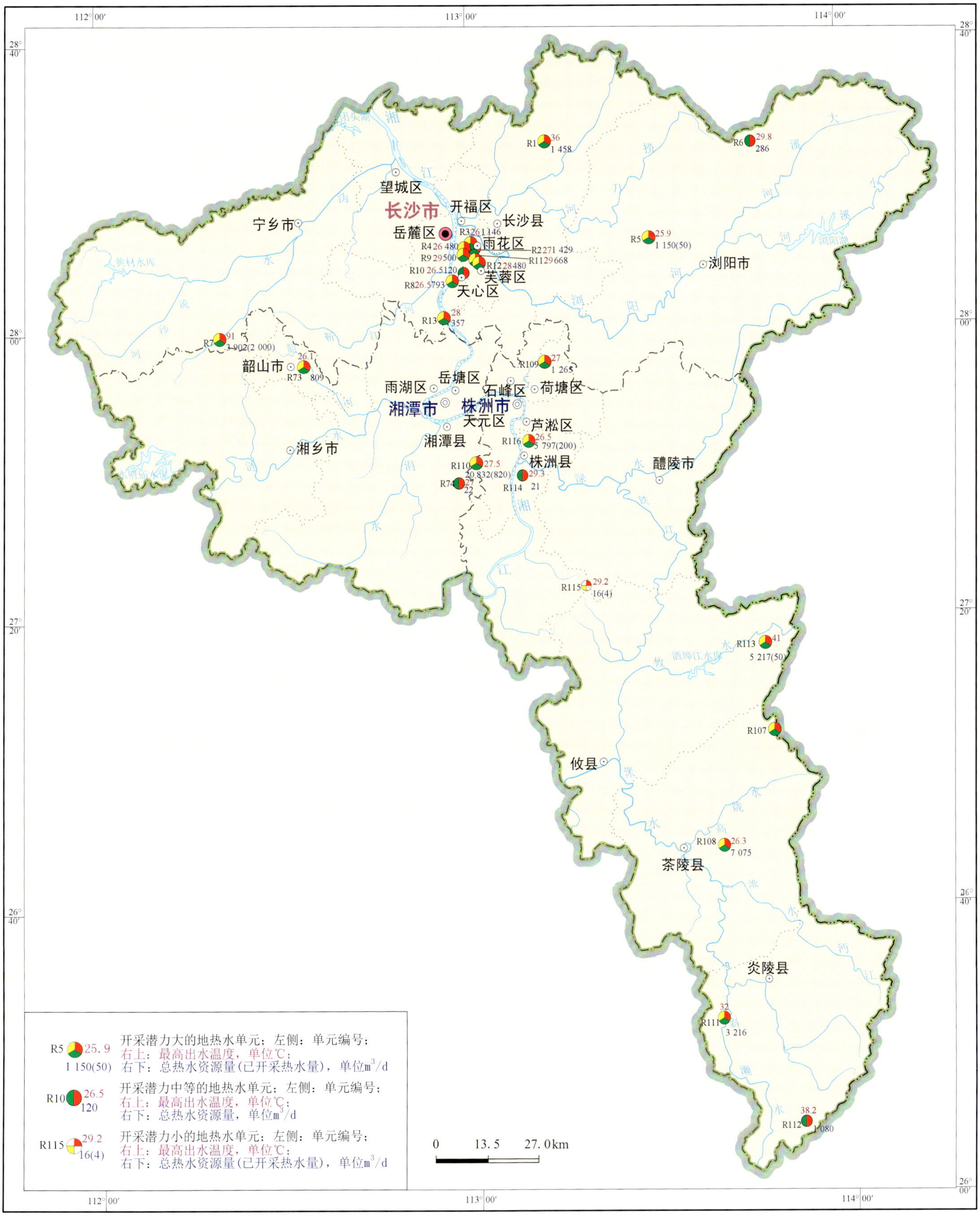

第二章 城市群地质资源优势

图 2-5 长株潭城市群地下热水资源分布图

1) 宁乡灰汤地热田

宁乡灰汤地热田位于花岗岩、红层低山丘陵区。有天然温泉1处，位于乌江东岸狮桥河注入口，泉流量1.96L/s，水温88℃。经过勘探，圈定热异常区约8km²，揭露井内温度为102℃，钻孔自流水温为90～91℃，85～89℃的可供开采的热水储量约3 500 m³/d，建生产井两口开发热水，主要用于洗浴，但因过量开采，水位下降30余米，温泉已干枯。2002年经湖南省国土资源厅评审认定，灰汤热水降深35.4m时的水资源量为2 032m³/d。2010年开展了回灌试验，评价了回灌条件下地下热水可开采量，认为在水质水位不发生大的变化时，通过回灌可增加资源量2 000m³/d，此结论经5年开采得到验证。

常德-安仁转换断裂构造带与公田-灰汤深大断裂带交会于本区。区内主要控热断裂有3条，乌江断裂（F_1）、狮桥断裂（F_2）、八庙冲断裂（F_3）。F_1、F_2断裂发育于燕山期花岗岩中，热泉出露于F_1与F_2断裂交会部位，地热异常区范围约8km²。在花岗岩中遇到F_2断裂带的钻孔，热水量丰富，孔之间水连通良好，断裂带底部温度高（图2-6）。

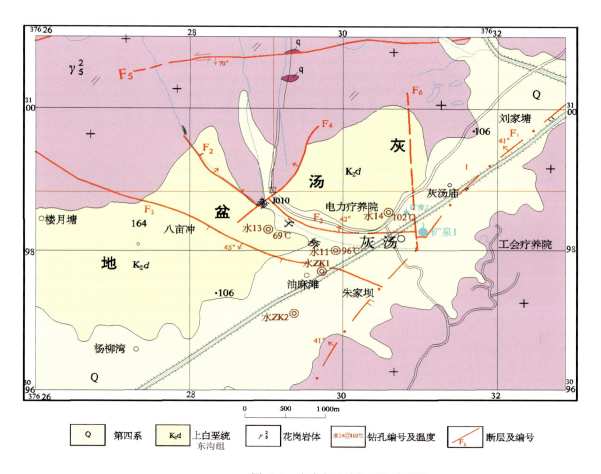

图 2-6 宁乡灰汤地热田地质略图

灰汤地热田地处大地热流西南低值区与东北偏高值的对流区，因此地热增温是形成地下热水的热源之一。灰汤花岗岩体中，有多种岩脉存在，据此分析，挽近期沿断裂上升的岩浆侵入活动也是形成灰汤热泉的主要热源。

地下热水的补给水源以大气降水为主。补给区在F_1断层上盘地热区西北部的大片花岗岩出露区。大气降水通过断裂裂隙入渗，向 F_2 张性断裂带方向汇集，自北西西向南东东方向流动，在 K_2d 砂砾岩层之下，F_1 断裂糜棱岩之上，F_2 张性断裂内的碎裂花岗岩中热水在 F_2、F_1 断裂交会带以约 40°的仰角由深部向浅部运移，在地形低洼的河谷中出露地表（图 2-7）。

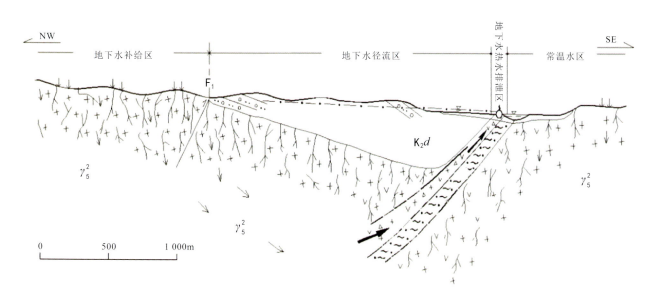

图 2-7　宁乡灰汤地热田地下热水形成模式图

2）长沙盆地地热田

长沙盆地地处幕阜隆起带与浏阳 - 衡东隆起带之间的长平盆地南段。褶皱基底由板溪群、冷家溪群变质岩系和晚古生代碎屑岩夹碳酸盐岩组成，盖层由古近纪、白垩纪陆相红色碎屑岩组成，厚度 2 000 余米，北西以长平断裂带的 F_{125}、F_{126} 为界，东南止于连云山 - 衡阳断裂带，盆内断裂较发育，致使基底凸凹不平堑垒相间。

长沙盆地地温梯度平均值为 3.01℃/100m，岩石热导率为 1.96～3.26W/m·℃，大地热流值平均为 81.49mW/m²，高于全省平均热流值 59.31mW/m²。表明长沙断陷盆地具有偏高的地热背景。

长沙盆地内热储主要有两层：一是埋藏于盆地基底顶部碳酸盐岩古风化壳岩溶裂隙水储层；二是赋存于白垩纪地层内的砂岩、砂砾岩及灰质砾岩中红层裂隙 - 孔隙水储层。前者主要分布于五一路以南广大地区。坪塘、黑石铺、树木岭地区已发现赋存有 26～32℃的热储层，埋深 165～620m，揭露厚度为 75.9～245.8m，含水性不均，富水地段单井涌水量为 328～1 038m³/d。梨梨、东山、大托铺一线，埋深大于 1 000m，推算地下热水储集层温度可达 45℃以上，单井水量 300～1 000m³/d，资源前景较好。后者的分布受盆地内断层控制，目前长沙海关、荷花园酒店等地在 450m 左右发现富水段，温度为 26～29.4℃，850m 埋深以下含水段温度达 40℃以上。

区内大气降水、地表水体在盆地西北和东南两翼裸露区渗入补给，向下渗流运移（图 2-8），当运移至盆地底部或中途遇有渗透性较好的含水段时，则进行侧向径流，在下渗运移径流过程中吸收热量而形成地下热水。当地下热水侧向运移中遇断裂或隆起时，在容重差和浮升力作用下，则向上运移，升至隆起顶部受阻而成为隐伏地下热水储层，当钻孔揭露此含水层即可获得低温地下热水。当地下热水侧向运移到地势相对较低的另一翼或下游地段时，地下热水在压力差、温度差、容重差的作用下，沿基底风化壳、

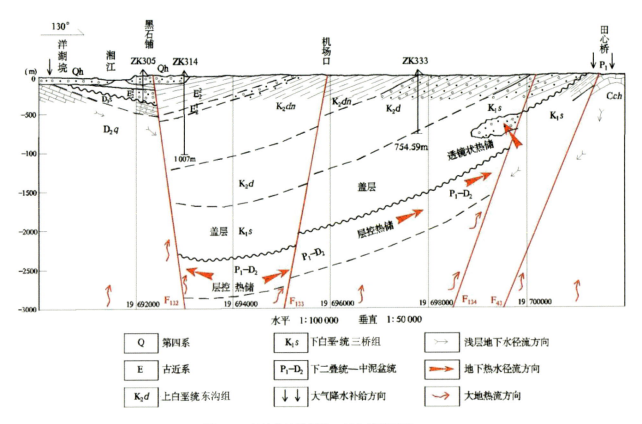

图 2-8　长沙盆地洋湖垸－田心桥剖面图

断裂带向上运移，中途遇有渗透性较好的地层或浅部含水层时，则发生侧向径流，使浅部含水段的水温度增高，长沙广电中心和南湖地段22℃左右的地下水可能为深部向上溢流地下热水混合增温所致。

（二）地下热水资源量与水质

在对长株潭地区各地下热水点进行实地调查的基础上，综合其地热地质条件、以往地热资源勘查资料和评价结果，参照地热资源地质勘查规范（GB/T 11615—2010）要求，对地下热水资源量与水质进行了评价。

1. 地下热水资源量计算评价

1) 评价原则

根据区内地下热水资源赋存和开发利用特点，当前的地下热水主要是以温泉、自流井和人工钻孔、矿坑抽排开采的形式排泄，其总排泄量可大致代表区内地下热水的总补给量。故采用排泄量法对区内地下热水资源量进行评价，计算时考虑以下3项原则：

（1）对于勘查程度较高、提交了正式勘查或资源评价报告并经相关主管部门审查或认定的地热单元，则直接采用其资源评价结果确定可采资源量。

（2）对未进行过勘查和资源评价工作的地热基本单元，根据所调查核实的各地热基本单元内实际最大出水量进行统计，以此作为该地热单元的可开采量。该类地热基本单元又分以下3种情况进行评价：①对目前有天然温泉出露的地热单元，资源量取区内各地下热水点自流量和开采量之和（天然温泉取本次调查实测的水量作为其可采资源量，地热井和热水钻孔则取抽水时最大出水量作为其可采资源量）；②对于以前有温泉出露、目前温泉已消失的地热单元，则根据所施工地热井的抽水和开采动态资料进行评价；③对以前无温泉出露、通过地热井揭露的地下热水单元，按地热井的单井最大开采量进行评价。

(3) 对于本次调查中经访问核实确实存在但因受客观条件限制（已填埋、封闭或被河水、水库等淹没）而不能进行现场实测的地下热水点，则取已有历史资料记录的温度和水量作为其可采资源量。

2) 评价方法与计算参数

根据区内地下热水资源的特点，考虑在开采条件下，地热单元内补径排条件会有较大的改变，其可采资源量存在较大的提升空间，故采用相关经验计算公式（试验推断法、比拟法、地下水动力学法）对区内地下热水资源量进行计算评价。

对各地热单元内地下热水资源量具体计算评价分以下3种情况进行：

(1) 对目前仅有天然温泉出露且未进行勘查评价的地热单元的热水资源量评价方法采用类比法估算。采用统计学方法，根据湖南省内同类型（按热储岩性分）地热单元经勘查计算所得出的地下热水资源量与勘查之前的天然流量的比值进行统计，将统计平均值确定为经验系数γ，用此经验系数来作为评价同类型地热单元热水资源量估算的依据。其采用计算公式如下：

$$Q_D = 86.4\gamma \sum Q_{i\text{地热点}} \tag{2-1}$$

式中，Q_D为地热单元内热水资源量（m³/d）；$Q_{i\text{地热点}}$为单个地热点天然排泄量（L/s），取本次调查实测的水量或历史资料记录水量；γ为地下热水资源系数，根据湖南省内已进行勘查评价的29个地热单元统计，基岩（含花岗岩、砂岩、硅质岩）裂隙型热储层取5.10，碳酸盐岩裂隙孔隙型热储层取2.85。

(2) 只存在人工揭露的地下热水点地热单元，对无抽水试验资料的地热井按单井抽水时最大出水量进行评价；对有抽水试验资料的地热井，选用试验推断法、比拟法或地下水动力学法公式对地下热水资源量进行计算和评价。

①试验推断法公式。

首先求出曲度值

$$n = \frac{\lg S_2 - \lg S_1}{\lg Q_2 - \lg Q_1} \tag{2-2}$$

再根据所计算的曲度值，判别Q-S曲线类型，选用计算水量的公式。

对数型方程：

$$Q = a + b\lg S \tag{2-3}$$

指数型方程：

$$Q = aS^b \tag{2-4}$$

式中，a、b为待定系数；S_1、S_2为抽水试验时的水位降深（m）；Q_1、Q_2为抽水试验时的涌水量（m³/d）；S为设计（开采）水位降深（m），根据Q-S曲线类型，选取对应类型按1.5～1.75倍的最大降深外推；Q为设计（开采）涌水量（m³/d）。

②鉴于湖南省内发现地下热水均属承压水，试验资料不全时采用水位降深比拟公式。

$$Q = Q_1 \sqrt{\frac{rs}{r_1 s_1}} \tag{2-5}$$

式中，S_1 为实际抽水时的水位降深（m）；Q_1 为实际抽水时的涌水量（m³/d）；S 为设计（开采）水位降深（m），根据热储岩性的不同，基岩（含花岗岩、砂岩、硅质岩）裂隙型热储层统一取 50m，碳酸盐岩裂隙孔隙型热储层统一取 30m；Q 为设计（开采）涌水量（m³/d）；r_1 为抽水时的钻孔半径（m）；r 为设计（开采时）钻孔半径（m），统一取 0.065m。

③地下水动力学法计算公式——裘布依公式。

$$K = 0.366 Q (\lg R - \lg r)/MS \tag{2-6}$$

$$Q = 2.73 KMS (\lg R - \lg r) \tag{2-7}$$

式中，M 为热储层厚度（m），取钻孔揭露厚度；S 为水位降深（m）；R 为影响半径（m），根据抽水试验资料由公式计算得出；r 为钻孔半径（m）；K 为渗透系数（m/d），根据抽水试验资料由公式计算得出。

（3）对于目前既有温泉出露又存在人工地热点的地热单元，综合上述两种方法进行。

3）计算结果

按照以上原则与方法计算，长株潭地区已发现 25 个基本地热单元（处），地下热水资源总量（Q）为 59 285m³/d，约合 2 164×10⁴m³/a（表 2-6）。

表 2-6 长株潭城市群地下热水资源总量计算统计成果表

地级市	分布县（市、区）	地下热水资源量（L/s）				地下热水资源量	
		热水	温热水	温水	合计	m³/d	×10⁴m³/a
长沙	芙蓉区、天心区、雨花区、岳麓区、长沙县、浏阳市、宁乡市	45.16		102.63	147.79	12 769	466
株洲	茶陵县、荷塘区、天元区、炎陵县、攸县、株洲县		69.59	459.18	519.56	45 686	1 668
湘潭	韶山市、湘潭县			9.61	9.61	830	30
合计		45.16	69.59	571.42	686.17	59 285	2 164

4）地下热水资源热能

地下热能量是指单位时间内各种地热显示通过喷汽和热泉水携带出的热量、地表面的热辐射、热水水面的蒸发耗热、地下渗流带出的热量、岩石传导热流等的总和。按《地热资源地质勘查规范》（GB/T 11615—2010）要求估算地热的产能，其计算公式如下：

$$W_t = 4.186\,8 Q (T - T_0) \tag{2-8}$$

式中，W_t 为热功率（kW）；Q 为地热流体可开采量（L/s）；T 为地热流体温度（℃），取各地下热水点的出水温度；T_0 为当地年平均气温（℃），取所在县级行政区内年平均值；4.186 8 为单位换算系数。

按《地热资源地质勘查规范》（GB/T 11615—2010）要求估算一年的地热产能，其计算公式如下：

$$\sum W_t = 86.4 D W_t / K \tag{2-9}$$

式中，$\sum W_t$ 为开采一年可利用的热能（MJ）；W_t 为热功率（kW）；D 为全年开采日数（按24h换算的总日数），单位为天（d），全年可开采日数按365天计算；K 为热效比（按燃煤锅炉的热效率0.6计算）；86.4为单位换算系数。

分别将各参数带入式（2-8）、式（2-9），计算出长株潭地区地下热水资源每天可提供开采的热能约 4.02×10^4 kW，年可开采热量约 12.67×10^8 MJ；每年可提供利用的热能量约 21.11×10^8 MJ（折合标准煤为 7.22×10^4 t/a）（表2-7）。

表 2-7 长株潭城市群地下热水可利用热能计算成果表

地级市	分布县（市、区）	总资源量（L/s）	热功率（kW）	可采热能（10^6MJ/a）	可利用热能（10^6MJ/a）	折合标准煤（t/a）
长沙	芙蓉区、天心区、雨花区、岳麓区、长沙县、浏阳市、宁乡市	147.79	14 310	451.30	752.16	25 706.3
株洲	茶陵县、荷塘区、天元区、炎陵县、攸县、株洲县	528.77	25 494	803.98	1 339.97	45 795.4
湘潭	韶山市、湘潭县	9.61	367	11.58	19.30	659.7
合计		686.17	40 171	1 266.86	2 111.43	72 161.4

2. 地下热水资源质量评价

地下热水资源质量评价主要依据《地热资源地质勘查规范》（GB/T 11615—2010），在本次地下热水采样分析结果和收集前人已有水质分析资料的基础上进行。

1）理疗热矿水评价

依据《地热资源地质勘查规范》（GB 11615—2010）附录E.1理疗热矿水水质标准进行评价。

长株潭地区内地下热水中含量达到有医疗价值浓度的微量元素主要有偏硅酸、F、Sr、H_2S等，其中偏硅酸含量达医疗矿水标准的有8处，属硅水的有2处；F含量达医疗矿水标准的有6处，属氟水的有4处；Sr含量均未达标；H_2S含量达医疗矿水标准的有2处。上述矿物含量达标的地下热水均具有较高的医疗保健价值，各项矿物指标符合医疗热矿水的地热单元情况见表2-8。

表 2-8 长株潭城市群地热单元理疗矿泉水评价结果表

单元编号	地理位置	评价项目（mg/L）									评价结果
		偏硅酸	硫化氢	CO_2	F	Br	Li	Sr	矿化度	水温（℃）	
R1	长沙县麻林桥	70.53	2.05	0	15.06	未检出	0.55	0.13	424	36.0	硫化氢氟硅温水
R2	长沙市马王堆						0.21	1.95	1 034	27.0	含锶微咸地下热水
R5	浏阳市焦溪镇	41.77		未检出	3.80	未检出	0.2	0.02	181	25.9	含偏硅酸氟水
R6	浏阳市沿溪镇	22.66		未检出	1.30	未检出	0.02	0.08	335	29.8	含氟地下热水

续表 2-8

单元编号	地理位置	评价项目（mg/L）								评价结果
		偏硅酸	硫化氢	CO_2	F	Br	Li	Sr	矿化度	水温（℃）	
R7	宁乡市灰汤镇	106.54	2.2	未检出	4.98	未检出	0.52	0.06	415	91.0	硫化氢氟硅温水
R11	长沙市树林岭	26.78		4.95	0.15				362	29.0	含偏硅酸地下热水
R12	长沙市体育新城	25.32		2.20	0.08		0.07		1 151	28.0	含偏硅酸微咸地下热水
R112	炎陵县平乐乡	41.20		1.54	7.84	未检出	0.16	0.03	195	38.2	含偏硅酸温氟水
R113	攸县柏市镇	46.68		2.48	0.46	未检出	0.02	2.55	528	41.0	含锶偏硅酸温水
R115	株洲县太湖乡	43.18		1.24	1.70	未检出	0.06	0.05	234	29.2	含氟偏硅酸地下热水

2）饮用天然矿泉水评价

根据本次湖南全省地下热水调查采取和收集已有水质资料中测试项目情况，仅针对《饮用天然矿泉水国家标准》（GB 8537—2008）中的感观要求、界限指标和部分限量指标元素进行评价。

长株潭地区内地下热水符合饮用天然矿泉水国家标准的地热单元共有 4 处。其中含锂矿泉水 2 处、含锶矿泉水 4 处、含偏硅酸矿泉水 1 处、高矿化矿泉水（溶解性总固体≥1 000mg/L）1 处（表 2-9）。

表 2-9 长株潭城市群地热单元饮用天然矿泉水评价结果表

地热单元	地理位置	水温（℃）	达标项目元素含量（mg/L）					特征元素
			偏硅酸	Li	Sr	Zn	溶解总固体	
R2	长沙市马王堆	27.0		0.21	1.95		1 034	Li、Sr、矿化度
R8	长沙市黑石铺	26.5			0.33			Sr
R10	长沙市干部学院	26.5		0.23	0.31			Li、Sr
R113	攸县柏市镇	41.0	46.68		2.55			Sr、偏硅酸

3）农业灌溉用水评价

依据《农田灌溉水质标准》（GB 5084—2005）对区内各地下热水是否适用于农田灌溉进行评价。长株潭地区内地下热水出水温度大于 35℃的有 5 处，不适于直接作为灌溉用水，但这部分低温地下热水在与常温地表水混合或用于采暖供热等目的后排放的废弃水温度小于或等于 35℃时，一般可用于农田灌溉。

通过统计计算，长株潭地区有 6 处地下热水单元热水所含的化学组分不符合农业灌溉用水标准，其他可作为农业灌溉用水（表 2-10）。

表 2-10　长株潭城市群不符合农业灌溉水质标准地热单元及其超标元素汇总表

地热单元	地理位置	超标项目及浓度（mg/L）			
		硫化物	氟化物	As	溶解性总固体
R1	长沙县麻林桥	2.05	15.06		
R2	长沙市马王堆				1 034
R11	长沙市树林岭			0.115	
R12	长沙市体育新城				1 151
R112	炎陵县平乐乡		7.84		
R115	株洲县太湖乡			0.083	

4）渔业水质评价

依据《渔业水质标准》（GB 11607—89）对区内各地下热水是否符合水产养殖作出评价。依据上述评价标准，长株潭地区内25处地下热水单元中有7处（表2-11）不符合渔业水质标准，不适宜作为渔业养殖用水。

表 2-11　长株潭城市群不符合渔业养殖水质标准地热单元及其超标元素汇总表

地热单元	地理位置	超标项目及浓度（mg/L）			
		F^-	Hg	As	总硫化氢
R1	长沙县麻林桥	15.06	0.001		2.05
R5	浏阳市焦溪镇	3.80			
R6	浏阳市沿溪镇	1.30			
R7	宁乡市灰汤镇	4.98		0.076	2.20
R11	长沙市树林岭			0.115	
R112	炎陵县平乐乡	7.84			
R115	株洲县太湖乡	1.70		0.083	

（三）地下热水开发利用现状

据调查统计，长株潭地区已经进行利用的地下热水资源处有6处（含当地居民对地下热水进行部分利用和简单利用），涉及长沙、株洲两市，地下热水资源开采量为3 124 m³/d（约114×10⁴m³/a）（表2-12）。

表 2-12　长株潭地区已开发利用地下热水资源量统计表

地热单元	地理位置	最高水温（℃）	开采量（m³/d）	地下热水用途
R5	长沙市浏阳市焦溪镇高升村万丰组	25.9	50	居民生活用水
R7	长沙市宁乡市灰汤镇灰汤温泉	91.0	2 000	温泉宾馆
长沙地区小计			2 050	约74.83×10⁴m³/a

续表 2-12

地热单元	地理位置	最高水温（℃）	开采量（m³/d）	地下热水用途
R110	株洲市天元区群丰镇龙泉村龙泉坝	27.5	820	农田灌溉
R113	株洲市攸县柏市镇温水村大屋场山坳	41.0	50	当地居民洗浴
R115	株洲市株洲县太湖乡李家村子龙组	29.2	4	洗浴
R116	株洲市株洲县湾塘村轮胎厂	26.5	200	轮胎厂生产、生活用水
株洲地区小计			1 074	约 39.20×10⁴m³/a
长株潭地区合计			3 124	约 114.03×10⁴m³/a

（四）地下热水开发利用潜力

1. 地下热水资源盈余量

地下热水盈余量计算依据以下公式进行：

$$\Delta Q_i = Q_{总i} - Q_{采i} \tag{2-10}$$

式中，ΔQ_i 为第 i 地热单元热水盈余量；$Q_{总i}$ 为第 i 地热单元热水资源总量；$Q_{采i}$ 为第 i 地热单元热水开采总量。

所有地热单元的地下热水盈余量为所有单个地热基本单元地下热水盈余量之和，行政区与地热带的地下热水盈余量计算和地热单元的类似。各地热单元及长株潭地区地下热水资源盈余量估算结果详见表 2-13。由表 2-12 和表 2-13 可知，长株潭地区地下热水资源总量约 5.93×10^4 m³/d，已开采热水量为 0.31×10^4 m³/d，估算盈余地下热水资源量为 5.62×10^4 m³/d。

2. 地下热水资源开发利用潜力分析

本次地热资源开采潜力分析是根据调查访问收集资料，在计算地下热水资源总量、现状开采量和盈余量的基础上，根据地下热水流体总量与开采量之间的关系以及动态、出水温度、盈余量大小、地热地质条件等综合分析判断各地下热水基本单元（处）的开发利用潜力。各地区地下热水综合开发利用潜力则主要以开采指数 P 作为判断标准，计算公式如下：

$$P = \Delta Q_{盈余} / Q_{总} \tag{2-11}$$

式中，P 为地下热水资源开采潜力指数（潜力判别标准见表 2-14）；$\Delta Q_{盈余}$ 为地下热水资源盈余量（m³/d）；$Q_{总}$ 为地下热水资源总量（m³/d）。

将各有关的参数带入式（2-11）进行计算，各地下热水单元和长株潭地区地下热水资源开采潜力计算评价结果详见表 2-13。

按照开采潜力指数判定标准（表 2-14）和开采潜力计算评价结果表（表 2-13），在长株潭地区 25 处地下热水基本单元中，开采潜力大的有 19 处，占总处数的 76%；开采潜力中等的有 5 处，占总处数的 20%；开采潜力小的有 1 处，占总处数的 4%。长株潭地区有地下热水资源总量 5.93×10^4 m³/d，当前已开

表 2-13 长株潭城市群各地热单元地下热水资源开采潜力计算评价结果表

地热单元	地理位置	最高水温（℃）	可采量（m³/d）	盈余量（m³/d）	开采潜力指数	开采潜力评价
R1	长沙市长沙县路口镇麻林桥	36	1 458	1 458	1.00	潜力大
R2	长沙市芙蓉区马王堆乡荷花园	27	1 429	1 429	1.00	潜力大
R3	长沙市芙蓉区五里牌湘湖渔场颜家嘴	26	1 146	1 146	1.00	潜力大
R4	长沙市芙蓉区湘雅附二医院内	26	480	480	1.00	潜力大
R5	长沙市浏阳市焦溪镇高升村万丰组	25.9	1 150	1 100	0.96	潜力大
R6	长沙市浏阳市沿溪镇大光湖村大屋组	29.8	286	286	1.00	潜力中
R7	长沙市宁乡市灰汤镇灰汤温泉	91	3 902	1 902	0.49	潜力中
R8	长沙市天心区黑石铺老火车站北	26.5	793	793	1.00	潜力大
R9	长沙市雨花区地勘局原院内	29	500	500	1.00	潜力大
R10	长沙市雨花区经济管理干部学院内	26.5	120	120	1.00	潜力中
R11	长沙市雨花区矿通机械厂	29	668	668	1.00	潜力大
R12	长沙市雨花区中程丽景香山小区内	28	480	480	1.00	潜力大
R13	长沙市岳麓区坪塘镇坪塘煤矿	28	357	357	1.00	潜力大
	长沙地区小计		12 769	10 719	0.84	潜力大
R73	湘潭市韶山市如意镇球山村枫树组	26.1	809	809	1.00	潜力大
R74	湘潭市湘潭县谭家山镇金泉村墓圩组	27	22	22	1.00	潜力中
	湘潭地区小计		831	831	1.00	潜力大
R107	株洲市茶陵县高陇镇白龙村三组	26.5	1 168	1 168	1.00	潜力大
R108	株洲市茶陵县严塘镇龙最村龙潭	26.3	7 075	7 075	1.00	潜力大
R109	株洲市荷塘区明照乡东流村刘家组	27	1 265	1 265	1.00	潜力大
R110	株洲市天元区群丰镇龙泉村龙泉坝	27.5	20 832	20 012	0.96	潜力大
R111	株洲市炎陵县鹿原镇天星村太沅头组	32	3 216	3 216	1.00	潜力大
R112	株洲市炎陵县平乐乡乐富村李家组	38.2	1 080	1 080	1.00	潜力大
R113	株洲市攸县柏市镇温水村大屋场山坳	41	5 217	5 167	0.99	潜力大
R114	株洲市株洲县南阳乡大坝桥村露塘组	29.3	21	21	1.00	潜力中
R115	株洲市株洲县太湖乡李家村子龙组	29.2	16	12	0.75	潜力小
R116	株洲市株洲县湾塘村轮胎厂	26.5	5 797	5 597	0.97	潜力大
	株洲地区小计		45 687	44 613	0.98	潜力大
	长株潭城市群合计		59 287	56 163	0.95	潜力大

采热水总量约 $0.31×10^4 m^3/d$，估算盈余热水资源总量约为 $5.62×10^4 m^3/d$，计算其开采潜力指数（P）为 0.95，按照开采潜力指数判定标准，区域内地下热水开采潜力大，与按地热单处数统计结果一致，说明长株潭地区地下热水资源在总体上具有较大的开发利用潜力。

表 2-14 开采潜力指标与综合判定标准表

开采潜力指数 P 盈余量 ΔQ（m^3/d）	$P \geqslant 0.8$	$0.5 \leqslant P < 0.8$	$P < 0.5$
$\Delta Q \geqslant 1\,000$	潜力大	潜力大	潜力中等
$300 \leqslant \Delta Q < 1\,000$	潜力大	潜力中等	潜力小
$0 < \Delta Q < 300$	潜力中等	潜力小	潜力小
备 注	地热基本单元开采潜力评价取 P 值和盈余量 ΔQ 二者综合判断；行政区开采潜力综合评价只考虑 P 值		

第三节 浅层地温能资源

浅层地温能资源为蕴藏在地表以下一定深度范围内岩土体、地下水和地表水内，温度低于 25℃，在当前技术经济条件下具有开发利用价值的地球内部的低温热能资源。

本次仅对地表以下一定深度范围内岩土体、地下水进行浅层地温能资源评价，不对地表水和城市污水进行评价。

一、总体特征

长株潭地区浅层地温能资源丰富，是最适宜开发利用的地区之一，具有资源分布范围广、资源储量大、节能环保效益显著等特征。

1. 资源分布范围广

依据长株潭地区水文地质条件和气候特征，长株潭地区所有区域地下空间均蕴藏着一定规模的浅层地温能资源。

2. 资源储量大

根据已有资料，长沙、株洲、湘潭 3 个城市规划范围内浅层地温能年可利用资源量折合标准煤约 $1\,686.08×10^4 t$，能够满足 $4.2×10^8 m^2$ 建筑供暖制冷需要，储量巨大。

3. 节能环保效益显著

长株潭地区处于长江中游，为大陆性亚热带季风湿润气候，冬季酷寒、夏季炎热。地温场温度适中（17～19℃），可利用温差大，冬季可利用温差大于 5℃，夏季可利用温差大于 10℃；可利用时间长，冬季供暖期可达 4 个月（11月至次年 2月）、夏季制冷期 6 个月（5～10月），全年可利用时间长达 10 个月，节能环保效益十分显著。

二、适宜性分区评价

浅层地温能资源的产生、形成和开发利用受到地层结构、岩性、岩土层的热物性、岩土体的温度、地下水静水位、地下水含水层空间结构、地下水类型、地下水的径流方向、流速、水力坡度、地下水水温及其分布、地下水水质、地下水水位动态变化等影响和制约,因此开发利用浅层地温能资源必须要进行地质条件研究并划分不同的区域。

根据开发利用方式的不同,本次主要进行地下水地源热泵适宜性分区评价和地埋管地源热泵适宜性分区评价。根据评价指标,划分为适宜区、较适宜区、不适宜区。

本次采用选取评价指标的方式,通过层次分析法分别进行地下水、地埋管地源热泵适宜性分区评价,工作流程如图 2-9 所示。

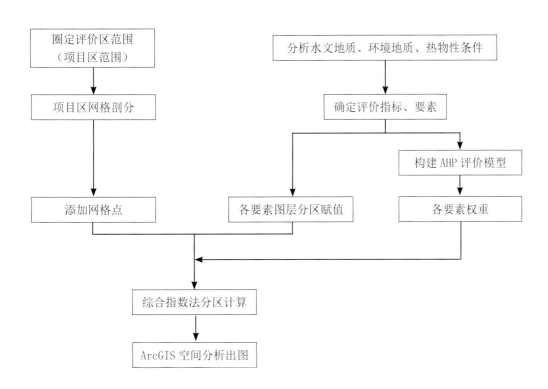

图 2-9　浅层地温能适宜性分区评价工作流程图

(一)地下水地源热泵适宜性分区

长沙、株洲、湘潭 3 个城市浅层地下水资源相对较丰富的为松散岩类孔隙水,本次主要对松散岩类孔隙水进行地下水地源热泵适宜性评价。通过选取相对具有代表性的、较灵敏的、便于度量的主导性指标——供水条件、回灌条件、水化学条件来构建评价指标体系,建立层次结构模型(图 2-10),在此基础上,进行地下水地源热泵适宜性综合评价。

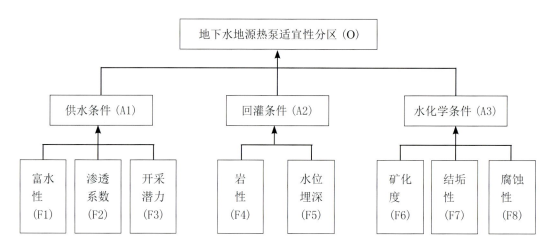

图 2-10 地下水地源热泵适宜性评价层次结构图

根据适宜性分区计算结果（表2-15，图2-11），长沙、株洲、湘潭3个地级城市大部分地区不适宜地下水地源热泵系统，不适宜面积为1 769.52km²，占总面积的91.33%；较适宜面积为168.03km²，占总面积的8.67%；无适宜区。

表 2-15 长株潭城市地下水源热泵适宜性分区评价结果表

地级市	适宜性	评价面积（km²）	分布范围
长沙	适宜区	0	
	较适宜区	134.84	捞刀河—浏阳河沿岸、星城镇地区、大托铺地区
	不适宜区	627.47	其余地区
株洲	适宜区	0	无
	较适宜区	33.19	湘江南岸天元区—群丰镇一带和湘江北岸荷塘铺乡
	不适宜区	502.79	其余地区
湘潭	适宜区	0	
	较适宜区	0	
	不适宜区	639.26	全部区域
合计	适宜区	0	
	较适宜区	168.03	
	不适宜区	1 769.52	

（二）地埋管地源热泵适宜性分区

本次选取水文地质条件、地层属性、施工条件来构建评价指标体系，选择地下水水位、地下水流动条件、地下水水质、地层岩性、地层岩体的热导率、地层岩体的比热容、砂砾石层厚度、基岩钻进条件作为要素指标层，建立层次结构模型（图2-12），在此基础上，进行地埋管地源热泵适宜性综合评价。

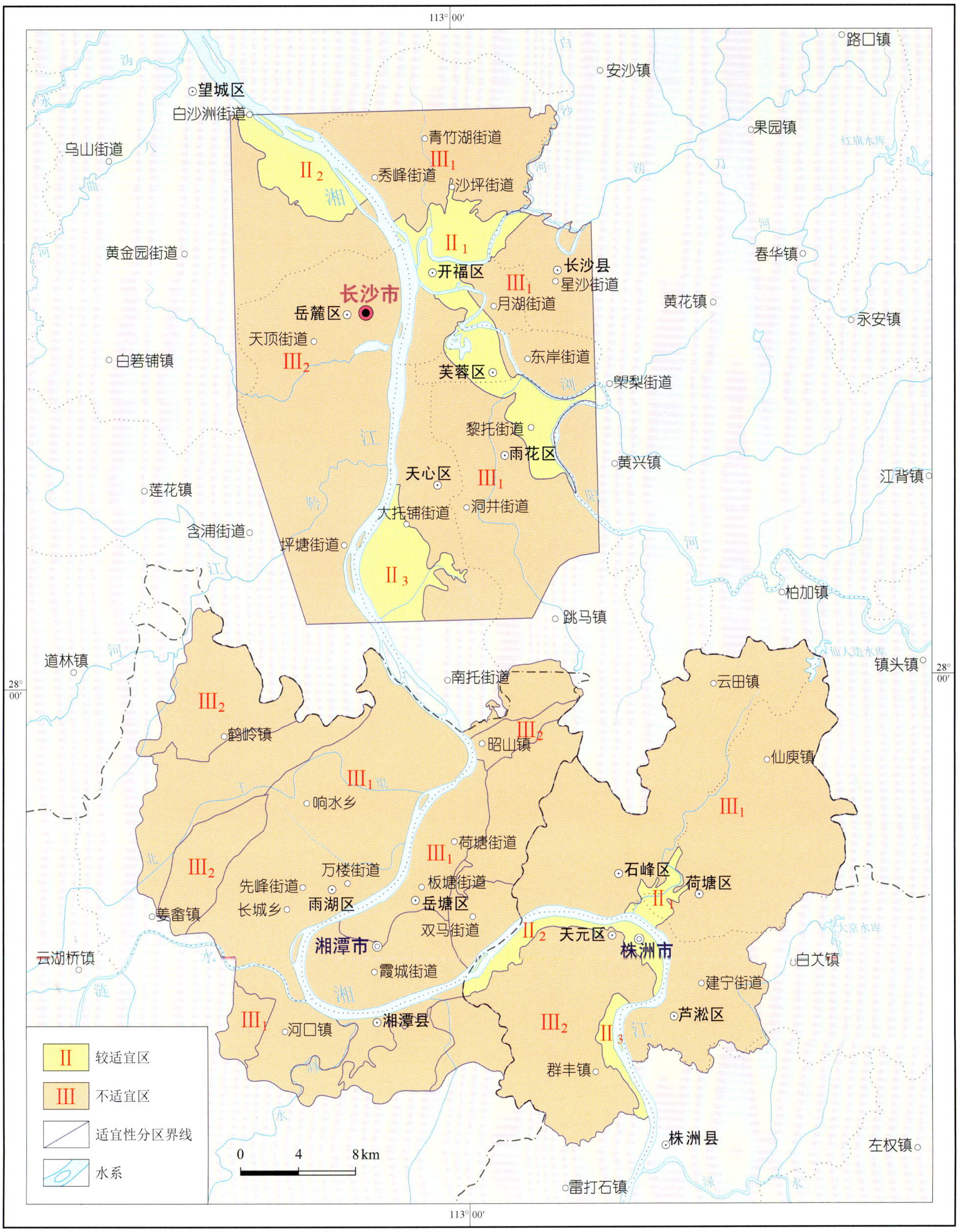

图 2-11 长株潭城市群地下水地源热泵系统适宜性分区图

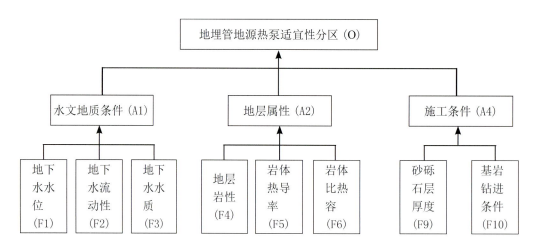

图 2-12 地埋管地源热泵适宜性评价层次结构图

根据适宜性分区计算结果（表 2-16，图 2-13），长沙、株洲、湘潭 3 个地级城市大部分适宜地埋管地源热泵，其中适宜区面积为 1 257.78km²，占整个工作区的 64.92%，较适宜区面积为 655.95km²，占整个工作区的 33.85%，不适宜区面积为 23.82km²，占整个工作区的 1.23%。

表 2-16 长株潭城市群地埋管地源热泵系统适宜分区评价结果表

地级市	适宜性	评价面积（km²）	分布范围
长沙	适宜区	476.95	捞刀河—浏阳河沿岸、星城镇—坪塘镇一带、大托铺一带
	较适宜区	280.13	长沙县一带、丁字乡一带、圭塘河一带、咸嘉湖—后湖
	不适宜区	5.23	岳麓山一带地质灾害区
株洲	适宜区	277.2	北部云田乡—龙头铺镇，南部群丰镇—马家河镇—明照乡及清水乡
	较适宜区	240.19	东部蝶屏乡—五里墩乡，西部荷花塘乡
	不适宜区	18.59	无
湘潭	适宜区	503.63	南部河口镇—易俗河镇一带，中部长城乡—易家湾镇，北部鹤岭镇—九华乡
	较适宜区	135.63	东部昭山乡、双马镇，南西部泉塘子乡—塔岭乡，北西部响塘乡
	不适宜区	0	无
合计	适宜区	1 257.78	
	较适宜区	655.95	
	不适宜区	23.82	

三、资源量

浅层地温能资源特征主要包括换热功率和资源潜力两部分，其评价建立于对资源赋存规律调查研究和一定模式下资源量计算基础之上，评价深度受当地的地质条件和经济发展因素控制。

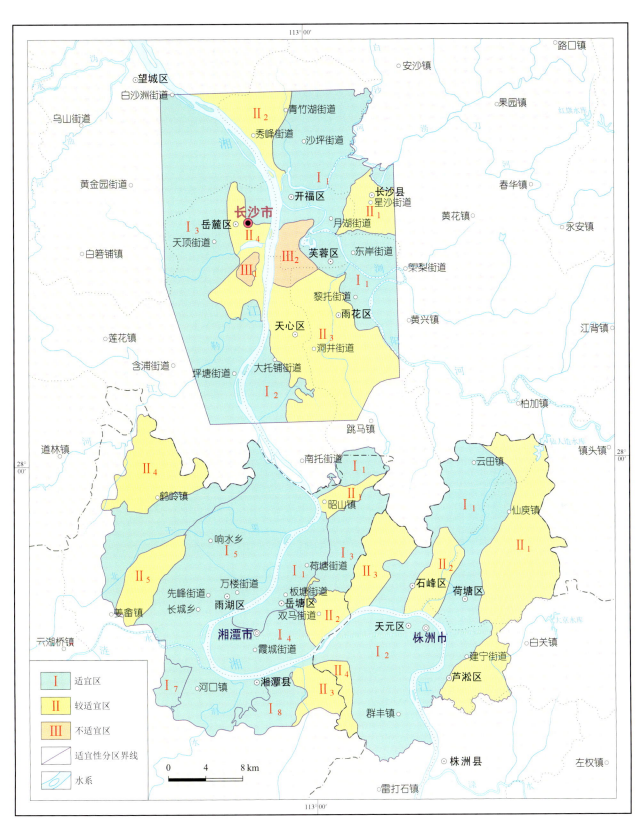

图 2-13 长株潭城市群地埋管地源热泵系统适宜性分区图

（一）换热功率评价

1. 地下水换热功率

根据适宜性分区结果，对长沙、株洲两个地级城市规划区内的地下水地源热泵较适宜区进行换热功率计算，湘潭市城市规划区因地下水开发利用程度较高，本次不进行评价。

1）评价方法

$$Q_h = q_w \Delta T \rho_w C_w \times 1.16 \times 10^{-5} \tag{2-12}$$

式中，Q_h 为单井换热功率（kW）；q_w 为工作区单井涌水量（m³/d），ΔT 为地下水利用温差（℃），ρ_w 为水密度（kg/m³）；C_w 为水比热容（kJ/kg·℃）。

$$Q_q = Q_h \times n \times \tau \tag{2-13}$$

式中，Q_q 为工作区地下水换热功率（kW）；Q_h 为单井换热功率（kW）；n 为计算面积内可钻孔数量（孔）；τ 为土地利用率。

2）参数确定

（1）q_w（单井涌水量）：根据各钻孔抽水试验结果和收集资料，确定各计算分区内单井涌水量。

（2）地下水利用温差（ΔT）：根据实地调查地下水地源热泵应用情况综合确定，夏季利用温度差为10℃，冬季利用温差为5℃。

（3）水的密度和比热容取常量。

（4）计算区可布钻孔数量（n）：合理的钻孔间距直接影响地下水地源热泵工程的运行效率，各开采井之间不得互相干扰。

（5）土地利用率（τ）：土地利用率 = 城乡建设用地率 × 折减系数，城乡建设用地率根据城市2020年土地利用规划取得。

（6）单井换热功率（Q_h）：根据计算所得。

3）评价结果

将各参数带入式（2-12）、式（2-13），计算结果见表2-17。

长沙、株洲两个地级城市规划区地下水冬季总换热功率为 10.51×10^4 kW，夏季总换热功率为 21.01×10^4 kW。

表 2-17 地下水地源热泵换热功率计算汇总表

序号	地级市	计算面积（km²）	冬季换热功率（×10⁴kW）	夏季换热功率（×10⁴kW）
1	长沙	134.84	9.91	19.82
2	株洲	33.19	0.60	1.19
3	合计	168.03	10.51	21.01

2. 地埋管换热功率

根据适宜性分区结果，本次对地埋管地源热泵适宜区、较适宜区进行换热功率计算。

1）评价方法

在层状均匀的土壤或岩石中，稳定传热条件下"U"形地埋管的单孔换热功率按式(2-14)计算：

$$D = \frac{2\pi L |T_1 - T_4|}{\frac{1}{\lambda_1}\ln\frac{r_2}{r_1} + \frac{1}{\lambda_2}\ln\frac{r_3}{r_2} + \frac{1}{\lambda_3}\ln\frac{r_4}{r_3}} \tag{2-14}$$

式中，D 为单孔换热功率（W）；λ_1 为地埋管材料的热导率（W/m·℃）；λ_2 为换热孔中回填料的热导率（W/m·℃）；λ_3 为换热孔周围岩土体的平均热导率（W/m·℃）；L 为地埋管换热器长度（m）；r_1 为地埋管束的等效半径，单U管为管内径的$\sqrt{2}$倍，双U管为管内径的2倍（m）；r_2 为地埋管束的等效外径，即等效半径 r_1 加管材壁厚（m）；r_3 为换热孔平均半径（m）；r_4 为换热温度影响半径，通过现场热响应试验时观测孔求取或根据数值模拟软件计算求得（m）；T_1 为地埋管内流体的平均温度（℃）；T_4 为温度影响半径之外岩土体的温度（℃）。

得到单孔换热量，然后乘以工作区地埋管地源热泵系统适宜区、较适宜区可钻孔数，计算工作区的浅层地温能换热功率。

$$D_q = D \times n \times \tau \tag{2-15}$$

式中，D_q 为工作区浅层地温能换热功率（W）；D 为单孔换热量（W·m）；n 为可钻换热孔数（孔）；τ 为土地利用率。

2）参数确定

各计算参数的选取如表 2-18 所示。

表 2-18 地埋管换热功率参数取值表

换热功率参数	参数取值
λ_1：地埋管材料的热导率	取 0.42W/m·℃
λ_2：换热孔中回填料的热导率	参考已有资料综合确定，取 1.56W/m·℃
λ_3：换热孔周围岩土体的平均热导率	根据常德、岳阳、衡阳、永州等地钻孔测试数据，结合长沙市和经验值综合确定
L：地埋管换热器长度	各计算区恒温层至计算下限的深度，取值为100m
r_1：地埋管束的等效半径	双U管为管内径的2倍，取值0.05m
r_2：地埋管束的等效外径	等效半径 r_1 加管材壁厚，0.066m
r_3：换热孔平均半径	0.065m
r_4：换热温度影响半径	按经验值，结合湖南省浅层地温能实际运行情况，取 5m
T_1：地埋管内流体的平均温度	夏季取 35℃，冬季取 10℃
T_4：温度影响半径之外岩土体的温度	根据各地区收集钻孔测温数据确定
n：可钻换热孔数	按照每5m布置一个钻孔计算，在地埋管适宜区、较适宜区内布置
τ：土地利用率	土地利用率＝城乡建设用地率×折减系数。城乡建设用地率根据城市2020年土地利用规划取得

3）计算结果

将表 2-18 各参数带入式（2-14）、式（2-15），计算结果见表 2-19。

长沙、株洲、湘潭 3 个地级城市规划区内地埋管冬季总换热功率为 195.82×10^5 kW，夏季总换热功率为 364.13×10^5 kW。

表 2-19　地埋管地源热泵系统资源潜力汇总表

序号	地级市	评价面积（km²）	冬季换热功率（$\times10^5$ kW）	夏季换热功率（$\times10^5$ kW）
1	长沙	757.08	112.63	239.34
2	株洲	517.39	36.87	55.31
3	湘潭	639.26	46.32	69.48
4	合计	1 913.73	195.82	364.13

（二）资源潜力评价

1．地下水地源热泵资源潜力评价

1）评价方法

浅层地温能资源潜力评价主要在地下水地源热泵适宜区、较适宜区内进行。根据求得地下水地源热泵的换热功率，采用单位面积可利用量的供暖和制冷面积表示，即单位面积（km²）可供暖面积（m²）。

$$Q_{zq冬}=Q_q/M/q/(1-1/COP) \qquad (2-16)$$

$$Q_{zq夏}=Q_q/M/q/(1+1/EER) \qquad (2-17)$$

式中，Q_{zq} 为地埋管地源热泵系统资源潜力 (m²/km²)；Q_q 为地下水地源热泵系统适宜区、较适宜区换热功率 (kW)；M 为地下水地源热泵系统较适宜区各分区面积 (km²)；q 为冬季供暖、夏季制冷负荷 (W/m²)；COP 为地源热泵机组供暖工况效能比；EER 为地源热泵机组制冷工况效能比。

2）参数确定

（1）建筑供暖与制冷的负荷。按照浅层地温能调查评价统一标准，在确定各地区建筑物冷热负荷指标时，新、老建筑各占 50%（其中公建和民建又分别占 60%、40%）。经对长沙、株洲、湘潭三市各类建筑占比、实际利用冷热负荷进行测算，该区建筑物夏季平均制冷负荷为 54W/m²，冬季平均供暖负荷为 45W/m²。

（2）地源热泵机组的制冷性能系数（EER）和供热性能系数（COP）。根据浅层地温能开发利用的实际情况，参照长沙市工程建设标准《地源热泵系统工程技术规范》（DBCJ 003—2011），确定地源热泵系统的 EER 和 COP 值统一取 4.3。

3）计算结果

将各参数带入式（2-16）、式（2-17），计算得长沙、株洲两个城市（湘潭不适宜地下水地源热泵，不作评价）地下水地源热泵资源潜力（表 2-20，图 2-14）。

2．地埋管地源热泵资源潜力评价

地埋管地源热泵适宜区、较适宜区资源潜力计算、评价方法与地下水地源热泵资源潜力评价方法相同。将各参数带入式（2-16）、式（2-17），计算得地埋管地源热泵资源潜力（表 2-21，图 2-15）。

表 2-20 地下水地源热泵系统冬季、夏季潜力分区计算表

地级市	评价区面积 M (km²)	潜力分区	分区编号	冬季潜力 Q_{zq} (×10⁵m²/km²)	夏季潜力 Q_{zq} (×10⁵m²/km²)
长沙	74.20	潜力高区	I_1	1.90	1.98
	31.49	潜力中区	II_1	0.30	0.32
	28.07	潜力低区	III_1	0.05	0.05
株洲	9.30	潜力中区	II_2	0.28	0.29
	16.30	潜力中区	II_3	0.28	0.29
	7.60	潜力中区	II_4	0.28	0.29

表 2-21 地埋管热泵系统冬季、夏季潜力分区计算表

地级市	评价面积 M (km²)	潜力分区	分区编号	冬季潜力 Q_{zq} (×10⁵m²/km²)	夏季潜力 Q_{zq} (×10⁵m²/km²)
长沙	196.31	潜力高区	I_1	39.29	28.34
	31.69	潜力高区	I_2	37.89	24.97
	248.95	潜力高区	I_3	35.60	24.68
	29.50	潜力高区	I_4	39.29	28.34
	38.01	潜力高区	I_5	39.34	24.94
	149.47	潜力高区	I_6	40.68	27.61
	41.10	潜力高区	I_7	40.18	29.20
株洲	152.20	潜力高区	I_8	31.19	24.41
	125.00	潜力高区	I_9	31.19	24.41
	157.20	潜力中区	II_1	27.81	21.76
	30.00	潜力中区	II_2	25.78	20.18
	39.50	潜力中区	II_3	27.81	21.76
	13.50	潜力中区	II_4	25.78	20.18
湘潭	43.30	潜力高区	I_{10}	31.19	24.41
	51.90	潜力高区	I_{11}	31.19	24.41
	182.50	潜力高区	I_{12}	31.19	24.41
	47.90	潜力高区	I_{13}	31.19	24.41
	44.70	潜力高区	I_{14}	31.19	24.41
	12.30	潜力高区	I_{15}	31.19	24.41
	69.10	潜力中区	II_5	27.81	21.76
	45.30	潜力中区	II_6	27.81	21.76
	18.90	潜力中区	II_7	27.83	21.78
	21.40	潜力中区	II_8	25.78	20.18
	21.90	潜力中区	II_9	25.78	20.18
	58.40	潜力中区	II_{10}	25.78	20.18
	33.90	潜力中区	II_{11}	25.78	20.18

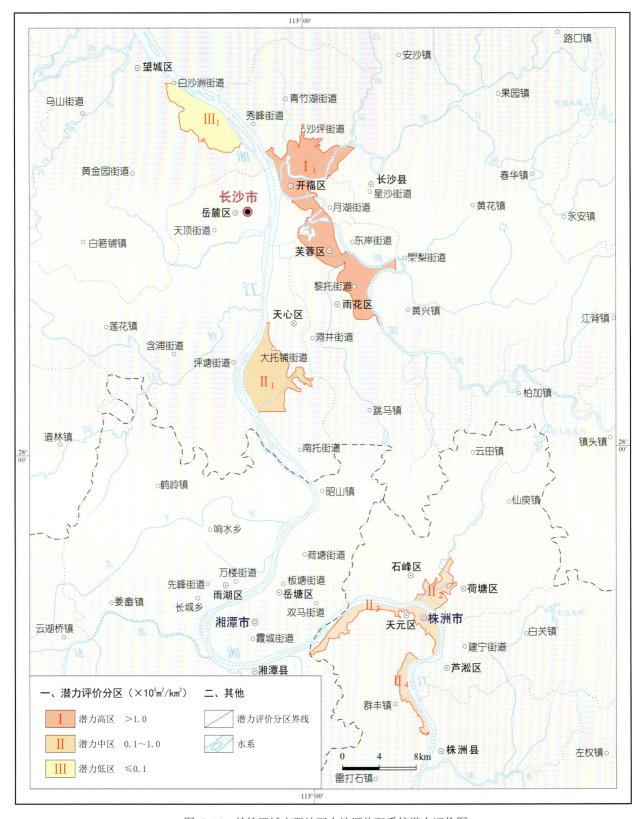

图 2-14 长株潭城市群地下水地源热泵系统潜力评价图

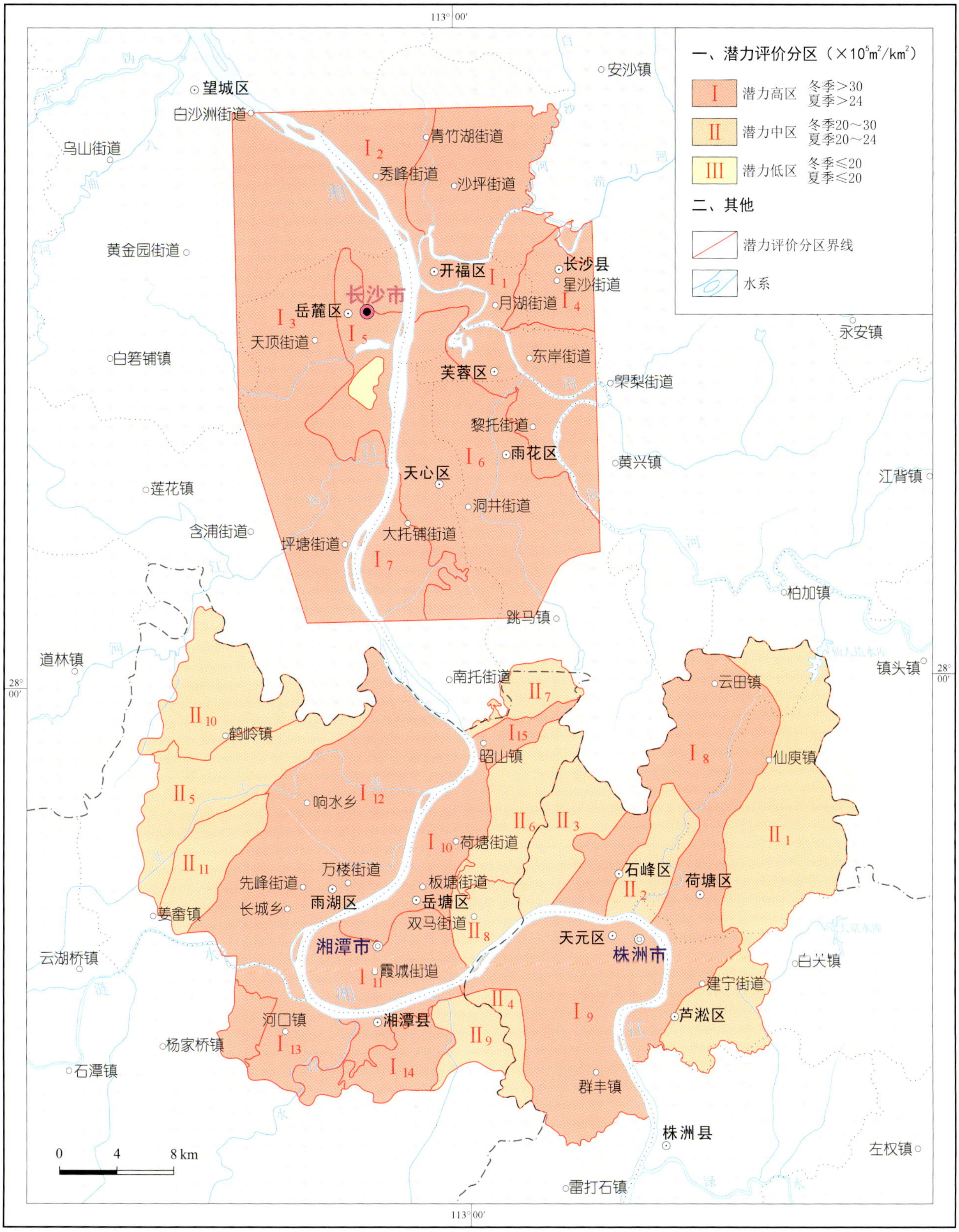

图 2-15 长株潭城市群地埋管地源热泵系统潜力评价图

四、开发利用

（一）开发利用现状

长株潭城市群地区浅层地温能开发利用中对常用的地埋管地源热泵和地表水水源热泵等技术都有采用。根据调查资料统计，截至 2014 年，长株潭城市群地区现已建成 62 个浅层地温能项目，应用总面积为 131.033 6×10⁴m²（表 2-22）。其中，长沙市有 31 个，应用建筑面积为 94.037 3×10⁴m²（照片 2-3、照片 2-4）。株洲市有 7 个，应用建筑面积为 12.636 3×10⁴m²；湘潭市有 24 个，应用建筑面积为 24.360 0×10⁴m²。

表 2-22　长株潭城市群地区浅层地温能开发利用现状统计表

地级市	项目数目（个）	应用建筑面积（×10⁴m²）
长沙	31	94.037 3
株洲	7	12.636 3
湘潭	24	24.360 0
合计	62	131.033 6

照片 2-3　四〇二队地质科技楼浅层地温能（地埋管）开发利用　　照片 2-4　长沙市滨江新城浅层地温能（地表水）开发利用

开发利用方法主要采用了地下水地源热泵、地埋管地源热泵和地表水水源热泵 3 种（表 2-23）。其中，地下水地源热泵项目有 23 个，应用建筑面积为 24.434 1×10⁴m²；地埋管地源热泵项目 34 个，应用建筑面积为 96.509 5×10⁴m²；地表水水源热泵项目有 5 个，应用建筑面积为 10.090 0×10⁴m²。

表 2-23　长株潭城市群地区浅层地温能开发利用方式统计表

热泵类型	项目数（个）	应用建筑面积（×10⁴m²）
地下水	23	24.434 1
地埋管	34	96.509 5
地表水	5	10.090 0
合计	62	131.033 6

（二）开发利用效益

初步估算，长株潭城市群地区已建成浅层地温能项目每年节约标准煤 6 406.08t，减少二氧化碳排放量 16 839.03t、二氧化硫排放量 146.97t、氮氧化物排放量 126.30t（表 2-24）。

表 2-24　长株潭城市群地区浅层地温能开发利用现状环境效益统计表

地级市	应用建筑面积（$\times 10^4 m^2$）	节约标准煤（t）	减排 CO_2	减排 SO_2	减排 NO_x
长沙	94.04	4 597.37	12 084.66	105.47	90.64
株洲	12.64	617.77	1 623.88	14.17	12.18
湘潭	24.36	1 190.93	3 130.49	27.32	23.48
小计	131.03	6 406.08	16 839.03	146.97	126.30

长沙、株洲、湘潭 3 个地级城市浅层地温能每年可利用资源量相当于 $1\ 686.08\times 10^4$t 标准煤，其中长株潭三市每年可利用资源量分别为 966.02×10^4t、317.52×10^4t、402.53×10^4t 标准煤。按标准煤价格 0.7 元 /kg 单价计算，相当于产生经济效益 118 亿元 / 年。

长株潭三市城区范围内浅层地温能可利用资源若全部开发利用，每年将可以减少CO_2排放量$4\ 022.98\times 10^4$t、SO_2排放量28.66×10^4t、NO_x排放量10.12×10^4t，环境效益十分可观。

第四节　地质遗迹景观资源

一、资源分布及特征

长株潭城市群有丰富的地质遗迹景观资源，包括地质剖面和构造形迹、古生物化石、地质地貌景观、岩石、矿物、宝玉石、水文遗迹五大类 75 处，分布广（图 2-16，表 2-25）。有不少属国内甚至世界特有和稀有的地质遗迹，保护价值极高，有重要的科学研究和环境生态意义。典型的有长沙岳麓山上泥盆统岳麓山组剖面（图 2-17），富含化石，为具区域对比意义的层型剖面；株洲天元白垩纪恐龙化石（照片 2-5），为全面了解华南地区白垩纪晚期恐龙动物群的情况，乃至中国白垩纪晚期恐龙动物群的组成和演化提供重要的信息；浏阳大围山花岗岩地貌，其形成的石蛋景观具有很高的观赏价值（照片 2-6）；茶陵云阳山砂岩峰林地貌，峰林造型丰富、怪石嶙峋，极具特色；浏阳菊花石（照片 2-7），花体洁白无瑕，呈盛开怒放状，形态栩栩如生，该石以其奇美享誉国内外，极具收藏价值；长沙橘子洲（照片 2-8）是世界上最长的内陆河洲，现已申报为 4A 级旅游景区和国家重点风景名胜区。

照片 2-5　株洲天元恐龙化石

图 2-16 长株潭城市群地质景观资源分布图

表 2-25　长株潭城市群地质遗迹景观类型一览表

一级类型	二级类型	数量	地质遗迹景观名称
地质剖面和构造形迹	地质剖面	9	岳麓山上泥盆统岳麓山组剖面、第四系白沙井组剖面、中泥盆统跳马涧组剖面、中元古界冷家溪群黄浒洞组剖面、中元古界冷家溪群雷神庙剖面、上三叠统造上组—下侏罗统石康组剖面、中上泥盆统棋梓桥组灰岩—龙口冲组剖面，万罗山生物化石组合带剖面、下石炭统尚保冲组—樟树湾组剖面、古新统枣市组剖面等
	构造形迹	3	公田-灰汤断裂带活动遗迹、惊马桥武陵运动遗迹、南桥印支运动遗迹等
古生物化石		4	株洲天元白垩纪恐龙化石、石燕湖弓石燕和沟鳞鱼化石、浏阳双壳类化石产地、白龙洞古树化石与古鹿化石等
地质地貌景观	砂岩峰林地貌	1	云阳山砂岩地貌
	丹霞地貌	3	拳头山、石牛寨、狮山象山麒麟山、灵岩等
	花岗岩地貌	5	沩山、黑糜峰、大围山、褒忠山、桃源洞等
	岩溶地貌	1	酒埠江风景区岩溶景观
	洞穴景观	15	龙王洞、白龙洞、砰山龙洞、古风洞、湘乡龙洞、禹皇天窗、青蛇洞、白石洞、平安洞、婆婆岩、献花岩、海棠洞、皮佳洞、潞水溶洞群、秦人古洞等
	其他地质地貌景观	1	浏阳大围山第四纪冰川地貌
岩石、矿物、宝玉石		3	浏阳菊花石、丁字湾麻石、永和磷矿等
水文遗迹	江河、湖泊	1	长沙橘子洲
	瀑布	10	东坑瀑布、万宝山瀑布、罗溪瀑布、大光洞瀑布群、金坑瀑布、大王坑瀑布、马尾槽瀑布、九叠泉瀑布、百丈瀑、珠帘瀑布等
	温泉、矿泉	15	灰汤热泉、麻林桥温泉、升富温泉、花明楼矿泉水、九峰矿泉水、黑糜峰矿泉水、影珠山矿泉水、连云山矿泉水、大漠银洲矿泉水、仙岩乳矿泉水、东山矿泉水、三富村矿泉水、漂沙矿泉水、鸿仙矿泉水、湖南坳矿泉水、灵龟峰矿泉水等
	奇泉、名井、深潭	4	白沙井、碧泉潭、白鹤泉、砚井等

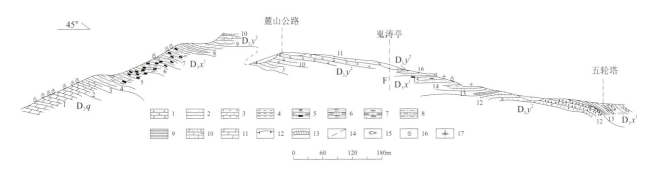

1. 含砾石英砂岩；2. 石英砂岩；3. 砂岩；4. 粉砂岩；5. 云母质（石英）砂岩；6. 云母质（石英）粉砂岩；7. 云母质砂质页岩；8. 砂质页岩；9. 页岩；10.（粉）砂质泥灰岩；11. 泥灰岩；12. 浮土；13. 铁质砂岩或砂质鲕状赤铁矿；14. 推测断层；15. 鱼化石产地；16. 动物化石产地；17. 植物化石产地

图 2-17　长沙岳麓山上泥盆统实测剖面

照片 2-6 大围山"龙卵破壳"景观

照片 2-7 浏阳菊花石

照片 2-8 世界上最长的内陆河洲——橘子洲

二、开发利用现状

目前，长株潭城市群地区各类地质遗迹均有不同程度开发利用，主要开发利用的是地质地貌景观和水文遗迹两大类，用于旅游开发、饮用水开发、工艺品开发。

旅游开发方面，湖南省国土资源厅积极推进地质公园和矿山公园的建设，已建立大围山和酒埠江国家地质公园、云阳山省级地质公园以及湘潭锰矿国家矿山公园；橘子洲风景区以发展观光游览为主，兼顾度假休闲、科学教育等旅游活动的需要；灰汤温泉以洗浴娱乐、医疗保健、度假休闲为主。

饮用水开发方面，开发强度较高的有白沙井、影珠山矿泉水等。

工艺品开发方面，主要为浏阳菊花石，该石以其奇美享誉国内外，产销产业颇具规模，主要作为收藏观赏之用。

第三章 城市群主要环境地质问题

第一节 水土污染

一、地下水污染

（一）污染源类型与分布

区内主要有工业污染源、农业污染源、生活污染源3种，其中以工业污染源为主。

1. 工业污染源

工业污染源主要包括废渣、废气、废水3个方面。

废渣：主要由工业废渣、建筑垃圾等组成。工业固体废弃物包括粉煤灰、炉渣、冶炼废渣、危险废物、尾矿等。主要污染源集中在各大冶金、化工企业。固体废弃物在雨水的冲刷下形成的淋滤液，直接补给地下水造成地下水污染，或者先污染地表水然后造成地下水污染。

废气：大气污染主要源于工业和民用燃料燃烧排放的废气和机动车辆排放的尾气。这些烟气中的有毒有害元素会随着雨水降落到地面，经过土壤的空隙补给地下水，造成地下水的污染。

废水：主要包括工业废水和生活废水。由于其处理率不高，排放的废水中重金属元素及有机物含量较高，通过水塘或排污渠，点状或现状补给地下水，造成地下水污染。

2. 农业污染源

农业污染源包括农药污染土壤、水体，动植物体内残留的农药、化肥及不合理的污水灌溉等。综合有关统计资料分析，从20世纪90年代末以来，数量有逐年减少之势，变化趋势是以水剂或乳剂农药代替粉剂农药，逐渐用短期高效农药代替长时低效农药。

化肥污染：包括氮肥、磷肥、钾肥及复合肥等，土壤中剩余的肥料常常随淋滤液渗入地下造成地下污染，特别是氮肥，分布在区内的农田耕作区，是引起地下水"三氮"污染的重要因素。

污水灌溉：由于主要耕作区地下水埋藏浅、下伏地层是黏土质粉砂或砂质黏土，渗透性较好，污水灌溉很容易污染地下水特别是浅层的潜水。污水灌溉的污染程度主要取决于污水成分、污染物的浓度、灌溉技术以及渠道和耕地的透水性能等。例如，区内石峰区长石村用污水灌溉的晚稻和建设村用污水灌溉的包叶菜中的重金属含量大部分超过食品卫生标准或粮食卫生标准。

3. 生活污染源

生活污水：2016年，长株潭城市群人口总数达到1 449.9万人，其中城镇人口1 014.9万人。根据城镇生活污水排放系数折算（生活污水排放系数200kg/人·d，化学需氧量COD产生系数90g/人·d，氨氮产生系数7g/人·d），城镇生活污水排放量为7.41×10^8t，城镇COD排放量33.34×10^4t。市区居民及单位厕所为水冲式，多经下水道进入污水处理厂，但现有污水处理厂已满负荷运行，不能完全处理污水，部分经下水道或明沟渠直接排放地表水，然后通过入渗补给使地下水质恶化。郊区及部分城乡结合部，生活污水污染地下水的现象更加普遍。

生活垃圾：按环保部门生活垃圾测定定额人均每天1.05kg计算，区内现状生活垃圾年排放量为234×10^4t。部分生活垃圾直接堆置，无防渗、渗滤液处理措施，对地表水、地下水污染严重。

粪便排放：城市粪便排放按人均每天1.0kg计算，区内粪便排放量为223.67×10^4t，粪便多经化粪池处理，部分排入下水道经污水处理厂处理后排入湘江及其支流，另有部分未经污水处理直接排放。

（二）地下水污染评价

长株潭城市群地下水污染现状评价，评价指标选择与人类活动密切相关的物质，包括pH值、铁、锰、铜、锌、钼、硝酸盐、亚硝酸盐、氟化物、汞、砷、铬、铅、硒、镉等，采用综合污染指数法，首先进行单因子污染指数计算，按照《地下水质量标准》（GB/T 14848—2007），以人体健康基准值为依据的Ⅲ类标准比较，确定其现状污染状态。

单项污染指数按下式计算：

$$I=C/C_0$$

式中，I为某项因子的污染指数；C为某项因子实测含量；C_0为某项因子标准值。

单因子污染指数得出后，按照以下计算公式计算综合污染指数：

$$P_i=\sqrt{\frac{\overline{I}^2+I_{max}^2}{2}} \qquad \overline{I}=\frac{1}{n}\sum_{i=1}^{n}I_i$$

式中，P_i为综合评价分值；$\overline{I}$为各单项组分评分值I平均值；I_{max}为单项组分评分值I中最大值；n为评价项数。

根据P_i计算结果，按表3-1规定划分地下水污染级别。

表3-1 地下水污染级别分类表

级别	未污染	轻微污染	中等污染	严重污染
P_i	$P_i\leqslant 1$	$1<P_i\leqslant 2.5$	$2.5<P_i\leqslant 5$	$P_i>5$

采用上式计算各单样的综合污染指数，对全区地下水作出综合污染评价（图3-1）。

长株潭城市群浅层地下水总体污染状况较轻，84%为轻微污染及以下，严重污染点仅占8.4%，污染元素主要为As、Cd、Fe、Mn、Pb等重金属及"三氮"，其中Fe、Mn超标点较多，最大超标十几倍至几十倍，NO_3—N、NO_2—N、As、Cd、Pb最大超标数倍。主要分布在望城区北部、长沙市区南部、宁乡市、湘潭县南部、韶山市、株洲市区、株洲县城等地。

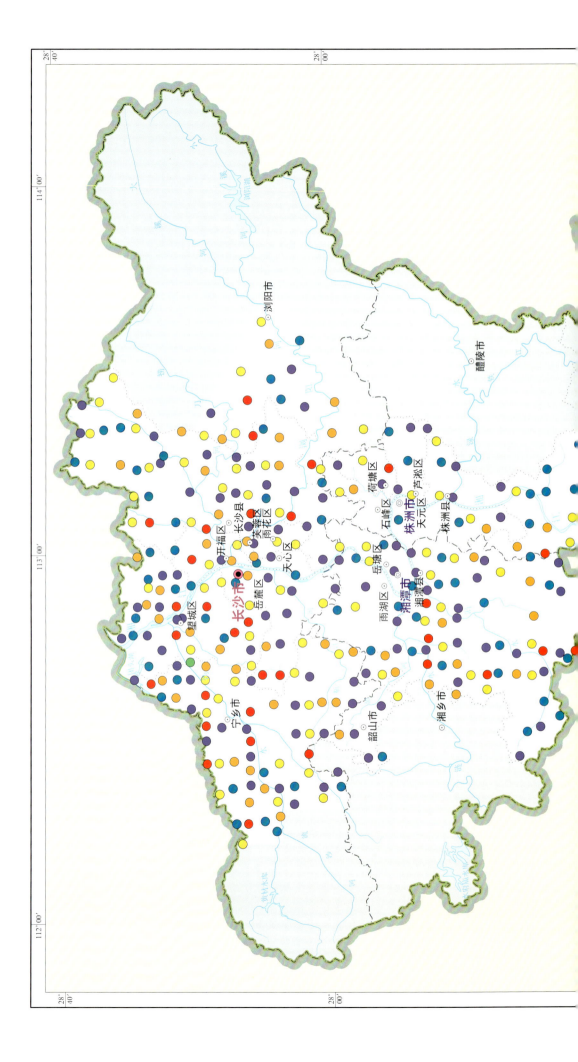

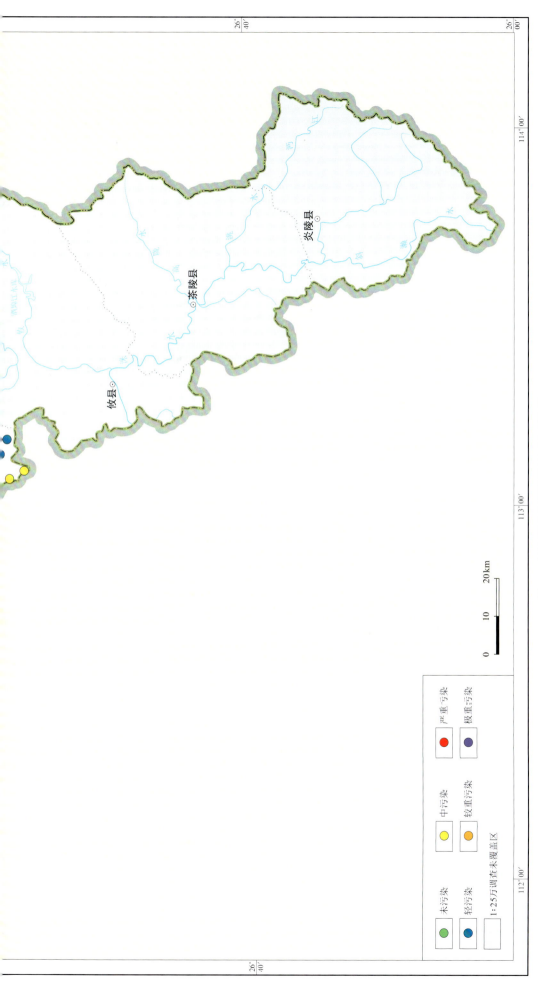

图 3-1 长株潭城市群浅层地下水污染图

（三）地下水污染途径

工作区地下污染主要以浅层地下水为主，受污染的途径主要来自化学污染、生物污染及原生环境污染，其来源包括生活污水、工业"三废"、农药、化肥、城市垃圾、粪便，及原生环境中铁、锰背景值超标等。

由于地表水通常是地下水的主要补给来源，因此地表水体受到污染时极易导致地下水的污染。区内地下水主要的污染源是工业废水和生活污水的排放，任意排放的工业废水和生活污水将通过污染地表水而严重污染地下水体，湘江干流生活污染呈加重趋势，主要超标污染物为粪大肠菌群、氨氮、镉、锰、石油类等。

区内各矿山年产废渣量 $322.35×10^4$ t，累计废渣量 $4\ 622.15×10^4$ t；年排放废水 $20\ 771.81×10^4 m^3$。不同矿类的废渣中所含有害元素均不相同，一般而言，煤矿山中废渣、废水中主要含硫，污染程度一般较小，而金属矿山中废渣、废水中有害成分甚多，且多为 As、Cd 等重金属元素，污染及危害程度一般较大。矿区中废弃的钻孔以及坑道则能够作为污染物质进入的通道，而采矿过程中的矿坑水因为酸性较高能够溶解白云石、方解石等，所溶解得到的钙镁离子在融入水中后会导致地下水的硬度上升。

各种大气污染物质通过降水，降水中通常含 SO_4^{2-}、NO_3^-、NO_2^-、NH_4^+、Ca、Cu、Pb、Zn、Cd、As 等有害物质，尤其是广泛出现的酸雨使地下水体污染更加严重，它往往能引起地下水的酸度增加，随着工业的发展，工业废气的排放逐年增加，酸雨出现的频率增加。"十二五"期间长株潭城市群地下水（尤其是浅层地下水）仍呈微酸性，以 pH、"三氮"污染为主要特征。

城市近郊的污水灌溉及长期使用农药和化肥，也会引起地下水的污染。农药中具有很多不易分解挥发的有害物质，这些物质残留于土壤或者进入水域将对地下水质量造成恶劣影响，而化肥中的磷、氮、钾肥都会随着降水或者灌溉水向地下渗入，对浅层的地下水造成很大影响；农业污染物如渗井、粪坑等能够通过淋滤和渗透对浅层的地下水造成污染，导致水质硬度增加并使地下水的环境恶化；城市污水含有有机碳化物、氮、磷、钾等物质，使用污水进行灌溉可以在一定程度上提高土壤肥力，但是如果长期如此则会污染地下水并使农作物减产。

二、土壤污染

（一）评价方法

根据国家《土壤环境质量标准》（GB 15618—1995），土壤环境质量分类限制值划分为一级、二级、三级（各元素标准限制值见表3-2），其中，二级标准限制值是判断有毒有害元素是否超标的标准，由于本区土壤环境 pH 值小于6.5，因此，将超过二级标准限制值的土壤确定为超标土壤），依此将长株潭城市群已调查区土壤环境质量划分为4类：Ⅰ类、Ⅱ类、Ⅲ类、劣Ⅲ类。以单元素最劣等土壤环境质量类别作为土壤环境质量综合类别。

本次评价数据来源于长株潭城市群已完成的 1∶25 万土地质量地球化学调查取得的表层土壤数据。目前共采集土壤样品3 592件，已调查土地面积约 $1.46×10^4 km^2$，其中耕地面积为 $5\ 479 km^2$。

表 3-2 土壤环境质量标准值

项目		级别 一级 自然背景	二级 pH < 6.5	二级 pH 6.5～7.5	二级 pH > 7.5	三级 pH > 6.5
镉（Cd）		≤ 0.20	≤ 0.30	≤ 0.30	≤ 0.60	≤ 1.0
汞（Hg）		≤ 0.15	≤ 0.30	≤ 0.50	≤ 1.0	≤ 1.5
砷（As）	水田	≤ 15	≤ 30	≤ 25	≤ 20	≤ 30
	旱地	≤ 15	≤ 40	≤ 30	≤ 25	≤ 40
铜（Cu）	农田等	≤ 35	≤ 50	≤ 100	≤ 100	≤ 400
	果园	—	≤ 150	≤ 200	≤ 200	≤ 400
铅（Pb）		≤ 35	≤ 250	≤ 300	≤ 350	≤ 500
铬（Cr）	水田	≤ 90	≤ 250	≤ 300	≤ 350	≤ 400
	旱地	≤ 90	≤ 150	≤ 200	≤ 250	≤ 300
锌（Zn）		≤ 100	≤ 200			≤ 500
镍（Ni）		≤ 40	≤ 40			≤ 200

注：数据来自《土壤环境质量标准》（GB 15618—1995）。

（二）污染分布现状

土壤中超标重金属元素主要为 Cd，其最大值达Ⅲ类土壤标准的 16 倍，Ⅲ类和劣Ⅲ类土壤主要分布在湘江沿岸和株洲市区北部，其他地方零星分布。砷土壤环境质量为Ⅲ类、劣Ⅲ类的样本分别占总样本数的 0.44%、3.01%，锌土壤环境质量为Ⅲ类、劣Ⅲ类的样本分别占总样本数的 1.42%、0.17%。

耕地土壤为Ⅰ类综合环境质量类别的仅占已调查耕地总样本的 0.45%，Ⅱ类占 24.01%，Ⅲ类高达 67.96%，劣Ⅲ类占 7.58%。其中，Ⅲ类、劣Ⅲ类土壤主要分布于长沙市南部、湘潭市东部及株洲市西部，湘乡市及望城区也有零星分布，其主要土地利用类型为灌溉水田。

（三）成因分析

通过调查分析，造成区域土壤重金属元素含量超标的主要原因为以下两个方面。

1. 地质背景值高

湖南是 Cd 元素高背景地区，Cd 高含量地层有寒武系和二叠系、白垩系等，区域上地层风化是土壤重金属的主要来源之一。湖南是有色金属之乡，铅锌矿等有色金属矿含 Cd 最高，是土壤镉的重要来源。

2. 人为因素加剧了污染

表层土壤与深层土壤相比较发现，长株潭城市群表层土壤中 Cd、Hg、Cu、Pb、Zn 等元素的环境质量类别普遍高于相应的深层土壤的类别；与 20 世纪 80 年代区域化探成果比较，重金属超标的面积也显著增大，说明表层土壤中这些元素近几十年来人为增加较大。

其各类土壤的功能和保护目标如下：

Ⅰ类土壤执行一级标准限制，主要适用于国家规定的自然保护区、集中式生活饮用水源地、茶园、牧场和其他保护地区的土壤，土壤质量基本上保持自然背景水平（各元素标准限制值见表 3-2）。

Ⅱ类土壤执行二级标准限制值，主要适用于农田、蔬菜地、茶园、果园、牧场等土壤，土壤质量基本上对植物和环境不造成污染和危害。二级标准限制值是本次工作中判断有毒有害元素是否超标的标准，在考虑本区土壤环境pH＜6.5值的基础上，以超过二级标准限制值为超标。

Ⅲ类土壤执行三级标准限制值，主要适用于林地土壤及污染物容量较大的高背景值土壤和矿产附近等地的农田土壤（蔬菜地除外）。土壤质量基本上对植物和环境不造成危害和污染。

劣Ⅲ类土壤超过三级标准限制值，它已不能保障农林业生产和植物正常生长，会对植物和环境造成危害和污染。

第二节 地质灾害

一、崩塌、滑坡、泥石流、采空地面变形

（一）分布及发育特征

1. 类型、数量及分布

距不完全统计，截至2016年，长株潭城市群共调查发现崩塌、滑坡及泥石流等地质灾害点1 000余处，其中滑坡900多处，占地质灾害总点数的65.37%；崩塌200多处，不稳定斜坡60处，泥石流40多处，采空地面变形（包括采空塌陷及地面沉降）百余处。区内以滑坡、崩塌灾害为主，主要分布于浏阳市、宁乡市、炎陵县、茶陵县湘乡市等县市（表3-3）。

表 3-3 长株潭城市群崩塌、滑坡、泥石流及采空地面变形等地质灾害分布统计表

地区 灾种	长沙市					株洲市						湘潭市				合计	占总数的百分比（%）
	长沙市区	长沙县	浏阳市	宁乡市	望城区	株洲市区	株洲县	醴陵市	攸县	茶陵县	炎陵县	湘潭市区	湘潭县	韶山市	湘乡市		
滑坡	63	39	95	63	14	8	15	22	61	244	77	3	52	15	150	921	65.37
崩塌	1	5	23	14	15	4	6	1	8	44	10	1	6	13	66	217	15.40
不稳定斜坡	2	5	6	1	15	0	0	2	0	25	0	1	3	0	0	60	4.26
泥石流	0	4	2	0	1	0	0	4	4	11	9	1	6	1	5	48	3.41
采空地面变形	7	3	35	26	4	5	3	0	18	5	0	4	44	2	6	163	11.57
合计	73	56	161	104	49	17	24	29	91	329	97	10	111	31	227	1 409	100.00

2. 发育特征

各类地质灾害按其规模、物质组成等特征可分成不同的类型，见表 3-4。

表 3-4 长株潭城市群崩塌、滑坡、泥石流及采空地面变形类型统计表

灾害类型	划分依据	类型	数量（处）	占总数百分比（%）
滑坡	规模	巨型	1	0.10
		大型	18	1.95
		中型	101	10.97
		小型	801	86.97
	物质组成	土质	781	84.80
		岩质	140	15.20
崩塌	规模	大型	1	0.46
		中型	47	21.66
		小型	169	77.88
	物质组成	土质	164	75.58
		岩质	53	24.42
不稳定斜坡	规模	中型	6	10.00
		小型	54	90.00
	物质组成	土质	48	80.00
		岩质	12	20.00
泥石流	规模	大型	1	2.08
		中型	15	31.25
		小型	32	66.67
	流域特征	沟谷型	42	87.50
		坡面型	6	12.50
	流态性质	黏性	10	20.83
		稀性	38	79.17
地面变形	规模	巨型	1	0.61
		大型	17	10.42
		中型	44	26.99
		小型	101	61.96

可见长株潭城市群地质灾害规模不大，以中小型为主（图3-2）。斜坡型地质灾害（崩塌、滑坡、不稳定斜坡）物质组成以土质为主；泥石流流态性质以稀性为主，固体物质以碎石、砂为主，黏土含量少；地面变形多由地下采矿活动引起。

（二）灾情及险情

长株潭地区共发生各类地质灾害（不含岩溶塌陷）千余处，据不完全统计，地质灾害累计造成百余人死亡，直接经济损失达3亿多元；这些灾害点构成的潜在危害威胁人口6万多人，威胁资产约15亿元。

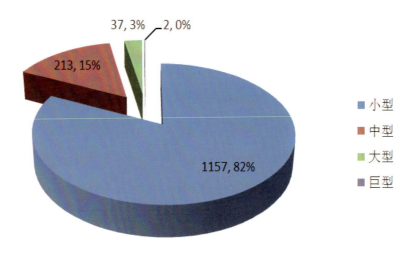

图 3-2　长株潭城市群地质灾害规模分布图

（三）影响因素分析

地质灾害的发生是地形地貌、地质构造、岩土体结构、降雨、地震、河流侵蚀、人类工程活动等诸多因素共同作用的结果，其中地形地貌、岩土体结构及地质构造等是地质灾害产生的基础条件，降雨、人类工程活动、河流侵蚀、地震等是地质灾害形成的诱发因素。

1. 滑坡、崩塌、不稳定斜坡影响因素

1）地层岩性

地层岩性是产生滑坡、崩塌、不稳定斜坡的内在决定因素。软质岩地层中，由于抗风化能力弱，易形成大量的松散物质，为滑坡、崩塌提供物源。相反，硬质岩抗风化能力强，不易形成潜在滑动面和大量残坡积物；但是硬质岩由于其性脆，在构造作用及外动力作用下，易产生节理裂隙，影响岩体的完整性和稳定性。工作区滑坡、崩塌主要发生于白垩纪（K）红层碎屑岩、石炭纪（C）及泥盆纪（D）系软硬相间碎屑岩和青白口纪（Qb）变质岩以及花岗岩（γ）分布区（图3-3）。

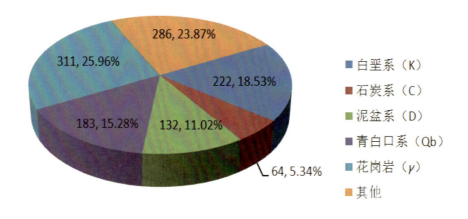

图 3-3　长株潭城市群斜坡地质灾害成灾层位图

2）地质构造

构造对斜坡型地质灾害的形成、发展影响很大，长株潭城市群滑坡、崩塌、不稳定斜坡多分布于断陷盆地之间的断褶带上，断裂构造发育，基岩破碎，风化程度高，各类软弱结构面（如断层面、节理面、片理面、岩层层面及地层不整合面等）发育；另一方面地质构造控制了山体斜坡地下水的分布和运动规律、斜坡的内部结构、软弱面及其与斜坡方位的相互关系等，与崩滑发生的难易程度有密切关系。

3）地形及地貌

地形地貌条件是滑坡、崩塌及不稳定斜坡发生的基本因素之一，也是其重要控制因素。地形切割的深浅、地形起伏的变化、斜坡的高度和坡度的大小，都对滑坡、崩塌地质灾害的发生产生重要影响。从局部地形可以看出，下陡中缓上陡的山坡和山坡上坡呈马蹄形的环状地形，且汇水面积较大时，在坡积层中或沿基岩面易发生滑动；上缓下陡的凸坡，易形成崩塌。此外，从长株潭城市群地质灾害的分布来看，斜坡型地质灾害（崩塌、滑坡、不稳定斜坡）主要发育于红层丘陵地貌，侵蚀剥蚀构造浅变质岩低山丘陵地貌，构造侵蚀剥蚀砂、页岩丘陵地貌以及侵蚀剥蚀构造花岗岩丘陵地貌区。

4）降雨

长株潭城市群滑坡、崩塌多发生在雨季（4～8月份）或大暴雨后，降水的入渗既可增加土体容重和坡体自重，又会对岩土体起到软化作用，从而降低岩土体力学强度，是地质灾害产生的催化剂和润滑剂。

5）人类工程活动

人类工程活动日渐增强，主要表现为城市建设、公路建设、矿产资源开发及居民建房等。由于人工开挖路堑边坡或自然形成陡坎边坡临空面，使边坡失去原有的静力平衡，发生应力的重分布，在坡脚附近形成剪应力集中带，而坡后缘则产生拉应力集中带，产生张裂缝，当张裂缝不断扩展，深部软弱面贯通时，滑坡崩塌发生。

2．泥石流影响因素

1）地层岩性

区内泥石流60条，主要发育于白垩纪软弱—较坚硬中—厚层状砾岩、砂砾岩、泥质粉砂、泥岩，泥盆纪软硬相间中厚层状石英砂岩夹粉砂岩、砂质页岩，青白口纪软弱—较坚硬薄—厚层状砂质板岩、板岩及软弱散体状花岗岩岩组中，形成泥石流的固体物质有碎屑岩、花岗岩、变质岩残坡积土层及碎块石等，结构较松散，在雨水的渗透和冲刷作用下易发生滑坡，在冲沟内形成泥石流。

2）地质构造

泥石流强烈活动的山区都是地质构造复杂、岩石风化破碎、新构造运动活跃、地震频发、崩滑灾害多发的地段，这样的地段为泥石流活动提供了丰富的固体物质来源。

3）地形地貌

山高坡陡、三面环山、一面出口且沟床纵坡大的地形易形成泥石流。泥石流的形成区多为三面环山、一面出口的半圆形宽阔地带，周围山坡陡峻，多为30°～60°的斜坡；流通区是泥石流搬运通过的地段，多为狭窄、纵坡降较大的冲沟，流通区纵坡的陡缓、曲直和长短对泥石流的强度有很大的影响。

4）降雨

泥石流的形成必须有强烈的暂时性地表径流，它为泥石流的爆发提供动力条件。地表径流来源于暴雨，连续性强降雨入渗，使得物源区人工堆土自重力增加后下滑，加之暴雨的不断冲刷，下滑的土石块被冲沟暂时性水流运移，向沟口方向流动，形成泥石流灾害。

5）人类工程活动

长株潭城市群人类工程活动是泥石流形成的重要诱发因素，主要体现在3个方面：①修建铁路、公路、水渠以及其他工程建筑时，不合理的开挖破坏了坡体的稳定性；②滥伐乱垦，坡体失去保护，土体疏松，冲沟发育，大大加重水土流失；③乱采乱掘，不合理堆放弃土、矿渣等。

3. 地面变形

长株潭城市群地面变形主要由煤矿、锰矿、石膏矿等矿山开采引起，它与顶板地层岩性及结构、地质构造条件、采空区面积、矿层厚度、采空深度、矿山疏干排水、爆破震动、采矿方法及顶板管理方法等息息相关，这些要素共同作用，控制着地面变形的幅度、速度及方式。

二、岩溶塌陷

（一）分布及发育特征

1. 岩溶塌陷分布

长株潭城市群内共发生岩溶塌陷（群）200多处，合计900个塌陷坑。主要分布在宁乡市喻家坳—煤炭坝—回龙铺、浏阳市达浒—沿溪—永和、湘乡市壶天镇、岳麓区—雨湖区—湘潭县、炎陵县三河—鹿原—船形5个塌陷区，涉及13个县（市、区）56个乡（镇）。

岩溶塌陷按其诱发因素，可分为自然塌陷、人为塌陷、综合型塌陷三大类。自然塌陷的形成主要受控于自然条件，如大气降水后湘江水位波动，自然条件的地下水动力条件以及土体工程地质条件等，如湘潭市雨湖区和平小学塌陷、浏阳市永和镇河床塌陷、炎陵县三河镇塌陷等，共产生40多处岩溶塌陷群；人为塌陷主要受控于地下水的过量开采。开采、抽排地下水，大幅降低地下水位，破坏了地下水的自然梯度场和降速场，停机水位回升，开机水位急剧下降，往复循环加速了地下水的渗透破坏，加速破坏了岩土体的稳定性。此类塌陷有宁乡市煤炭坝镇塌陷、岳麓区莲花镇军营村塌陷、湘潭县谭家山塌陷等，共产生100多处岩溶塌陷群；介于自然塌陷和人为塌陷之间的综合型塌陷属于自然因素、人为因素在塌陷的孕育与形成过程中都起到了作用，难以界定何种因素为主的塌陷。此类型有宁乡市大成桥镇塌陷、雨湖区响塘乡柴山村塌陷等，共产生60多处岩溶塌陷群。

2. 岩溶塌陷发育特征

（1）主要发生在岩溶强烈发育的灰岩、白云质灰岩地区。区内岩溶塌陷（群）共发生在13套岩溶地层中，集中发生在二叠系茅口组（P_2m）、栖霞组（P_2q），石炭系—二叠系壶天群（CPH），泥盆系棋子桥组（D_2q）四套岩溶地层中（图3-4）。

（2）岩溶塌陷（群）多沿断裂带分布。在规模较大的压性及压扭性断裂带、张性及张扭性断裂带、挽近期活动断裂带或断裂交会部位，岩石破碎，空隙度大，岩溶强烈发育，是地下水补、径、排的主要通道。当抽排地下水时，这些部位易产生塌陷。区内多条规模较大的北东向、北北东向断裂附近分布了大量岩溶塌陷，如湘乡市壶天镇塌陷、攸县鸾山镇塌陷等。

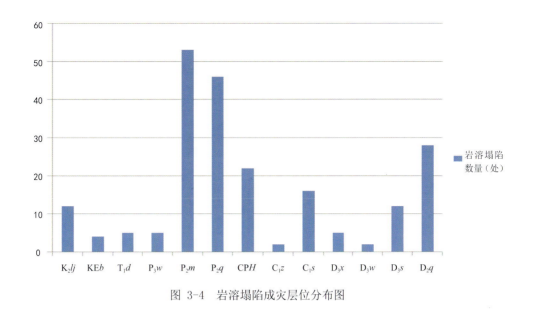

图 3-4 岩溶塌陷成灾层位分布图

（3）岩溶塌陷（群）多发育在溶蚀低洼地带及河流两岸。该区域地表径流集中，因长期地表水、地下水活动的结果，岩溶发育，在抽排地下水或者江河水位骤升骤降时，最易产生塌陷。

（4）岩溶塌陷（群）多发育在不同岩性的接触带部位。区内大量岩溶塌陷是由煤矿抽排地下水引起的，煤层往往分布在二叠系龙潭组这类碳酸盐岩地层的夹层中，与之相邻的栖霞组、马平组、壶天群组成为岩溶塌陷的易发地层。

（5）由于 21 世纪人类工程 - 经济活动的显著增加，2000 年以后发生 139 处岩溶塌陷（群），占总数的 65.57%，并主要集中发生在每年 4～7 月的雨季时期。

区内岩溶塌陷（群）土层塌陷坑长轴长度一般小于 10m，占塌陷坑总数的 60%（图 3-5）；长轴长度大于 50m 的有 13 个塌陷坑，绝大部分位于宁乡市境内，其中位于长沙市宁乡市回龙铺乡回龙铺村大桥湾的塌陷坑其长轴可达 250m，是区内长轴最长的塌陷坑。深度多介于 0.2～10m 之间，占塌陷坑总数的 84%（图 3-6），其中深度为 2～5m 的塌陷坑占到 32%，塌陷坑深度最大可达 50m，该点位于茶陵县秩堂镇彭家祠村。绝大部分塌陷坑未见基岩出露。平面形态以椭圆形、圆形、不规则形状及长条形 4 种形态为主，主要与下伏岩溶洞隙的开口形状及其上覆岩、土体的性质在平面上分布的均一性有关。椭圆形、圆形口径一般为 3～17m，垂深一般为 5～8m，占总数的 91%。剖面形态以漏斗状、碟状和坛状为主。主要与塌陷土层的力学性质有关，黏性土层塌陷多呈坛状或井状，松散土层塌陷常呈碟状，部分相邻塌陷坑扩大发展连为一体，从而形成不规则的梯状。

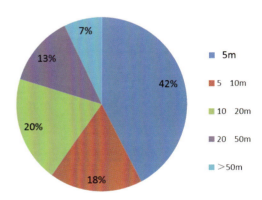

图 3-5 岩溶塌陷坑长轴长度统计图

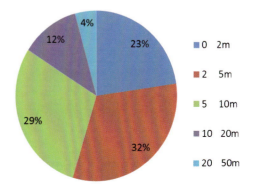

图 3-6 岩溶塌陷坑深度统计图

（二）灾情及险情

岩溶塌陷（群）已造成人员死亡1人，毁房千余间，毁田3 000多亩，毁路2km，直接经济损失1亿多元。尚存14处大型、46处中型、91处小型隐患点，潜在威胁人口4 000余人，威胁房屋近6 000间、农田3 000多亩、公路3km、威胁资产3亿多元。

（三）影响因素分析

1．岩溶因素

区内岩溶塌陷（群）共发生在13套岩溶地层中：白垩系百花亭组（KEb）、罗镜滩组（K_2lj），三叠系大冶组（T_1d）、二叠系茅口组（P_2m）、栖霞组（P_2q）、大隆组（P_3d）、石炭系—二叠系壶天群（CPH）或马平组（CPm）、梓门桥组（C_1z）、石蹬子组（C_1s）、泥盆系锡矿山组（D_3x）、吴家坊组（D_3w）、佘田桥组（D_3s）或七里江组（D_3ql）、棋子桥组（D_2q），集中发生在P_2m、P_2q、D_2q、CPH四套岩溶地层中，占总数的百分比依次为25.00%、21.70%、13.21%、10.38%。同时这些岩溶塌陷区岩溶强烈发育，钻孔遇岩溶率为100%，浅层溶洞十分发育，且一般为多层，半充填—全充填，单层洞高一般为几米，最高达10余米，据响水坝变电站与和平小学井下多剖面透视，溶洞与溶洞间连通性好，坪塘镇白泉村抽下层岩溶水，上层溶洞被疏干，说明上下溶洞间有通道。因此，岩溶发育不论深浅，在过量抽汲岩溶水时均有可能引起岩溶地面塌陷，只是发育较浅的部位更加危险。

已塌区，岩溶顶板普遍较薄，一般小于15m。就岩溶的埋藏条件分析，塌陷主要发生在浅覆盖型岩溶区。

岩溶的开口影响：响水坝变电站塌坑下井下透视查明溶洞开口长约15m。其他分布于活动断裂带上的岩溶地面塌陷，虽然尚无资料证明塌坑下是否有开口溶洞，但断裂及裂隙的沟通是可以肯定的，如和平小学塌陷。依据以往室内物理模拟试验，当溶洞具备开口，但开口上部若无铅直裂隙存在，地下水的渗透破坏所产生的土洞的位置受上部土层的物理力学性质的影响明显，在模拟试验的开挖过程中，部分土洞或塌陷不是位于溶洞开口的铅直线上，而是在溶洞开口铅直线附近。物理模拟试验还表明，在土层结构、土的物理力学性质无大差别的情况下，溶洞开口处最容易产生地面塌陷，因为首先是开口处的土层被扰动。

2．地质构造因素

构造因素是工作区内岩溶地面塌陷最基本的主要影响因素。工作区内已发现的岩溶塌陷大部分分布于活动断裂带上或交会处，其中部分分布于断层交会处，主要仍分布于断裂带上。

断裂带岩石破碎，不仅为岩溶的强烈发育创造了有利的空间条件——有利于地下水的活动，产生溶洞开口，而且其不断活动破坏第四系，使第四系孔隙水和岩溶水具有水力联系，故而有利于岩溶塌陷的产生。位于背斜轴部的湘潭市区，活动断裂、裂隙发育，不仅已产生建城路、和平小学和衡器公司等处塌陷，而且在雨湖、朝阳街等地还分布土洞或扰动土（砂）层，因此背斜轴部也是塌陷易发区之一。

3．土层因素

土层因素主要包括土体的物理力学性质，土层的结构和厚度及其组合方式等。

1）土体的物理力学性质

土体的物理力学性质主要指土体的摩擦力（F）、内聚力（C）及含水量（G）等。透水性差，含水量低，力学强度高，抗塌力就大，相对难以产生塌陷（土洞拓展所属时间相对较长）。

2）土体的厚度

已塌区，土体均较薄，一般介于 5～10m 之间，少量厚度达到 20～30m。据统计，目前土层厚度小于 15m 的已塌区占总数的 85%；土层厚度 15～30m 的已塌区占总数的 14%，土层厚度大于 30m 的已塌区占总数的 1%。土体较薄，塌陷从孕育到产生所属的时间相对就短，易于产生塌陷。如大新村土层厚度为 6.25m，1991 年加大降深（12.6m）随即发生塌陷，1991 年再次把降深从 6.0m 增到 12.6m 塌陷又复活（图 3-7）。反之，土体厚度大，土洞发展至地面的过程长，从孕育到产生塌陷的时间就长，相对不容易产生塌陷。如响水坝变电站塌坑，溶洞开口至地面间土层厚约 25m，降深 60 余米过量开采达半年之久才经降雨诱发。渗透变形试验查明土层的临界坡度（水头高与试样厚度的比值）与土层的厚度成正比关系。

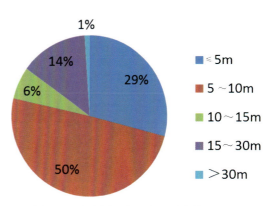

图 3-7　岩溶塌陷上覆土层厚度统计图

3）土体的结构和组合方式

就结构而言，容易产生塌陷的顺序是二元结构、三元结构和一元结构，其中基岩面以上第四系土体性质影响最大，当基岩面以上的第四系土层为砂土时，最易形成塌陷。当冲积层下基岩面上残积层完整时，土体结构的临界条件相当，但当残积层不完整或裂隙发育时，不同土体结构的临界条件差别就较大。

4．地下水水动力因素

水动力因素主要表明有无双层地下水及其水力联系的密切程度、流场的变化（梯度场和降速场）等。

存在上层孔隙水，且与岩溶水水力联系较密切，不论降低岩溶水水位还是抬高孔隙水位，试验证明只要水头差达 1m 以上均会产生渗透变形（或称潜蚀），土体破坏，如大新村、和平小学、矿院等处的塌陷。相反，上层（土层或砂层）不含水也不渗透，岩溶水在基岩面下波动，较难产生塌陷，如上部单一黏土类结构不含孔隙水的响水坝变电站，孕育产生时间相对较长一些。

地下水活跃位置及活跃程度不仅决定岩溶塌陷演化模式，更关乎塌陷事件能否孕育成功。岩溶水位的降低均会在岩溶空腔产生负压，增加土体的压力，加速渗透变形。岩溶水位在基岩面无压—承压波动最易产生塌陷，如响水坝变电站塌陷，尽管上部不含孔隙水，半年后仍产生塌陷。试验亦证明，下降时渗透变形剧烈，岩溶水上升至基岩面时亦产生土体破坏，只是强度相对比下降时弱。

岩溶塌陷与岩溶水水位的下降速度、波动幅度及降深的大小有关，当下降速度大，波动幅度、降深亦大时，最容易产生塌陷。土体的渗透变形破坏以水位急剧下降时最强烈，水位稳定时变形变慢趋于稳定，水位回升恢复至基岩面时，变形又有加快。因此人为抽汲地下水最忌间歇性停停抽抽，因为这样容易加速土洞的形成与发展。

5．抽排地下水

长株潭地区岩溶发育程度普遍中等偏弱，仅少量地区岩溶强烈发育，区内 212 处岩溶塌陷群中，有

105处明确属人为因素导致的岩溶塌陷，另有64处属于人为加自然因素共同引起的塌陷。在人类工程活动中，占主导地位的即是因地下开采煤矿抽排地下水引起的岩溶塌陷，这一类型的典型多发区有宁乡市大成桥乡—煤炭坝镇—回龙铺镇、湘乡市壶天镇、湘潭县谭家山镇等地；另外就是在灰岩地区露天采石场抽排岩溶地下水引起的岩溶塌陷，这一类型的典型多发区即是长沙县跳马镇和岳麓区莲花镇等地；在城镇人口集中地区开采地下水也是引发岩溶塌陷的重要因素，这一类型的典型多发区即是湘潭市雨湖区和浏阳市永和镇。近年来新增的岩溶塌陷也反映了人类工程活动不断增强。

6．其他因素

1）地形地貌因素

河谷平原区的岩溶作用比丘陵区强，发生岩溶塌陷的可能性更大。在河谷平原区因可溶岩一般埋深较浅，汇水范围广阔，地下水交替循环作用强烈，这一类型的典型即是浏阳市永和镇岩溶塌陷，其发育于碳酸盐岩河床中。丘陵区可溶岩一般埋深较大，地下水交替作用较弱，岩溶作用弱，主要岩溶形态为溶蚀裂隙及溶孔。

2）强降雨天气

暴雨一方面加大多层地下水之间的水头差，另一方面加大土体自重和降低土洞顶板土体的抗剪强度，因而容易诱发地面塌陷。且强降雨天气易导致河流水系水位暴涨暴跌，加剧地下水循环径流速度，加速土体的崩解。

3）人工加载负荷

对于工作区内岩溶覆盖层较薄且岩溶发育较浅的地区，在其上部顶板加荷会增加土洞顶板的重量，从而加快塌陷形成，此类代表为湘潭市建城路、城正街塌陷。

4）采矿爆破

莲花镇军营村岩溶塌陷与采石坑长期开采爆破有一定的关系，采坑爆破加剧岩石破碎，扩展其构造裂隙，同时对上覆松散土体扰动较大，易导致岩溶塌陷发生。

（四）典型岩溶塌陷成因机理

1．长沙市宁乡市大成桥镇福泉小学岩溶塌陷

1）概况

2010年1月17日，湖南省长沙市宁乡市大成桥镇原福泉村福泉小学（现合村为青泉村青泉小学）发生1处地面塌陷，毁坏1栋小学教学楼、3栋民房，损毁道路0.4km，受影响面积达0.1km^2，范围内13户民房受到不同程度的损坏，直接经济损失超200万元，给人民群众生活带来重大影响。塌陷坑地理坐标：东经112°22′04″，北纬28°11′46″。塌陷坑照片、航拍图、地形图分别见照片3-1和图3-8、图3-9。

2）地质结构特征

福泉小学塌陷所在的大成桥地区大地构造属于华南准地台（一级）、湘赣桂古台坳（二级）、湘东拱褶束（三级）、谭宁折断束（四级）的宁乡大向斜。

宁乡大向斜位于宁乡、桃江、益阳三县交界处，北为江南地轴，南以沩水大断裂为界。其底盘由加里东构造层及吕梁构造层组成。中部主要由印支构造层组成，构造特点是中部以褶曲为主，边缘以断裂

照片 3-1 宁乡市大成桥镇福泉小学塌陷现场照片

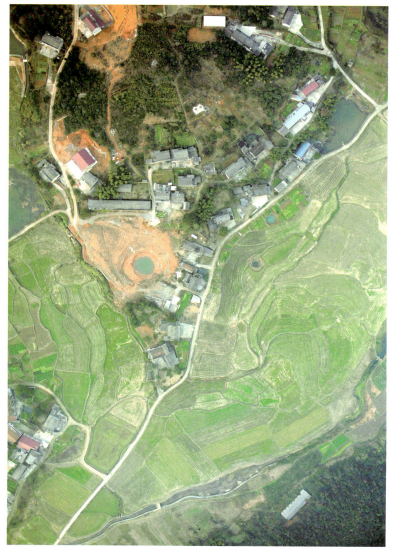

图 3-8 宁乡市大成桥镇福泉小学塌陷航拍图

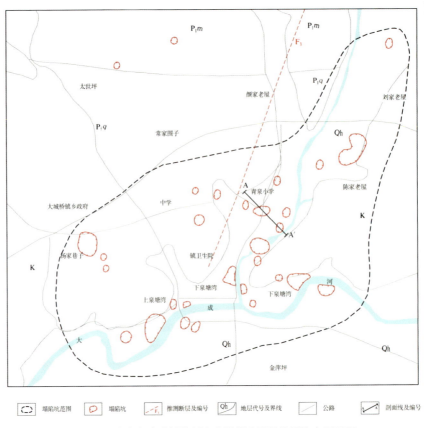

图 3-9 宁乡市大成桥镇福泉小学塌陷及周边塌陷点平面图

为主，轴向近东西向，核部在煤炭坝向斜附近，主要由二叠系组成，边缘分布有次级褶曲，北翼部分地层产状较陡，倾角为 40°～50°，个别达到 60°，南翼较缓，倾角为 25°～30°。

第四系：残积、坡残积，由蠕虫状红土，破碎硅质岩夹砂黏土、亚黏土组成，分布于低洼坡地及山丘缓坡处，厚为 0～40m，一般厚 10m；冲积、冲洪积层，由黏土、亚黏土、亚砂土及卵石层组成，主要分布于新老河床及沿岸阶地，冲沟附近，一般厚为 0～20m。

白垩系—古近系百花亭组：上部为粉砂岩、钙质泥岩互层；中部为砂岩与砾岩互层，砾石成分以石英为主，燧石、灰岩次之，泥、铁质胶结；下部为砾岩，红色，砾石以灰岩为主，砾径为 8～20cm，泥、钙质胶结，厚度极不均匀，由南往北逐渐变厚，塌陷坑附近厚度超过 100m。

二叠系马平组：上部为灰岩及含泥质灰岩，厚层状，局部夹硅质岩及白云质灰岩，含条带状或结核状硅质层及燧石结核；中部以泥质灰岩及含泥质生物灰岩为主，局部夹白云质灰岩，偶含硅质岩及燧石结核；下部为灰岩，灰白—浅灰色微晶至细晶结构，厚至中厚层状，夹硅质岩，局部夹白云质灰岩及含泥质灰岩，层厚度 300m 以上。

3）形成条件

福泉小学地面塌陷所在的大成桥地区地貌类型属河谷平原，出露地层岩性为白垩系—古近系百花亭组底部灰质砾岩和二叠系马平组中下部的灰岩。而该部位正好是这两个地层的不整合接触面附近。白垩纪灰质砾岩、马平组灰岩，主要化学组分以氧化钙为主，溶解度大，溶蚀性强，岩溶发育，发育深度主要在 -80m 以上。根据大成桥地区钻孔资料，区内白垩纪地层溶洞率为 5.39%，马平组地层溶洞率为 3.79%，可见溶洞高为 0.2～23.87m，多数半充填，最大洞高为 23m，发育在百花亭组的底部砾岩中。同时这个部位又是受断裂影响占主导地位的部位,板塘冲正断层经五亩冲南延至大成河,大致就在刘家大屋旁的麻枣冲附近通过,切穿隔水底板,更有利于各含水层之间地下水的交替活动,加速岩溶化的进程。

大成桥地区岩溶水集中径流带宽约为500m,深-100m以下。在煤矿未开采的时期,地下水由北向南径流于大成桥一带排泄于大成河。1969年煤炭坝五亩冲矿井开采到-100m时,地下水天然状态下的流速、流向开始受到破坏,大成桥地区泉水逐渐干涸,1975年五亩冲矿井排水量达3 200m³/h,影响范围扩展到大成河以南,大成河河水出现渗漏。

正是由于五亩冲矿井不断强排疏干,自然状态下的地下水流运动受到人工作用的加强和改造,地下水大幅下降,地表水和地下水沿大成桥径流带补灌矿区,溶洞中的充填物不断受到地下水的机械搬运作用而流失,增大了岩溶管道洞隙的水力连通能力,成为一个良好的过水通道。因此原来为排泄区的大成河逐渐变为补给源流,在麻枣冲与大成河一带受地下水冲刷作用尤为强烈,溶洞中的充填物在溶洞体较大,而充填物被迁运至尽,地面盖层薄的部位,因盖层厚度不够而无法支撑,不断出现失稳塌陷。

4)形成过程及机理分析

(1)福泉小学塌陷发展到发生的过程分析。

煤炭坝矿井经过多年开采大量疏干地下水,水位降深垂深达400m以下,使水力坡度增大,地下水径流强度高,动水压力大,使大成桥范围形成地下水强径流带,严重破坏了福泉小学附近地下水的稳定状态。

随着学校附近地下水位逐渐下降,原来的地表水补给地下水,地下水向大成河方向排泄模式被取代为地下水向煤炭坝矿区排泄,而且地下水渗漏越来越严重。

下伏白垩系—古近系百花亭组(KEb)灰质砾岩层中以钙质胶结为主的裂隙充填物,通过地下水的冲刷及潜蚀,被水流带走,同时砾岩成分中的可溶岩灰岩受到地下水长期的溶蚀作用,最终导致裂隙逐渐增大,形成塌陷坑深部的岩溶溶蚀管道。

灰质砾岩层上覆的全风化粉质黏土层在地下水的冲刷、潜蚀以及真空吸蚀等作用下,细小的土颗粒在地下水流带动下逐渐向下伏灰砾岩中的岩溶管道迁移,并运移到更深部的岩溶通道,与此同时在全风化粉质黏土层下部逐渐形成土洞,然后土洞逐渐向上和向周围发展,最终波及到地表就形成地面塌陷。塌陷剖面图如图3-10所示。

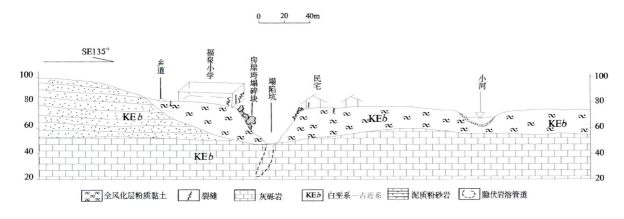

图3-10 宁乡市大成桥镇福泉小学地面塌陷剖面示意图

(2)大成桥地区塌陷形成机理分析。

福泉小学塌陷位于大成桥地下水强径流带中心地区,受煤炭坝矿区抽排水影响强烈。因此该塌陷与周边塌陷点的成因机理基本一致,均属于矿区抽排地下水引起的地面岩溶塌陷。

这些塌陷点主要是由于以灰砾岩、灰岩为主的可溶岩岩溶内在条件所决定，矿山开采排水使地下水位下降，岩溶管道或岩溶裂隙中的水被疏干，充填物被带走，是造成塌陷的外因，这也是目前产生岩溶地面塌陷的主要因素。这些因素改变了岩溶水与上覆全风化粉质黏土层内孔隙水之间的水力状态，通过地下水的冲刷、潜蚀以及真空吸蚀等作用，促使岩溶管道或岩溶裂隙上部的覆盖层物质向下伏可溶岩的岩溶空穴中迁移，先形成土洞，然后土洞逐渐波及到地表就形成了地面塌陷。成因机理图如图3-11所示。

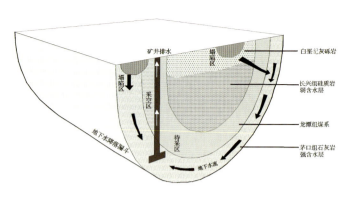

图 3-11 宁乡市大成桥塌陷成因机理图

2．雨湖区响水乡响水坝变电站

1）概况

响水坝变电站塌陷属于人为因素引起的抽水岩溶塌陷，此塌陷的资料来源于《湘潭市区岩溶塌陷地质灾害勘查评价报告》。1971年9月，为解决响水坝变电站的生产和生活用水建成了一口生产井，安装200m³/h的水泵，降深达60余米，过量抽汲达半年多。1972年4月在大气降水的诱发下，几乎同时产生4个塌洞，其中最大的塌坑位于铁路西部路基，呈次圆状，口径达17m，可见坑深3.5m，塌体约800m³。其他3个规模较小，呈圆形或次圆形，直径3～6m，深1～1.5m。所有塌坑均破坏了稻田，大塌坑还波及铁路西部路基（图3-12）。

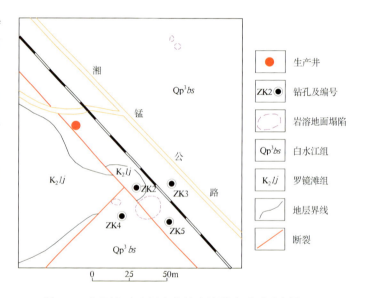

图 3-12 湘潭市响水坝变电站岩溶塌陷平面示意图

2）地质结构特征

该塌陷区位于新作塘隐伏背斜轴部附近（北西），北西向断裂和北东向断裂等活动断裂在塌陷坑交会，节理裂隙十分发育，岩石破碎，有利于降水、地表水的入渗和岩溶的发育。主塌陷坑位于白水江组（Qp^3bs）即Ⅰ级阶地的后缘。地层主要为松散土类和灰质砾岩。

松散土类按成因可分为冲积层（Qp^3bs）和伏于其下的残积层（Q^{el}）。冲积层厚为3.43～6.3m，为黏土、粉砂质黏土、含砾亚黏土等，无砂砾石层。在其上部地表普遍分布着0.7～1.8m的耕植土，局部缺失冲积层。残积层位于冲积层下，基岩面上，厚为2.7～7.9m，岩性主要为黏土、粉质黏土、粉土及角砾土。

灰质砾岩，质纯层厚，灰砾含量为70%～80%，以钙质胶结为主。岩溶发育强烈，钻孔遇溶洞一般为3～5层，一般溶洞高几米，最高为10.98m，钻孔线溶洞率为12.52%～43.19%，由砾、砂、泥质全—

半充填。灰质砾岩溶洞顶板厚为 8.50～31.70m。钻孔透视剖面发现塌陷坑下岩溶有开口，开口长约为 15m，是由洞顶溶蚀、风化、坍塌而成，残积物与溶洞充填直接接触，主坑地质剖面图见图 3-13。

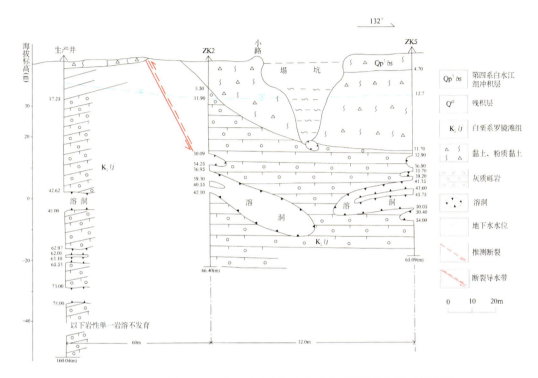

图 3-13　湘潭市响水坝变电站岩溶塌陷主坑地质剖面图

3）水动力条件

塌陷区仅有岩溶水，上部第四系为弱透水层。1971 年 9 月生产井静水位标高为 36.35m。抽取地下水使地下水流向由北西向南东转为由南东至北西。生产井抽水使塌陷坑附近水位降低，停抽回升，丰水季节变幅 4～5m，枯水季节 5～6m。自然状态和目前开采条件下，岩溶水承压。当变电站启用生产井抽水量达到 200m³/h 时，该井降深达 60 余米，岩溶水从承压变无压至疏干上部两层溶洞中地下水，由于开采井为抽抽停停频繁交替，加快了塌陷坑的发展，直至 1972 年 4 月在降雨的诱发下产生 4 个塌陷坑。高坡降和高降速反复抽水是产生潜蚀加速土洞形成、最终产生塌陷坑的主要原因。

4）形成条件

综上所述，岩溶强烈发育，多层溶洞和溶洞开口的存在是塌陷产生的有利基础条件；人工开采，改变地下水的承压性及径流方向，过量开采和停抽引发地下水位频繁的潜蚀作用，缩短了从扰动土层至土洞的时间，加快了土洞的扩大，在降水和稻田水的渗透压力与洞顶饱水降低力学强度下，便诱发了地面塌陷。

针对此次塌陷开展的室内物理模拟试验及渗透试验表明：开采承压岩溶水可导致岩溶空腔开口处土体破坏，形成土洞至塌陷，土体破坏与岩溶水位下降速度、降深有关，空腔开口处岩溶水位下降幅度达 2.0m 时土体发生破坏，此时的土层水力坡度为 19.07m，岩溶水位在基岩面附近波动，变幅达 2.5m 时在开口处可以形成坛状土洞。在岩溶水处于无压状态，无地表水入渗，覆盖层为均质结构黏土的覆盖层岩溶水很难导致塌陷的产生。显然，岩溶的发育是有利的基础条件，过量且频繁抽汲岩溶水是其主要的影响因素，雨季的降水和稻田水的入渗是其诱发的条件。

第三节 矿山地质环境问题

根据长沙、株洲、湘潭三市矿山地质环境调查评价报告显示，长株潭城市群内产生的主要矿山地质环境问题有：矿山地质灾害，包括地面变形（采空区地面塌陷、地面沉陷、岩溶塌陷）、崩塌、滑坡、泥石流；占用及破坏土地资源；影响及破坏地下水系统；矿山废水、废渣对水土环境的污染。

一、矿山地质灾害

区内 155 座矿山共发生 258 处地质灾害，其中崩塌 43 处、滑坡 45 处、岩溶塌陷 108 处、地面沉陷 35 处、地裂缝 20 处、泥石流 7 处。主要分布在宁乡市的煤炭坝—大成桥—喻家坳矿区、浏阳市澄潭江煤矿区、浏阳市文家市煤矿区、浏阳市七宝山多金属矿区、株洲攸县煤矿区、湘潭县谭家山煤矿区等地。矿山地质灾害影响范围 1 811.27 公顷（1 公顷 $=0.01 \mathrm{km}^2$），共造成 54 人伤亡，直接经济损失 9 228.6 万元。例如煤炭坝地区地质构造复杂，褶皱、断裂发育，使岩体的完整性和稳定性降低；矿区外围碳酸盐岩分布范围广且岩溶发育，断裂大多为导水断裂，连通多个含水层，在区域上形成多个地下水径流带，这些都是矿山开采的不利地质环境条件，再加上大量抽排地下水，极易发生地面塌陷等矿山地质灾害，宁乡市煤炭坝镇贺石桥塌陷平剖图见图 3-14。

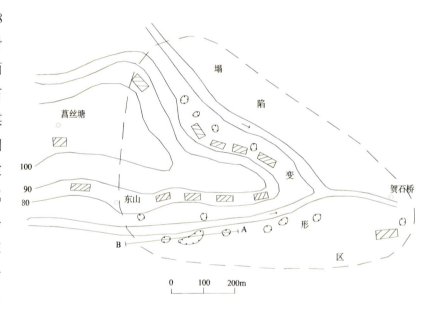

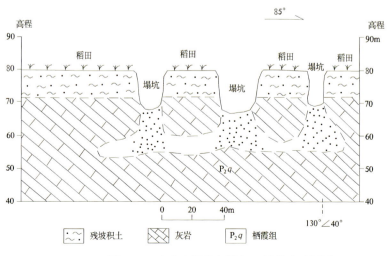

图 3-14　宁乡市煤炭坝镇贺石桥塌陷平剖图

二、占用破坏土地资源

固体废弃物的堆放既影响景观、占用和破坏土地资源，又对堆放地水资源、土石环境产生破坏和污染。区内矿业开发共占用、破坏土地总面积约为 3 707.58 公顷，其中农田 333.7 公顷、其他耕地 41.96 公顷、林地 2 838.98 公顷、其他地类 552.62 公顷（照片 3-2、照片 3-3）。主要分布在浏阳市七宝山至永和矿区、浏阳市澄潭江矿区、湘潭县谭家山煤矿区、湘潭锰矿区以及钢铁冶金企业集中区。

照片 3-2　湘潭县响林锰矿固体废料场，存量约 3 000m³，占林地面积约 1 000m²

照片 3-3　湘潭县人民煤矿①号矸石堆，占用林地 0.4 公顷

三、影响破坏地下水系统

矿业开发大规模抽排地下水，导致地下水位大幅度下降，形成大范围的降落漏斗或地下水疏干区域，破坏了地下水的平衡条件，使地下水补、径、排系统不同程度地被改变或遭受破坏，在破坏严重的矿区往往导致地下水资源枯竭，区域地下水均衡遭到破坏。部分开采深度较浅的矿山，引发地面塌陷和石裂变形，导致地表水补给地下水。

区内对地下水资源影响及破坏较重的区域主要有：宁乡市煤炭坝-大成桥-喻家坳煤矿区、浏阳市澄潭江-大瑶煤矿区、浏阳市文家市煤矿区、浏阳市七宝山多金属矿区、株洲攸县黄丰桥-桃水煤矿区、茶陵县排前铁-潞水煤矿区、湘潭县谭家山煤矿区。据《湖南省益阳市赫山区岳家桥镇地面塌陷地质灾害防治勘查报告》（2012 年）资料，煤炭坝矿区为同一水文地质单元，多年来煤炭坝矿区承担了几乎全矿区的排水工作，矿山排水最低水平为-480m，矿井排水量最大达 13 654m³/h，降落漏斗已扩大到 300km² 以上，对区域地下水均衡破坏影响程度较重。

四、水土环境污染

区域内矿山废水废渣对环境的污染主要有以下 3 种方式：①废水内含硫等酸性物质，使废水排放路径及周边区域水发生酸化；②废水中含重金属元素，对废水排放路径及周边区域水造成污染；③废渣中含有硫等酸性物质或含重金属元素，通过淋滤水污染水土环境。

有色金属矿山、硫铁矿矿坑水及选矿废水一般进行了处理，处理后排放的水对环境污染较轻，只是局部污染中等—严重，但其矿渣却是随意堆放，矿渣淋滤水对水土环境污染较重；黑色金属矿山（铁、锰、钒）的矿坑排水基本未进行处理而直接排放，对废水排放路径及周边区域水、土造成污染，其矿渣随意堆放，矿渣淋滤水对水土环境造成污染；煤矿的矿坑水基本未处理而直接排放，其矿坑水一般呈酸性且含Fe^{2+}、S^{2-}较高，但由于岩溶水的中和作用，矿坑排水中的硫含量较低，主要为悬浮物对水体、土壤的污染，对地表水体的污染较轻，其矿渣随意堆放，矿渣淋滤水对水土环境造成污染。

通过上述分析可知，矿山废水废渣污染水土环境，主要是人为因素造成的，即矿山环境保护意识差、矿业管理不到位等人为因素（照片3-4、照片3-5）。

照片 3-4 茶陵县淡子坑煤矿矿坑水排放，年排放量 $74.2 \times 10^4 m^3$

照片 3-5 湘潭锰矿小浒尾泥库，暴雨季节随降雨径流流向下游一带

第四章　专题评价

第一节　城镇应急（后备）地下水源地勘查评价

地下水应急供水水源地是指在连续干旱年份及污染事故突发、现有供水水源地出现问题的情况下，为解决城镇生产及生活用水的燃眉之急，而采取的一种非常规的、有一定开采周期的临时供水水源地。根据应急供水的分类，城市应急水源地相应地分为两种类型，即突发性应急供水水源地和后备水源地。突发应急供水水源地是为适应突发性应急供水需要的水源地，是指当应急供水事件触发后，在一定的人为干预模式下，可以在较短时间内提供相当数量水的水源地。后备水源地是指在常规供水的水平衡下，缺水程度超过一定的阈值，原来的平衡已不能适应发展需要，需建立新的平衡以维持水需求而建设的水源地。突发应急供水水源地和后备水源地既可以是不同的水源地，也可以是同一个水源地，只是在人为的干预下，取水规模和取水方案不同，即人为干预程度和方法不同。为了保证长株潭城市群的应急供水，促进长株潭城市群"两型"社会建设，非常有必要对工作区进行应急（后备）地下水源地论证与勘查评价。

一、城镇应急（后备）地下水源地分布

本次评价根据工作区各类地下水的水文地质特征、地下水资源分布情况及开采条件，初步圈定了23处应急（后备）地下水源地，其中有10处在2009年以来做过（或部分地段做过）专项勘查工作，其余为收集资料而得，这些水源地可以作为城镇供水的开采水源地或规划远景区，包括长沙地区14处、株洲地区6处、湘潭地区3处，详见表4-1和图4-1。

二、城镇应急（后备）地下水资源量与水质

（一）地下水资源量

1. 计算原则

根据计算单元水文地质条件，结合应急供水的需要，确定计算原则如下：

表 4-1 长株潭城市群应急（后备）地下水水源地含水层（岩组）特征汇总表

地区	编号	水源地名称	分布位置	面积 (km²)	含水层地层代号及岩性	地下水源地含水层埋深 (m)	含水层厚度 (m)	地下水位埋深 (m)	钻孔涌水量 (m³/d)	主要水化学类型
长沙地区	1*	鸭子铺－南郊公园	鸭子铺至南郊公园地带	65.90	Qp_3^3bs、Qp_2^2mw 砂砾石层	0.8～14.9	0.6～10.1	1.3～10.7	48.5～1584.4	HCO_3—Ca·Mg
	2*	洋湖垸	河西橘子洲街道至坪塘镇一带	31.57	Qhj、Qp_3^3bs 砂砾石层	4.8～17.8	一般 1.3～15.5 局部 19.7～27.8	1.2～9.7	18.9～86.0	HCO_3—Ca·Mg
	3*	宁乡南郊村－林家简车	宁乡市区到林家简车一片	16.66	KEb 灰质砾岩	>9	>100	4～8	一般 73～668.22 最大达 2108.2	HCO_3—Ca
	4*	花明楼－靳江村	花明楼镇南部、西部	47.97	CPH 灰岩	>12	>150	1.5～6	70～1487.8	HCO_3—Ca
	5▲	苏家托－捞湖围	长沙市北部苏家托、捞湖围一带	26.84	Qhj、Qp_3^3bs 砂砾石层	5.60～12.03	一般 1.70～7.47 最厚达 34.10	1.42～7	225.7～2333.1	HCO_3—Ca·Mg
	6▲	朋坎－竹根坝	果园乡、回龙乡、望新乡一带	38.98	Qp_3^3bs 砂砾石层	4.0～6.5	1.90～5.34	0.73～5.6	阶地前缘 260～370 阶地后缘 6～100.7	HCO_3—Ca·Mg
	7▲	乔口－靖港－双江口	望城区乔口镇至靖港镇	132.64	K_1l、K_2sh、K_2lj 砂砾岩	4.1～10	>140		111.96～701.81	HCO_3—Ca·Mg
					潜水 Qhj、Qp_3^3bs 砂砾石层	2.5～11	11.5～25.3	0.5～12	276.8～1693.7	HCO_3—Ca·Mg
	8	铜官	铜官镇至东城镇	133.78	承压水 Qp^1m 砂砾石层	19.2～34.68	16.95～66.65	1.22～5.09	537.5～1538.6	HCO_3—Ca·Mg
	9	望城－三汊矶	望城至三汊矶一带	74.17	Qp_3^2b、Qp_3^2x、Qp_3^2b 砂砾石层	7.65～12.38	一般 17～27.6 局部 56.09	11.43～23.45	50～882	HCO_3—Ca·Mg·Na
	10	坪塘矿区	横跨望城区及湘潭县、与湘潭锰矿毗邻	25.24	P_2m 灰岩	<250	5.95～11.25 最厚 40.56	1.2～11.05	101.0～1000	HCO_3—Ca
	11	马坡岭	西起东屯渡、东至㮾梨镇	28.37	Qp_3^3bs、Qp_2^2mw 砂砾石层	6.0～11.6	200～250	2.2～11.4	8880	HCO_3—Ca·Mg
	12	高塘－曙光	以高塘乡为中心地带	58.79	Qp_3^3bs 砂砾石层	4～9	1～3	1～4.5	252～1000	HCO_3—Ca·Mg
	13	田心桥	长沙市东南部，距暮云镇 5km	20.03	CPH、P_2q、P_2m、D_4q、D_2v 灰岩	埋藏型 <200 部分为裸露－覆盖型	2～3		91.58～993.5	HCO_3—Ca·Mg
	14	大托铺	长沙市南郊大托铺一带	33.70	Qp_3^3bs、Qp_2^2mw 砂砾石层	4.75～8.24	5.90～9.35	2～43	91.9～1214	HCO_3—Ca·Mg
								3～9.6	276.0～571.2	HCO_3—Ca·Mg

续表 4-1

地区	编号	水源地名称	分布位置	面积（km²）	含水层地层代号及岩性	含水层埋深（m）	含水层厚度（m）	地下水位埋深（m）	钻孔涌水量（m³/d）	主要水化学类型
株洲地区	15▲	泉水窟－罗正坝－中路铺	株洲市西南部，呈条带状分布	89.47	C_1z、CPH、P_2q 灰岩和 K_2lj 灰质砾岩	埋藏型一般>200；裸露-覆盖型 4~8	38.58~247.88	0.80~17.38	496.54~2 352.7	$HCO_3-Ca·Mg$
株洲地区	16▲	雷打石－坝湾－金牌村	天元区南部湘江西岸的雷打石镇、三门镇一带	46.44	C_1z、CPH、P_2q 灰岩和 K_2lj 灰质砾岩	埋藏型一般<200；裸露-覆盖型 10~20	35.0~212.39	0.85~9.68	204.77~2 095.2	$HCO_3-Ca·Mg$
株洲地区	17	龙头铺－白石港	株洲市北区龙头铺一带	20.23	CPH、D_3ql、D_3q 灰岩和 K_2lj 灰质砾岩			2~14	一般 194.4~649.7最大达 1 125.8	$HCO_3-Ca·Mg$
株洲地区	18	张家园	河西开发区湘江沿岸	8.15	Qp_2^2mw 砂砾石层	7.09~9.05	7.16~8.3	7.09~8.2	124~887	$HCO_3-Ca·Mg$
株洲地区	19	董家段－湾塘	株洲市芦淞区南部	7.87	C_1z、CPH、P_2q 灰岩和 K_2lj 灰质砾岩	9.42~172.11	35.74~1 504.66	0.50~10.74	279.85~1 540.51最大达 3 076	$HCO_3-Ca·Mg$
株洲地区	20	渌口－泉塘坪－东保山	渌口镇及以南一带	57.29	C_1z、CPH、P_2q 灰岩和 K_2lj 灰质砾岩	埋藏型<100小面积为覆盖型	42.57~121.59	11.30~43.51	166~1 320	$HCO_3-Ca·Mg$
湘潭地区	21▲	湘潭市河西	河西老城区及九华新城一带	136.19	K_2lj 灰质砾岩	9.65~385.3一般 15~80	156.9~392.64	一般 0.5~28.9局部 43~60	641.8~2 615.4最大达 4 804.96	HCO_3-Ca
湘潭地区	22	荷塘－岳塘	河东岳塘至下摄司一带	52.29	Qp_3^3bs、Qp_2^2mw、Qp_2^1b、Qp_2^1x 砂砾石层	6.30~14.05	4.0~10	5.5~13.82	224.5~766.2	HCO_3-Ca
湘潭地区	23	双板桥－古塘桥－白水村	湘潭县河口镇至射埠镇一带	47.70	K_2lj 灰质砾岩	24.15~80.91	40.26~143.35	0.93~24.15	86.4~737.1	HCO_3-Ca

注：标注"*"的水源地做过专项勘查工作，标注"▲"的水源地部分地段做过专项勘查工作，其余为收集资料而得。

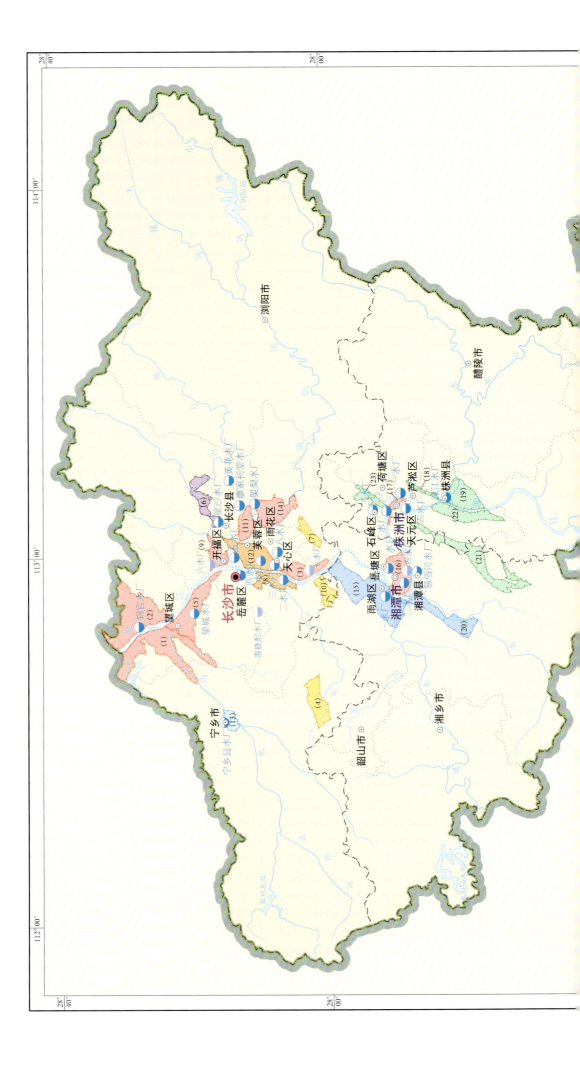

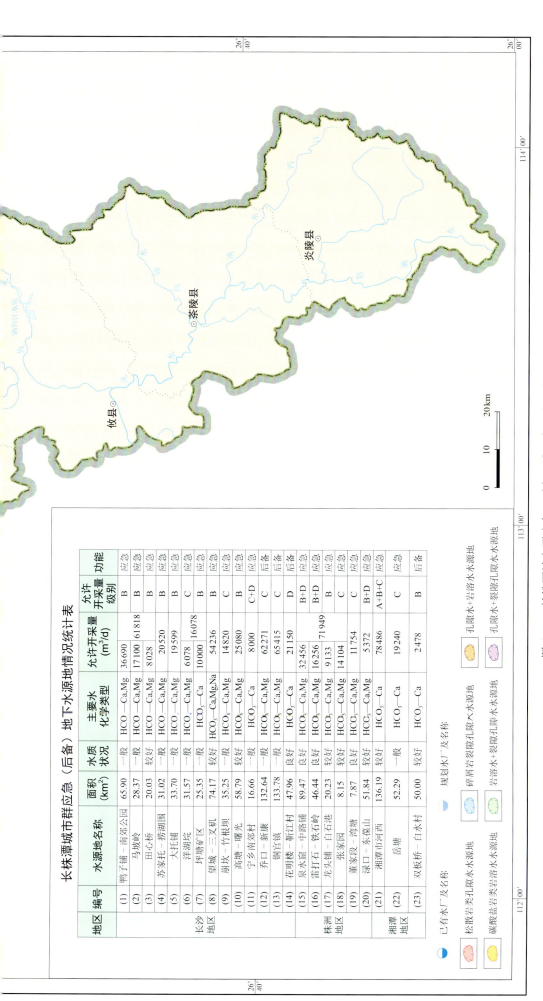

图 4-1　长株潭城市群应急（后备）地下水源地分布图

（1）本次评价以浅层地下水资源为主要对象，并计算其补给资源量 $Q_{补}$（m³/d）和允许开采资源量 $Q_{开}$（m³/d），储水条件较好的计算储存资源量 $Q_{储}$（×10⁴m³）。

（2）限于资料精度情况，各资源量计算的是多年平均值，暂不考虑平枯水年枯水期等因素。

（3）补给资源量主要计算大气降水入渗补给量 $Q_{降}$（m³/d），松散岩类孔隙水和碎屑岩类孔隙裂隙溶洞水临河区段额外计算开采增补量 $Q_{增}$（m³/d）。

（4）对含水相对均一、富水性较好的孔隙水分布区（段），采用平均布井法拟布钻孔计算开采资源，其余计算区（段）则按现有钻孔、生产井和泉水（单井涌水量、泉水流量大于或等于10m³/d）的可开采量统计开采资源。

（5）地下水的储存量计算的是容积储存资源量，按平水年水位计算。

（6）对不具供水意义的松散岩类孔隙水含水层及范围狭小分布零散的其他含水层，按相邻含水层的参数计算地下水资源。

2. 计算方法与参数

$Q_{降}$采用降水入渗系数法计算：

$$Q_{降}=1\,000\times\alpha\times F\times P \tag{4-1}$$

式中，α 为降水入渗系数；F 为含水层面积（km²）；P 为多年平均日降水量（mm）。

$Q_{增}$采用水动力学法按稳定平面流公式，在计算中，把开采区的动水位看成水平集水建筑物的水位，把河水位作为初始水位：

$$Q_{增}=K\times B\times N\times(H-h)/d \tag{4-2}$$

式中，K 为渗透系数（m/d）；B 为补给带宽度（m）；N 为补给带厚度（m）；H 为河水位标高（m）；h 为动水位标高（m）；d 为开采井到河岸的距离（m）。

含水相均一地区 $Q_{开}$ 采用平均布井法计算：

$$Q_{开}=Q_d\times n, \quad n=1\,000\,000\times F/4R^2 \tag{4-3}$$

式中，Q_d 为单井出水量（m³/d），统计区内所有收集调查的钻孔单井出水量的平均值；F 为计算区的面积（km²）；R 为单井的引用影响半径（m），根据未来生产井的影响半径的平均值乘以校正系数及安全系数而得；n 为拟布开采井个数。

其余地区采用已布钻孔 $Q_{钻}$（m³/d）和泉水 $Q_{泉}$（m³/d）可开采量（单井涌水量、泉水流量大于或等于10m³/d）的累加值，即：

$$Q_{开}=Q_{钻}+Q_{泉} \tag{4-4}$$

式中，$Q_{钻}$ 采用地下水动力学法或试验推断法进行外推而得；$Q_{泉}$ 采用泉水的可开采量、泉水的实际流量乘以年流量变换系数。

$Q_{储}$ 计算的是容积储存资源量：

$$Q_{储}=100\times\mu\times M\times S\,(\times10^4\text{m}^3) \tag{4-5}$$

式中，μ 为含水层的给水度，松散岩类孔隙水含水层采用经验公式 $\mu=0.117K^{1/7}$，K 为渗透系数，碳酸盐岩类裂隙溶洞水含水层采用钻孔直线岩溶率统计值代替给水度（考虑溶洞充填程度和充填物性质）；M 为含水层厚度（m），自含水层底板到枯季水位的水头高度；S 为含水层面积（km²）。

计算结果详见表4-2，长株潭地区23处地下水源地总的补给量为95.67×10⁴m³/d，总的储存量为

$27.84×10^4m^3$,总的允许开采量为 $55.79×10^4m^3/d$,其中 A 级允许开采量为 $1.29×10^4m^3/d$;B 级允许开采量为 $27.10×10^4m^3/d$;C 级允许开采量为 $22.90×10^4m^3/d$;D 级允许开采量为 $4.50×10^4m^3/d$。

做过(或部分地段做过)专项勘查工作的 10 处地下水源地的累计补给量为 $48.05×10^4m^3/d$,累计储存量为 $12.66×10^4m^3$,累计允许开采量为 $29.71×10^4m^3/d$,其中 A 级允许开采量为 $1.29×10^4m^3/d$;B 级允许开采量为 $12.34×10^4m^3/d$;C 级允许开采量为 $11.85×10^4m^3/d$;D 级允许开采量为 $4.22×10^4m^3/d$。

表 4-2 长株潭城市群地下水源地资源量统计表

序号	水源地名称	面积(km^2)	补给总量(m^3/d)	允许开采总量(m^3/d)					储存总量($×10^4m^3$)
				A 级	B 级	C 级	D 级	小计	
1	鸭子铺-南郊公园	65.90	51 692		36 690			36 690	7 885
2	洋湖垸	31.57	36 582			6 078		6 078	
3	宁乡南郊村-林家简车	16.66	13 924			3 419	4 581	8 000	
4	花明楼-靳江村	47.97	38 482				21 150	21 150	
5	苏家托-捞湖围	26.84	28 173		17 670			17 670	12 919
6	崩坎-竹根坝	38.98	27 678			18 066		18 066	4 962
7	乔口-靖港-新康	132.64	118 978			62 271		62 271	42 437
8	泉水窟-罗正坝-中路铺	89.47	46 711		18 700	13 756		32 456	9 328
9	雷打石-坝湾-金牌村	46.44	24 248		13 500		2 756	16 256	3 945
10	湘潭市河西	136.19	94 025	12 947	36 858	28 681		78 486	45 106
做过专项工作的水源地合计		632.66	480 493	12 947	123 418	118 515	42 243	297 123	126 581
11	铜官	133.78	83 479			65 415		65 415	84 766
12	望城-三叉矶	74.17	73 225		54 236			54 236	17 919
13	坪塘矿区	25.24	11 812		9 280			9 280	
14	马坡岭	28.37	27 539		17 100			17 100	1 465
15	高塘至曙光	58.79	32 099		25 080			25 080	6 550
16	田心桥	20.03	14 061		8 028			8 028	10 320
17	大托铺	33.70	34 570		19 599			19 599	5 211
18	龙头铺-白石港	20.23	12 077		9 133			9 133	11 035
19	张家园	8.15	30 444			14 104		14 104	968
20	董家塅-湾塘	7.87	12 216			11 754		11 754	1 271
21	渌口-泉塘坪-东葆山	57.29	82 085		2 630		2 742	5 372	3 437
22	岳塘	52.29	39 831			19 240		19 240	4 936
23	双板桥-古塘桥-白水村	50.00	22 740		2 478			2 478	3 902
收集资料的水源地合计		569.91	476 178		147 564	110 513	2 742	260 819	151 780
长株潭水源地总计		1 202.57	956 671	12 947	270 982	229 028	44 985	557 942	278 361

（二）地下水质量

根据本次调查成果及收集资料，针对各水源地范围内浅层地下水的水质情况进行了初步评价，采用取样测试结果（共 2 000 余处取样点）与《地下水质量标准（GB/T 1484—93）》中Ⅲ类水的标准值进行比较，超过限值即为污染点。

长株潭地区的 23 处水源地当中，共有 12 处利用的是浅层第四系孔隙水，包括鸭子铺 - 南郊公园、洋湖垸、龙头铺 - 白石港等水源地，这些地区总体水质较好，仅局部地区存在"三氮"点状污染，建议各水源地在开发利用前采取相关的检测处理措施；其他 11 块水源地主要利用的是深层岩溶水、裂隙孔隙水等，水质良好。

三、城镇应急（后备）供水方案建议

综合考虑地理位置、人口规模及开发利用条件等因素，建议将铜官水源地、乔口 - 靖港 - 新康水源地、花明楼 - 靳江村水源地及双板桥 - 古塘桥 - 白水村水源地作为后备水源地，其余 19 处水源地主要作为应急水源地使用。

1. 应急地下水源地供水方案建议

首先根据 2020 年的长沙、株洲、湘潭三市的"城市总体规划"，针对未来各市中心城区的人口规模及需水量进行预测，然后基于长株潭城市群已有的自来水厂及供水管网的覆盖范围，按就近原则初步规划 19 处地下水水源地的目标自来水厂，从而实现地表水与地下水的联合调度，保障城区的供水安全。

应急用水并非常规生活用水，主要是为了保障居民的最低饮用水配额，参考《上海城市地质》（魏子新等，2010），应急时期供水方案取 20L/人·d 和 50L/人·d 的标准分别进行讨论。

1）20L/人·d 的应急标准下的供水方案

该标准下，长沙地区 11 处水源地总计允许开采量为 220 151m³/d，可应急 1 100.8 万人口；株洲地区 6 处水源地总计允许开采量为 89 075m³/d，可应急 445.4 万人口；湘潭地区 2 处水源地总计允许开采量为 97 726m³/d，可应急 488.6 万人口。绝大多数水源地（或组合）的允许开采量都能满足长株潭各市中心城区 2020 年规划人口的应急用水要求，可借助各个自来水厂发挥作用。

2）50L/人·d 的应急标准下的供水方案

该标准下，长沙地区11处水源地总计可应急440.3万人口；株洲地区6处水源地总计可应急178.2万人口；湘潭地区2处水源地总计可应急195.5万人口。针对各区2020年规划人口的应急用水要求，通过各个水源地之间调配使用，株洲市和湘潭市中心城区的应急供水需求均能够得到保证；长沙市望城城区、长沙县地区（星沙镇、黄花镇、榔梨镇等地）也能满足需求；芙蓉区、雨花区、天心区、岳麓区及宁乡市城区均只能满足部分人口的应急需求。

考虑到水资源危机事件不会大规模同时发生，且长株潭三市中心城区各自来水厂均已连接成网，建议各个水源之间相互配合使用，通过各自来水厂的供水管网应急供水，仍在一定程度能保证各市中心城区的供水安全。

具体供水方案详建议见表 4-3、表 4-4。

表 4-3　长株潭地下水源地 20L/人·d 的应急标准下的供水方案建议

地区	序号	水源地名称	允许开采量(m³/d)	应急区域	2020年规划人口(万人)	规划人口需水量(m³/d) 20L/人·天标准	建议开采量(m³/d)	开采百分比(%)	给合自来水厂	备注
长沙地区	1	鸭子铺－南郊公园	36 690	芙蓉区、雨花区	183	36 600	22 000	59.96	长沙市一水厂、三水厂、八水厂	
	2	马坡岭	17 100				10 000	58.48		
	3	田心桥	8 028				4 600	57.30		
	4	苏家托－捞湖围	17 670	开福区	83	16 600	0	0	长沙市五水厂、六水厂（规划）	五水厂的水源地是株树桥水库，湘江作为第二水源。株树桥水库基本不会同时出现水资源危机，湘江。一般情况下，苏家托水源地可以支援开福区地区；特殊情况下应急开福区
	5	大托铺	19 599	天心区	87	17 400	17 400	88.78	长沙市三水厂、八水厂、七水厂（规划）	
	6	洋湖垸	6 078	岳麓区	125	25 000	6 078	100.00	长沙市二水厂、四水厂	水量不够，缺口 9 642m³/d，可以从望城－三叉矶水源地调水 9 642m³/d
	7	坪塘矿区	9 280				9 280	100.00		
	8	望城－三叉矶	54 236	望城城区	80	16 000	25 642	47.28	望城区自来水公司	本区供水 16 000m³/d，支援岳麓区 9 642m³/d
	9	崩坎－竹根坝	16 530	星沙镇、果园镇、春华镇、黄花镇	51	10 200	10 200	61.71	星沙供水工程公司	
	10	高塘－曙光	25 080	㮾梨镇、黄兴镇、干杉乡	20	4 000	4 000	15.95	长沙㮾梨自来水有限公司廖家祠堂水厂	水量较丰富，可以支援长沙县其他地区
	11	宁乡南郊村－林家简车	8 000	宁乡城区	70	14 000	8 000	100.00	宁乡市自来水公司	水量不够，建议在周边邻近地区寻求新的应急地下水源地
	合计		218 291		699	139 800	117 200	53.69		

续表 4-3

地区	序号	水源地名称	允许开采量 (m³/d)	应急区域	2020年规划人口（万人）	规划人口需水量 (m³/d) 20L/人·天标准	建议开采量 (m³/d)	开采百分比 (%)	结合自来水厂	备注
株洲地区	12	泉水壋-罗正坝-中路铺	32 456				16 700	51.45		
	13	雷打石-坝湾-铁石岭	16 256	荷塘区、石峰区、天元区	121	24 200	0	0	株洲市二水厂、三水厂、四水厂	距市区稍远，水量充足情况下暂不考虑
	14	龙头铺-白石港	9 133				7 500	82.12		
	15	张家园	14 104				0	0		水量充足情况下，暂不考虑开采第四系孔隙水
	16	董家塅-湾塘	11 754	芦淞区	29	5 800	5 800	49.34	株洲市一水厂	
	17	渌口-泉塘坪-东葆山	5 372	株洲县城（规划渌口区）	20	4 000	4 000	74.46	株洲县渌江水厂	
		合计	89 075		170	34 000	34 000	38.17		
湘潭地区	18	湘潭市河西	78 486	雨湖区、九华新城、湘潭县城	137	27 400	27 400	34.91	湘潭市一水厂、易俗河水厂	
	19	荷塘-岳塘	19 240	岳塘区	44	8 800	8 800	45.74	湘潭市二水厂、三水厂、四水厂（规划）	
		合计	97 726		181	36 200	36 200	37.04		

表 4-4 长株潭地下水源地 50L/人·天的应急标准下的供水方案建议

地区	序号	水源地名称	允许开采量 (m³/d)	应急区域	2020年规划人口 (万人)	需水量 (m³/d) 50L/人·天标准	建议开采量 (m³/d)	开采百分比 (%)	结合自来水厂	备注
长沙地区	1	鸭子铺－南郊公园	36 690	芙蓉区、雨花区	183	91 500	36 690	100.00	长沙市一水厂、三水厂、八水厂	水量不够，缺口 29 682m³/d，可以从苏家托－捞湖围水源地调水 20 520m³/d
	2	马坡岭	17 100				17 100	100.00		
	3	田心桥	8 028				8 028	100.00		
	4	苏家托－捞湖围	17 670	开福区	83	41 500	17 670	100.00	长沙市五水厂、六水厂（规划）	五水厂的水源地目前是株树桥水库，湘江、株树桥水资源基本不会同时出现危机，本区可开采量全部支援芙蓉区、雨花区
	5	大托铺	19 599	天心区	87	43 500	19 599	100.00	长沙市三水厂、八水厂、七水厂（规划）	水量不够，缺口 23 901m³/d
	6	洋湖垸	6 078	岳麓区	125	62 500	6 078	100.00	长沙市二水厂、四水厂	水量不够，缺口 47 142m³/d，可以从望城－三叉矶水源地调水 14 236m³/d
	7	坪塘矿区	9 280				9 280	100.00		
	8	望城－三叉矶	54 236	望城城区	80	40 000	54 236	100.00	望城区自来水公司	本区供水 40 000m³/d，支援岳麓区 14 236m³/d
	9	崩坎－竹根坝	16 530	星沙镇、果园镇、春华镇、黄花镇	51	25 500	16 530	100.00	星沙供水工程公司	水量不够，缺口 8 970m³/d，高塘－曙光水源地调水 8 970m³/d
	10	高塘－曙光	25 080	暮云镇、黄兴镇、干杉乡	20	10 000	18 970	75.64	长沙㮾梨自来水有限公司廖家祠堂水厂	本区供水 10 000m³/d，支援星沙镇、黄花镇等地 8 970m³/d
	11	宁乡南郊村－林家筒车	8 000	宁乡城区	70	35 000	8 000	100.00	宁乡市自来水公司	水量不够，缺口 27 000m³/d，建议在周边邻近地寻求新的应急地下水源地
	合计		218 291		699	349 500	212 181	97.20		

续表 4-4

地区	序号	水源地名称	允许开采量 (m³/d)	应急区域	2020年规划人口 (万人)	规划人口需水量 (m³/d) 50L/人·天标准	建议开采量 (m³/d)	开采百分比 (%)	结合自来水厂	备注
株洲地区	12	泉水垅-罗正坝-中路铺	32 456				32 456	100.00		
	13	雷打石-坝湾-铁石岭	16 256	荷塘区、石峰区、天元区	121	60 500	16 256	100.00	株洲市二水厂、三水厂、四水厂	支援株洲县县城（规划渌口区）4 628m³/d
	14	龙头铺-白石港	9 133				9 133	100.00		
	15	张家园	14 104				10 029	71.11		支援芦淞区 2 746m³/d
	16	董家段-湾塘	11 754	芦淞区	29	14 500	11 754	100.00	株洲市一水厂	水量不够，缺口 2 746m³/d，从张家园水源地调水 2 746m³/d
	17	渌口-泉塘坪-东荣山	5 372	株洲县城（规划渌口区）	20	10 000	5 372	100.00	株洲县渌江水厂	水量不够，缺口 4 628m³/d，从雷打石水源地调水 4 628m³/d
		合计	89 075		170	85 000	85 000	95.43		
湘潭地区	18	湘潭市河西	78 486	雨湖区、九华新城、湘潭县城区	137	68 500	71 260	90.79	湘潭市一水厂、易俗河水厂	本区供水 68 500m³/d，支援岳塘区 2 760m³/d
	19	荷塘-岳塘	19 240	岳塘区	44	22 000	19 240	100.00	湘潭市二水厂、三水厂、四水厂（规划）	水量不够，缺口 2 760m³/d，可以从湘潭市河西水源地调水 2 760m³/d
		合计	97 726		181	90 500	90 500	92.61		

2．后备地下水源地开采建议

1）铜官水源地

铜官水源地位于铜官镇、东城镇及茶亭镇一带，三镇2013年人口约为10万人，按《城镇生活用水定额》中规定的乡镇级别的150L/人·d的标准计算需水量，仅为$1.5\times10^4m^3/d$；预测2020年人口不会超过14万人，需水量也仅为$2.1\times10^4m^3/d$。铜官水源地水量丰富，可开采量达54 236m^3/d；水质总体上较好，个别取样点NO_2^-、Fe及Mn含量超标；能够满足约36.2万人口的生活用水需求。

2）乔口-靖港-新康水源地

乔口-靖港-新康水源地位于乔口镇、靖港镇、新康乡及双江口镇一带，四镇2013年人口约为18.4万人，按150L/人·d的标准计算需水量，仅为$2.76\times10^4m^3/d$；预测2020年人口不会超过25.8万人，需水量为$3.87\times10^4m^3/d$。

该水源地水量丰富，可开采量达62 271m^3/d；水质总体上较好，个别水点Fe、Mn含量超标；能够满足约41.5万人口的生活用水需求。

3）花明楼-靳江村水源地

花明楼-靳江村水源地位于花明楼镇南部、西部，毗邻东湖塘镇、大屯营乡，三乡镇2013年人口约为14.1万人，按150L/人·d的标准计算需水量，为$2.1\times10^4m^3/d$；预测2020年人口不会超过28.2万人，需水量为$4.23\times10^4m^3/d$。

该水源地水量较丰富，可开采量达21 150m^3/d；水质良好，个别取样点细菌略微超标，经消毒处理即可饮用，能够满足约14.1万人口的生活用水需求。

4）双板桥-古塘桥-白水村水源地

双板桥-古塘桥-白水村水源地处于河口镇双板桥、古塘桥一带。河口镇2013年人口约为4.6万人，按150L/人·d的标准计算需水量，为6 900m^3/d；预测2020年人口不会超过5.75万人，需水量为8 625m^3/d。

该水源地含水层为白垩系罗镜滩组灰质砾岩，开采条件良好，水质总体上较好，个别取样点NO_2^-、Fe及Mn含量超标，目前探明的可开采量为2 478m^3/d，能够满足约1.7万人口的生活用水需求。

第二节　城市垃圾处理场适宜性评价

一、评价因子的确定

根据垃圾填埋场现状分布情况，确定城市垃圾处理场适宜性主要受地质环境条件、垃圾处理场自身条件、环境保护条件、经济条件和场地条件等因素制约，构建如图4-2所示的递阶层次结构，共分为目标层A、制约因素层B、制约子因素层C三层。

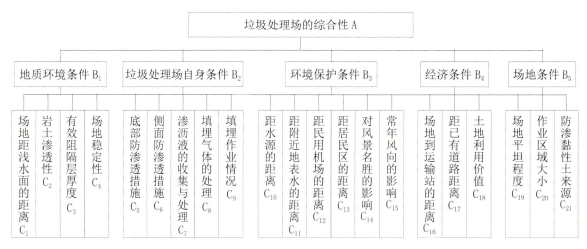

图 4-2 长株潭城市垃圾填埋场适宜性评价递阶层次结构图

二、数学模型和评价标准

城市垃圾处理场地层次分析的综合判定采用百分制，其数学模型见公式（4-6）。Z 为场地适宜性等级最终得分。

$$Z = 100\sum_{i=1}^{n} z_i \tag{4-6}$$

根据目前相关研究成果和先进城市的成功实践经验，长株潭城市垃圾处理场适宜性分级标准见表4-5。

表4-5 城市垃圾处理场适宜性分级标准

等级	适宜场区	较适宜场区	基本适宜场区	适宜性差场区
分值（Z）	80～100	70～80	50～70	＜50

三、城市现有垃圾处理场适宜性评价

首先分别对本次调查的长沙固体废弃物处理场（已填①）、宁乡市城市固体废弃物处理场（已填②）、长沙县固体废弃物处理场（已填③）、浏阳市城市生活垃圾无害化处理场（已填④）、浏阳市太平桥垃圾填埋场（已填⑤）、湘潭市双马垃圾卫生填埋场（已填⑥）、韶山市笑天狮生活垃圾填埋场（已填⑦）、株洲市垃圾处理场（已填⑧）、湘乡市泉湖生活垃圾处理场（已填⑨）、醴陵市生活垃圾无害化垃圾处理场（已填⑩）、攸县生活垃圾无害化垃圾处理场（已填⑪）、茶陵县城市生活垃圾无害化垃圾处理场（已填⑫）12座垃圾场作地质环境适宜性评价，采用层次分析法得出各垃圾场地质环境适宜性见表4-6。

根据长沙市城市总体规划（2003—2020）（2014年修订）、株洲市城市总体规划（2006—2020）（2012年修订）及湘潭市城市总体规划（2010—2020）相关城市环卫工程规划，长沙市主要规划的3座综合垃圾处理厂均为原垃圾填埋场改造成垃圾焚烧发电厂；株洲市主要规划8座垃圾填埋场，其中南郊垃圾处理场属于扩容，3座已建成，其他4座属于规划或在建；湘潭市主要规划为垃圾焚烧发电厂、餐厨垃圾处理中心、医疗垃圾处理中心，韶山笑天狮及湘乡泉湖等垃圾场均为扩容，无新建垃圾填埋场规划。现就株洲市 4 座规划或在建垃圾处理场选址作地质环境适宜性评价。4 座规划或在建垃圾处理场分别为攸县网岭垃圾处理场（以下称规填①）、茶陵县八团乡垃圾处理场（以下称规填②）、茶陵浣溪垃圾处理场（以下称规填③）及炎陵县回垄仙垃圾处理场（以下称规填④）。亦采用层次分析法得出各垃圾场场址地质环境适宜性见表 4-7 和图 4-3。

表 4-6　长株潭城市群垃圾填埋场适宜性综合评价结果

场地	已填①	已填②	已填③	已填④	已填⑤	已填⑥
分值	82.57	77.54	77.80	70.89	68.34	61.07
评价结果	适宜	较适宜	较适宜	较适宜	基本适宜	基本适宜
场地	已填⑦	已填⑧	已填⑨	已填⑩	已填⑪	已填⑫
分值	54.95	63.18	86.71	79.91	84.16	80.88
评价结果	基本适宜	基本适宜	适宜	较适宜	适宜	适宜

表 4-7　长株潭城市群规划及在建垃圾填埋场适宜性综合评价结果

场地	规填①	规填②	规填③	规填④
分值	75.49	83.94	80.11	87.1
评价结果	较适宜	适宜	适宜	适宜

综上评价结果，4 座垃圾填埋场场址地质环境适宜性均在较适宜及以上等级，可作为规划填埋场地，建设过程中注意在防渗措施、渗滤液处理、分层作业等方面进行完善，以达到垃圾填埋场对地质环境最小限度的影响。

第三节　地下空间开发利用地质环境适宜性评价

长株潭城市群核心区地下空间开发利用开始于 20 世纪五六十年代的人防工程建设。改革开放后，一大批平战结合的地下空间得到开发利用。经过多年的开发与建设，城市地下空间发展取得了较大的成就。目前主城区已经形成了以人防工程为主体的地下空间体系，而非人防的地下空间开发利用还尚显滞后，难以适应城市发展的需要。

从分布来看，长株潭城市群核心区地下空间主要分布在长沙、株洲、湘潭的建成区，从城市地下空间利用功能形式来看，长株潭城市群核心区主要有地下交通、地下市政设施、地下仓储以及地下公共空间等地下空间设施。

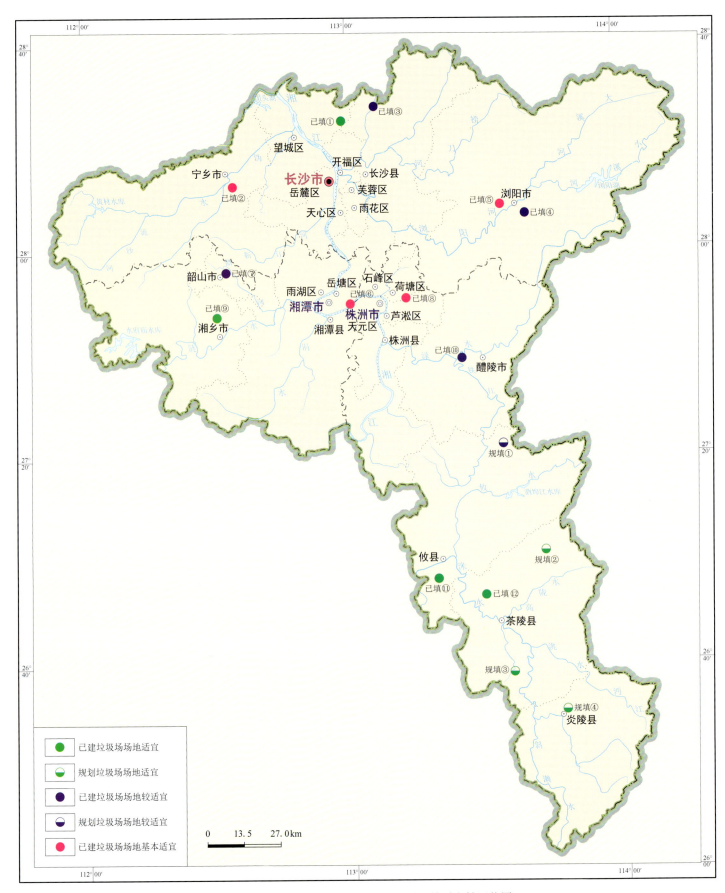

图 4-3 长株潭城市群垃圾填埋场地质环境适宜性评价图

一、评价原则

地下空间地质环境适宜性评价是根据地质背景条件、地质环境质量差异及其变化趋势，以合理开发利用地下空间，保证地下空间开发利用的科学性、安全性、可持续性为目的，按照一定的评价标准和评价方法对特定区域内地质环境适宜程度进行分区评价，以此为依据，对地下空间开发建设的深度和强度进行科学的规划，为城市地下空间开发带来最佳收益和最小的损失。

（1）分区分层次评价原则。根据目前掌握的地质资料的精度和评价结果的实用性，将研究区地下空间开发利用适宜性划分为4类，即适应性好区（Ⅰ）、适宜性较好区（Ⅱ）、适宜性较差区（Ⅲ）、适宜性差区（Ⅳ）4级；根据长株潭城市群核心区地下空间利用现状资料，对研究区地下0～60m范围进行评价，并分0～15m、15～40m、40～60m三个层次分别评价。

（2）根据长株潭城市群核心区地质环境对地下空间开发的影响因素，建立评价体系，确定评价指标。

（3）采用定性分析评价与定量预测相结合的原则。定性分析评价是以研究区地质背景条件为基础，依据影响地下空间利用环境地质质量因素，对地下空间质量作出直观、初步的预测；定量预测是基于模糊数学理论，采用层次分析方法（AHPy法），对地质环境质量优劣参数值进行计算，进而获得对地下空间地质环境质量优劣预测结果。将定性评价和定量预测结果相结合，对地下空间地质环境质量进行全面合理的分区评价。

（4）本次评价不考虑社会经济因素。

二、评价方法

本书首先筛选地质环境的影响指标体系，在采用层次分析法确定各指标因素权重的基础上，再运用综合指数模型，综合考虑各因素对地下空间开发适宜性的影响，从而获得一个定量的综合评判结果。

1. 目标层的确定

目标层（R）为长株潭核心区城市群地下空间开发利用地质环境适宜性的结果，根据精度和实用性，将适宜性划分为4类，即适应性好区（Ⅰ）、适宜性较好区（Ⅱ）、适宜性较差区（Ⅲ）、适宜性差区（Ⅳ）4类。

2. 评价指标的构建

根据长株潭核心区城市群基础地质、工程地质、水文地质及环境地质相关资料，对研究区的地质环境基本特征进行了全面分析研究，认为长株潭核心区城市群地下空间开发利用地质环境适宜性的优劣主要取决于地形地貌、地质构造、工程地质、水文地质及不良地质作用5个方面。

地形地貌选取了地形坡度作为评价因子；地质构造选取了断裂密度和断裂活动性作为影响地下空间开发利用适宜性的评价因子；工程地质条件主要为岩土体类型和强度；水文地质方面选取了地下水埋深、含水层富水性特征、承压水顶板埋深、承压水水头压力、地下水的腐蚀性5个评价指标；区内不良地质作用主要为岩溶和流砂。

将以上13个地质环境对地下空间开发利用的影响因素作为评价指标，建立了长株潭城市群核心区地下空间开发利用地质环境适宜性综合评价指标体系和分级标准，如图4-4及表4-8至表4-10所示。

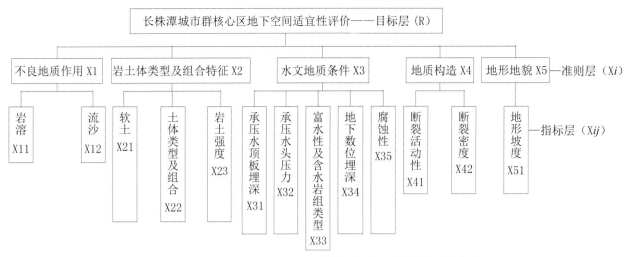

图 4-4 长株潭城市群核心区地下空间开发利用地质环境适宜性评价体系

表 4-8 长株潭城市群核心区 0～15m 地下空间开发利用地质环境适宜性评价指标体系及分级标准

准则层	指标层	适宜性好	适宜性较好	适宜性较差	适宜性差
不良地质作用	岩溶	无	弱	中	强
	流砂	无			有
岩土体类型及组合	软土厚度	无	0～2m	2～4m	>4m
	土体类型	漂石、Qp^2b	Qp^2mw、Qp^2x、Qp^1d 双层—多层结构砂砾石、网纹黏土、陆相碎屑岩砾岩残积土、花岗岩风化残积土	Qhj、Qp^3bs 单层—多层结构黏土、粉土、砂砾为主	可溶盐岩红黏土，陆相碎屑岩砂岩、泥岩残积土
	岩体强度	I	II	III	
水文地质条件	富水性及含水岩组类型	基岩裂隙水贫乏	（碳酸盐岩类裂隙溶洞水、碎屑岩孔隙裂隙溶洞水、松散岩类孔隙水）贫乏，基岩裂隙水中等	（碳酸盐岩类裂隙溶洞水、碎屑岩孔隙裂隙溶洞水、松散岩类孔隙水）中等，基岩裂隙水丰富	（碳酸盐岩类裂隙溶洞水、碎屑岩孔隙裂隙溶洞水、松散岩类孔隙水）丰富
	地下水埋深	>15m	10～15m	5～10m	<5m
	承压水层顶板埋深	>15m	10～15m	5～10m	<5m
	承压水层水头差	0～2m	2～4m	4～8m	<8m
	腐蚀性	无	弱		强

续表 4-8

准则层	指标层	适宜性好	适宜性较好	适宜性较差	适宜性差
地质构造	活动断裂	无			有
	断裂密度	0～1条/km²	2～3条/km²	4条/km²	≥5条/km²
地形地貌	坡度	<8%	8%～25%	25%～60%	>60%
赋值		1	3	6.5	8.5

表 4-9 长株潭城市群核心区 15～40m 地下空间开发利用地质环境适宜性评价指标体系及分级标准

准则层	指标层	适宜性好	适宜性较好	适宜性较差	适宜性差
不良地质作用	岩溶	无	弱	中	强
岩土体类型及组合	土体类型	漂石、Qp^2b	Qp^2mw、Qp^2x、Qp^1d 双层－多层结构砂砾石、网纹黏土，陆相碎屑岩砾岩残积土、花岗岩风化残积土	Qhj、Qp^3bs 单层－多层结构黏土、粉土、砂砾为主	可溶盐岩红黏土，陆相碎屑岩砂岩、泥岩残积土
	岩体强度	I	II	III	
水文地质条件	富水性及含水岩组类型	基岩裂隙水贫乏	（碳酸盐岩类裂隙溶洞水、碎屑岩孔隙裂隙溶洞水、松散岩类孔隙水）贫乏，基岩裂隙水中等	（碳酸盐岩类裂隙溶洞水、碎屑岩孔隙裂隙溶洞水、松散岩类孔隙水）中等，基岩裂隙水丰富	（碳酸盐岩类裂隙溶洞水、碎屑岩孔隙裂隙溶洞水、松散岩类孔隙水）丰富
	地下水埋深	>40m	30～40m	15～30m	<15m
	承压水层顶板埋深	>40m	<5m	5～15m	15～40m
	承压水层水头差	0～2m	2～4m	4～8m	<8m
	腐蚀性	无	弱		强
地质构造	活动断裂	无			有
	断裂密度	0～1条/km²	2～3条/km²	4条/km²	≥5条/km²
赋值		1	3	6.5	8.5

表 4-10 长株潭城市群核心区 40～60m 地下空间开发利用地质环境适宜性评价指标体系及分级标准

准则层	指标层	适宜性好	适宜性较好	适宜性较差	适宜性差
不良地质作用	岩溶	无	弱	中	强
岩土体类型及组合	土体类型	漂石、Qp^2b	Qp^2mw、Qp^2x、Qp^1d 双层—多层结构砂砾石、网纹黏土、陆相碎屑岩砾岩残积土、花岗岩风化残积土	Qhj、Qp^3bs 单层—多层结构黏土、粉土、砂砾为主	可溶盐岩红黏土、陆相碎屑岩砂岩、泥岩残积土
	岩体强度	I	II	III	
水文地质条件	富水性及含水岩组类型	基岩裂隙水贫乏	（碳酸盐岩类裂隙溶洞水、碎屑岩孔隙裂隙溶洞水、松散岩类孔隙水）贫乏，基岩裂隙水中等	（碳酸盐岩类裂隙溶洞水、碎屑岩孔隙裂隙溶洞水、松散岩类孔隙水）中等，基岩裂隙水丰富	（碳酸盐岩类裂隙溶洞水、碎屑岩孔隙裂隙溶洞水、松散岩类孔隙水）丰富
	地下水埋深	>60m	50～60m	40～50m	<40m
	承压水层顶板埋深	>60m	<15m	15～40m	40～60m
	承压水层水头差	0～2m	2～4m	4～8m	<8m
	腐蚀性	无	弱		强
地质构造	活动断裂	无			有
	断裂密度	0～1 条/km²	2～3 条/km²	4 条/km²	≥5 条/km²
赋值		1	3	6.5	8.5

3．评价因子层次分析及权重确立

各因素对地下空间地质环境质量的影响程度难以通过直接比较而得出并进行量化，但可以对两两因素进行对比，确定两者之间的重要程度，并逐层对多个相关联因素分别进行比较，最后确定各因素权重分配并加以量化。

本书采用了 A．Lsaaty 的标度方法（表 4-11），对各因素的相对重要性进行量化，有了这些标度后，就可以用其对每一层各个因素相对重要性进行判断并表示出来，写成判断矩阵。

表 4-11 层次分析法的判断矩阵标志及其含义

标度	含义
1	表示两个因素相比，具有同等重要性
3	表示两个因素相比，一个因素比另一个因素稍微重要
5	表示两个因素相比，一个因素比另一个因素明显重要
7	表示两个因素相比，一个因素比另一个因素更为重要
9	表示两个因素相比，一个因素比另一个因素极端重要
2，4，6，8	上述相邻判断之中值，表示重要性判断之间的过渡
倒数	因素 i 与 j 比较得到判断 b_{ij}，则因素 j 与 i 比较的判断 $b_{ji}=1/b_{ij}$

经计算和验证，各层次的评价因子权重见（表4-12～表4-14）。

表 4-12　0～15m 评价因素层次总排序权重值

一级评价因子		二级评价因子		
准则层	权重	指标层	权重值	层次总排序权重值
不良地质作用	0.340	岩溶	0.600	0.204
		流砂	0.400	0.136
工程地质条件	0.270	软土厚度	0.505	0.136
		土体类型	0.303	0.082
		岩体强度	0.192	0.052
水文地质条件	0.228	含水层富水性	0.287	0.065
		地下水埋深	0.194	0.044
		承压水顶板埋深	0.108	0.025
		承压水水头压力	0.328	0.075
		地下水腐蚀性	0.287	0.065
地质构造	0.115	断裂密度	0.294	0.034
		活动性	0.706	0.081
地形地貌	0.038	坡度	1	0.038

表 4-13　15～40m 评价因素层次总排序权重值

一级评价因子		二级评价因子		
准则层	权重	指标层	权重值	层次总排序权重值
不良地质作用	0.329	岩溶	1.0	0.329
工程地质条件	0.298	岩体强度	0.7	0.209
		土体类型	0.3	0.089
水文地质条件	0.230	含水层富水性	0.3	0.069
		地下水埋深	0.1	0.023
		承压水顶板埋深	0.2	0.046
		承压水水头压力	0.3	0.069
		地下水腐蚀性	0.1	0.023
地质构造	0.143	活动性	0.7	0.100
		断裂密度	0.3	0.043

表 4-14 40～60m 评价因素层次总排序权重值

一级评价因子		二级评价因子		
准则层	权重	指标层	权重值	层次总排序权重值
不良地质作用	0.329	岩溶	1.0	0.329
工程地质条件	0.298	岩体强度	0.7	0.209
		土体类型	0.3	0.089
水文地质条件	0.230	含水层富水性	0.3	0.069
		地下水埋深	0.1	0.023
		承压水顶板埋深	0.2	0.046
		承压水水头压力	0.3	0.069
		地下水腐蚀性	0.1	0.023
地质构造	0.143	活动性	0.7	0.100
		断裂密度	0.3	0.043

三、评价结果

（一）评价模型

本书针对评价因子选取加权平均综合指数模型进行长株潭城市群核心区地下空间适宜性评价。为便于各因子的比较，分别对评价指标进行赋值评分，按照适宜性等级从低到高分别赋值 1～10。计算综合评分 W_i，权值 b_j 的引入可以反映出不同评价指标对地下空间开发利用适宜性的不同作用。

综合指数法的模型如下式：

$$R_i = \sum_{j=1}^{p} X_i \times b_j \tag{4-7}$$

式中，R_i 为第 i 单元的综合评分；j 为评价因子；X_i 为第 j 单元评价因子在第 i 评价单元的赋值；b_j 为第 j 个评价因子的权重；p 为评价因子数 $p=11$。

（二）评价过程

利用 MapGIS 的空间分析功能，将研究区各层次范围的各个评价指标图层进行空间区相交分析、合并，最后共形成新的评价单元格。再由评价模型的公式（4-7）对每个评价单元计算综合评分。

（三）评价结果及分析

1. 评价结果

计算各层次每个评价单元的综合得分。按照适宜性等级划分，结合实际情况，将综合得分划分为适宜性好、适宜性较好、适宜性较差、适宜性差4个等级，各层次的综合得分等级划分标准详见（表4-15～表4-17）。

表 4-15　0～15m层次地下空间开发利用地质环境适宜性等级划分表

适宜性	适宜性好	适宜性较好	适宜性较差	适宜性差
综合得分	1～2	2～3	3～4	≥4

表 4-16　15～40m层次地下空间开发利用地质环境适宜性等级划分表

适宜性	适宜性好	适宜性较好	适宜性较差	适宜性差
综合得分	1～2	2～4	4～5	≥5

表 4-17　40～60m层次地下空间开发利用地质环境适宜性等级划分表

适宜性	适宜性好	适宜性较好	适宜性较差	适宜性差
综合得分	1～2	2～4	4～5	≥5

2．评价结果分析

1) 0～15m层（图4-5）

适宜性好的面积为1 668.41km^2，占总面积的57.13%，主要分布在长沙望城区南部、岳麓区北部、霞凝乡、宁乡市南部、株洲云田—湘潭昭山—荷塘一带。施工时应注意混凝土的防腐蚀问题。

适宜性较好的面积为640.63km^2，占总面积的21.94%，主要分布在宁乡市北部、望城区乌山镇、长沙暮云—南郊公园—黑石渡、湘潭河西九华、河东岳塘区一带。本区泥岩和砂岩易风化、易软化，遇水极易软化、崩解。施工时应注意快速开挖、快速封闭，避免遇水对岩土体的长时间浸泡，在松散岩类孔隙水中施工时，应注意突水、管涌等问题。

适宜性较差的面积为492km^2，占总面积的16.86%，主要分布在湘潭响水—和平村、湘潭锰矿—白泉煤矿、岳麓区坪塘镇—含浦镇—莲花镇、长沙市开福寺橘子洲头、长沙县星沙镇一带。本区岩溶发育程度弱—中等，软土厚度一般小于2m，局部2～4m，有流砂分布。施工时应注意快速开挖、快速封闭，避免遇水对岩土体的长时间浸泡，在松散岩类孔隙水中施工时，应注意突水、管涌等问题。

适宜性差的面积为118.96km^2，占总面积的4.07%，主要分布在长沙市河东五一广场、鸭子铺、河西洋湖垸、长沙县东岸村、田心桥、湘潭雨湖区昭潭乡、株洲天元区部分地段。本区岩溶较发育，流砂、软土均有分布。施工时对岩溶、透水、软土、流砂以及硐室稳定性应采取有针对性的措施，在田心桥一带注意地下水的防腐蚀性问题。

2) 15～40m层（图4-6）

适宜性好的面积为1 354.82km^2，占总面积的46.41%，主要分布在长沙河西坪塘—含浦—宁乡市、河东开福寺—天心公园、南郊公园—省政府、湘潭昭山、株洲芦淞区、石峰区大部分地段。本区局部地段构造复杂，且断裂富水。施工时应注意主要断裂带导水问题。

适宜性较好的面积为1 370.51km^2，占总面积的46.93%，主要分布在湘江河西的望城区望岳乡、黄金园乡、捞刀河镇、长洞井铺—暮云、湘潭九华、易俗河、株洲荷花金马村一带。本区多为板岩地区，地质构造较为复杂，由于板岩为软质岩且节理极为发育，岩体完整性差。施工时注意围岩的软化变形和稳定性。

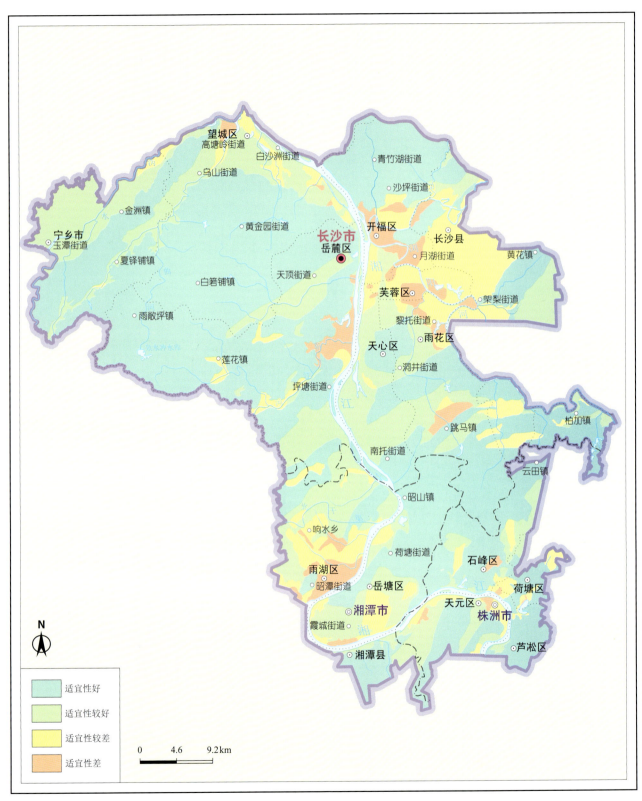

图 4-5 长株潭城市群核心区地下空间（0～15m）开发利用地质环境适宜性分区图

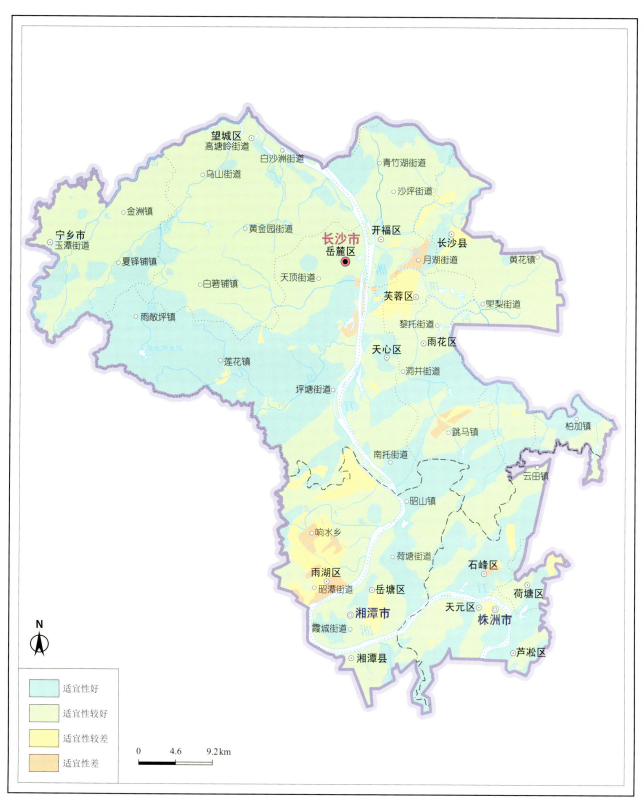

图 4-6 长株潭城市群核心区地下空间（15～40m）开发利用地质环境适宜性分区图

适宜性较差的面积为158.22km²，占总面积的5.42%，主要分布在长沙市马王堆、岳麓区莲花镇、湘潭市响水镇、西塘村、湘潭锰矿—白泉煤矿、株洲天元区一带。本区岩溶为弱—中等发育。施工时应对岩溶、透水硐室稳定性采取针对性的措施，注意活动断裂对地下空间开发利用产生的不利影响。

适宜性差的面积为36.45km²，占总面积的1.24%，主要分布在长沙市五一广场、鸭子铺、洋湖垸、咸嘉湖、田心桥、湘潭昭潭乡—湖南科技大学、株洲荷塘铺乡部分地段。本区岩溶发育程度中等—强烈，有活动断裂分布。施工时对岩溶、透水、软土、流砂以及硐室稳定性应采取针对性的措施，在田心桥一带注意地下水的防腐蚀性问题。

3）40～60m层（图4-7）

地下空间开发利用适宜性好的面积为1 477.78km²，占总面积的50.62%，主要分布在长沙坪塘—含浦、开福寺—天心公园、南郊公园—省政府、湘潭昭山、株洲芦淞区、石峰区大部分地段。

适宜性较好的面积为1 357.65km²，占总面积的46.49%，主要分布长沙望岳乡、黄金园、捞刀河镇、洞井铺—暮云、湘潭九华、易俗河、株洲荷花金马村一带。本区多为板岩地层，岩体完整性差。施工时注意围岩的软化变形和稳定性。

适宜性较差的面积为68.76km²，占总面积的2.35%，主要分布在长沙市五一广场、鸭子铺、河西洋湖垸、岳麓区莲花镇、长沙县田心桥、湘潭锰矿一带。本区岩溶较为发育。施工时应对岩溶、透水硐室稳定性采取针对性的措施，在田心桥一带注意地下水的防腐蚀性问题。

适宜性差的面积为15.81km²，占总面积的0.54%，主要分布在湘潭雨湖区昭潭乡—湖南科技大学一带。本区岩溶较发育，有活动断裂分布。施工时应查明活动断裂引起的工程地质问题，对岩溶、透水硐室稳定性采取针对性的措施。

第四节 地质灾害调查评价

一、崩滑流地质灾害易发性、危险性评价

（一）易发性评价

1. 评价方法

本次工作采取的评价方法是地质灾害综合易发性指数法。采取单因素致灾的量化评价和多因素综合评价的技术路线开展工作。对灾害点发育密度、地形地貌、地质构造、地层岩性、岩土体特性、气候条件、人类工程活动等各因子进行属性叠加综合分析。

根据长株潭地区地质灾害的发育分布规律、地质环境条件以及人类工程经济活动现状与未来发展规划，选取影响地质灾害发生、发展的因素，再采用定量结合定性的方法对地质灾害易发性有影响的主要因素进行分级处理并赋以分量值，同时充分考虑各选取因素对地质灾害的影响程度大小，赋予不同权重体现其影响程度，最终形成较为合理的易发性分区。

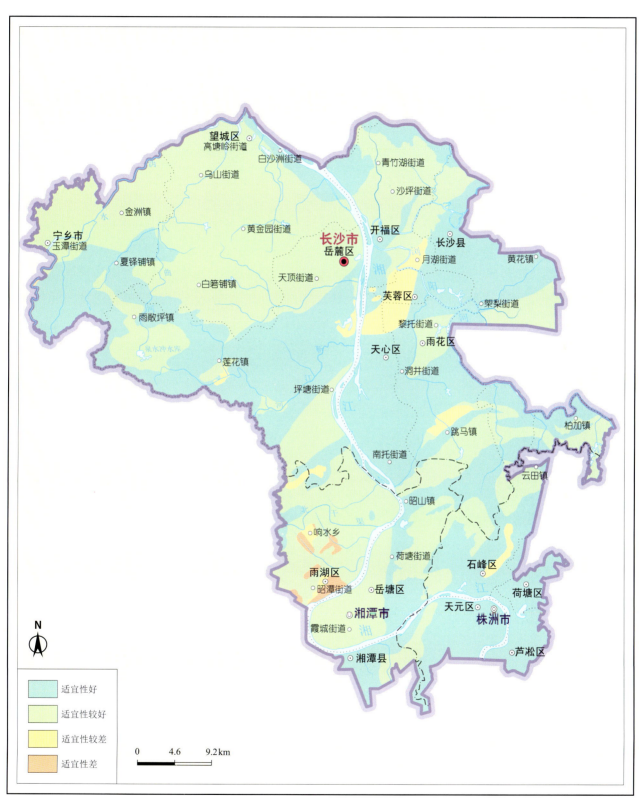

图 4-7 长株潭城市群核心区地下空间（40～60m）开发利用地质环境适宜性分区图

1）评价指标体系

地质灾害的形成与发展是各种地质因素和人类活动因素共同作用的结果，影响因素众多且变化复杂，因此在进行地质灾害易发性评价时，需着重新考虑对灾害发生起主导作用的因素。由于地面塌陷与崩滑流地质灾害有着本质上的区别，需采用不同评价指标因素来分析。本次评价主要选择灾害点密度、地形坡度、岩土体结构类型等作为崩塌、滑坡、泥石流易发性分析的评价指标，选择塌陷坑密度、岩土水地质条件和人类工程活动等因素作为地面塌陷易发性分区的评价指标（表4-18）。

表4-18　地质灾害易发性评价指标体系分级表

目标层	要素层	指标层
地质灾害易发性评价	滑坡、崩塌、泥石流	灾害点密度、地形坡度、岩土体结构类型、地质构造、降雨量、植被覆盖度、人类工程活动等
	采空地面变形	塌陷坑密度、基岩、采深、矿层厚度、人类工程活动等

2）评价判别特征

地质灾害易发区判别特征，主要用于识别各灾害种类，潜在易发程度的定性分析作为参考标准。各灾种的定性分析主要特征见表4-19。

表4-19　地质灾害易发区主要特征简表

灾种	易发区分区		
	高易发区	中易发区	低易发区
滑坡、崩塌	山地地貌，地形切割强烈，相对高差大；软硬相间碎屑岩区或强风化花岗岩、红层、变质岩区，岩土工程地质性质不良；为构造抬升区，地质构造复杂；人类活动强度大，对地质环境影响大；降水量大；分布密度大于10处/km²	低山丘陵区，坡度为10°～25°，相对高差小于300m；板状、块状坚硬至较坚硬岩类，风化程度低，工程地质性质较差；构造抬升区，地质构造复杂程度中等；人类活动强度大，对地质环境影响较大；分布密度3～10处/km²	低丘地貌，坡度小于20°，相对高差小于100m；坚硬岩类，抗风化强，工程地质条件良好；构造简单，为构造抬升与沉降过渡区；人类活动强度小，对地质环境影响轻微；分布密度小于3处/km²
泥石流	山地地貌，有利于集水集物，山高坡陡，沟床纵坡降大，植被生长不良；构造抬升区，地质构造复杂；强风化的碎石土、节理裂隙发育的软质岩类；松散物贮量大于10×10⁴m³/km²；人类活动对地质环境影响大，矿区废石、尾砂多；降雨量大；分布密度大于10处/100km²	山地地貌，有利于集水集物，沟床纵坡降较大，植被生长不良；构造抬升区，地质构造较复杂；软硬岩相间、节理裂隙发育；松散物贮量为（5～10）×10⁴m³/km²；人类活动对地质环境影响中等；矿区少量废石、矿渣；分布密度3～10处/100km²	丘陵区，不利于集水集物，沟床纵坡降小；抬升与沉降过渡区，构造简单；抗风化强度大的硬质岩类；松散物贮量为（1～5）×10⁴m³/km²；人类活动对地质环境影响小，无矿区分布；分布密度小于3处/100km²
采空地面变形	矿层厚度大于4m，埋深小于50m，倾角0°～20°；开采规模大，采空区分布范围广，矿坑排水量大，矿山地质环境严重破坏；层上覆岩层软弱，工程地质性质不良；塌陷分布密度大于10处/100km²	矿层厚度1～4m，埋深50～100m，矿层倾角20°～40°；开采规模较大，采空区分布局限，矿坑排水量小，矿山地质环境较差；矿与覆岩软硬相间，工程地质性质较差；塌陷分布密度3～10处/100km²	矿层厚度小于1m，矿层埋深大于100m，倾角大于40°；开采规模小，矿山地质环境尚未遭受破坏；矿层上覆岩层坚硬，工程地质条件良好；塌陷分布密度小于3处/100km²

2. 易发分区评价

在定性分析的基础上，采用地质灾害综合易发性指数法进行定量分析。根据地质灾害综合易发性指数大小，分为高易发区、中易发区和低易发区3类，划定地质灾害易发区。

根据定性分析和定量评价，长株潭地区共圈定崩滑流（崩塌、滑坡、泥石流）地质灾害高易发区23个，总面积约为6 783km²，其中长沙地区为2 958.97km²、株洲地区为1 754.79km²、湘潭地区为2 069.28km²；中易发区31个，总面积约为10 598.7km²，其中长沙地区为5 011.9km²、株洲地区为4 917.97km²、湘潭地区为668.92km²，其余为低易发区（表4-20、表4-21及图4-8）。

表 4-20　长株潭城市群崩塌、滑坡、泥石流高易发分区综合评价一览表

所属县市	分区名称	位置	面积(km²)	地质灾害发育特征及危害程度			
				地质环境条件特征	类型及数量	灾情及级别	隐情及级别
望城区	铜官－茶亭地面塌陷、滑坡地质灾害高易发区（I₁）	铜官镇东南部－茶亭镇西南部	32.54	属低丘陵地貌，高程50～100m，相对高差不到50m，地形坡度一般为15°～20°，出露地层为第四纪黏土层和沙砾层	采空塌陷4处，滑坡4处，崩塌3处	毁房屋5间，毁农田、林地1700亩，均为小型	8处中型、3处小型，威胁田土、林地4 000亩，威胁资产3 800万元
	茶亭－桥驿－丁字滑坡、崩塌地质灾害高易发区（I₂）	茶亭镇东北部、桥驿镇和丁字镇	162.8	属丘陵地貌，高程为100～300m，寿字石可达423m，地形坡度15°～25°，局部可达35°，出露地层为浅变质岩、第四纪黏土沙砾层和燕山早期花岗岩，风化线坡积物较发育	崩塌8处	毁房屋10间	大型1处，中型2处，小型7处，威胁小学及村民300人
宁乡市	煤炭坝－大成桥－喻家坳采空地面变形地质灾害高易发区（I₃）	煤炭坝镇、大成桥乡与喻家坳乡	356.91	地貌类型为构造溶蚀化强烈—中等的丘陵地形，最高高程316m，最低高程54m左右，一般相对高差在30～80m之间。地形坡度较平缓，一般在15°左右，冲沟横断面多呈"U"形谷	采空塌陷19处，崩塌5处	1人死亡，毁房屋16 076间，经济损失5 203.15万元	威胁人口达15 168人，威胁房屋25 370间，威胁农田10 305亩，潜在威胁资产20 345万元
	沩山－黄材－偕乐桥西南部滑坡、崩塌地质灾害高易发区（I₄）	黄材、偕乐桥、青山桥、月山、沩山、祖塔等地	1 065.89	地貌类型为侵蚀剥蚀山—中低山—中低起伏低小丘陵，最高为瓦子寨为1 071m，一般高400～750m，海拔为200～400m。地层多为东西向，山脊山脊多呈走向，沟谷切割不甚强烈，各沟一般在100m左右	滑坡36处，中型33处，小型3处，崩塌13处，均为小型，不稳定斜坡1处	3人死亡，毁房屋121间，毁农田23亩，毁公路500m，直接经济损失246.5万元	威胁人口达669人，威胁房屋709间，威胁公路850m，受威胁资产1 398万元
	葛家－白沙滑坡、崩塌、泥石流高易发区（I₅）	葛家乡、薰溪乡、淳口镇、山田乡、古港镇、沿溪镇、达浒镇北部、大围山镇北部和白沙乡大部分	1 004.91	地貌类型为构造侵蚀中、低山地貌，冲沟起伏大，高程150～1 600m，谷地狭窄多呈"V"形，一般切割深达100～1 000m，岩性主要为冷家溪群板岩和各时期花岗岩，岩石风化强烈	滑坡34处，泥石流10处，采空塌陷3处，不稳定性斜坡3处	2人死亡，直接经济损失566.6万元	潜在经济损失1 468万元
浏阳市	杨花－金刚采空地面变形、崩塌高易发区（I₆）	杨花乡大部分、大瑶镇西部、金刚镇西部	152.13	岩貌上为低山低地区，高程150～800m；岩性主要为冷家溪群板岩、泥盆纪砂岩、泥灰岩、页岩、灰岩	滑坡灾害11处，其中大型1处，中型1处	直接经济损失209万元	重大隐患点4处，潜在经济损失2 204万元
	文家市－金刚滑坡、崩塌变形区（I₇）	文家市西南部、澄潭江镇南部、大瑶镇南部、金刚镇东部	128.48	岩貌上为低山地区，高程150～450m，岩性主要为三叠纪和二叠纪砂岩、砂页岩、页岩夹煤层，人类采矿活动强烈，具有长期开采历史	采空塌陷12处，滑坡11处，崩塌1处，不稳定斜坡1处	8人死亡，直接经济损失908万元	重大隐患点5处，潜在经济损失1 709万元
	七宝山－永和采空地面变形高易发区（I₈）	七宝山乡西北部、永和镇中部	55.31	地貌上为平原和低缓丘陵区，高程为100～250m，岩性主要为石炭纪二叠纪灰岩、白云岩，人类采矿活动强烈	采空塌陷2处，滑坡3处，其中大型和重大隐患点各2处	直接经济损失1 571万元	大型和重大隐患点2处，潜在经济损失1 320万元

-135-

续表 4-20

所属县市	分区名称	位置	面积/km²	地质环境条件特征	地质灾害发育特征及危害程度		险情及级别
					类型及数量	灾情及级别	
湘乡市	壶天塌陷崩塌、滑坡地质灾害高易发区（I₉）	壶天镇	57.74	本区北部和东部为岩溶侵蚀低山，地形切割较强烈，地势陡峭，波状低丘星罗其间，高程最高 407m，相对高差 150～270m	滑坡 7 处，采空塌陷 5 处	毁房屋 928 间，毁农田 653.56 亩，毁公路 40m，直接经济损失 2 837.8 万元	威胁人口达 1 415 人，威胁房屋 1 511 间，威胁农田 790 亩，受威胁资产 2 978 万元
	白田－月山崩塌、滑坡、泥石流地质灾害高易发区（I₁₀）	白田镇、月山镇、谭市镇北部、棋梓镇的东部	351.46	本区西部为侵蚀剥蚀低山，向崛起，山岩重叠，河川交错，相对高差 200～600m，地形切割强烈，地势陡峭；东部为侵蚀丘陵区，高程一般为 200～300m，丘顶浑圆	55 处滑坡，22 处崩塌，5 处泥石流	毁房屋 1 028 间，毁农田 157.3 亩，毁公路 1 000m，直接经济损失 308.5 万元	威胁人口达 73 人，威胁房屋 614 间，威胁农田 330 亩，受威胁资产 1 013 万元
	虞塘－梅桥崩塌滑坡泥石流地质灾害高易发区（I₁₁）	梅桥镇、栗山镇、中沙镇、虞塘镇南部、泉塘镇南部	423.92	本区主要为侵蚀剥蚀丘陵，少量为剥蚀低山，地势总体南高北低，大旗山和金子山错综盘踞，蜿蜒绵亘于境内南部边陲地区，海拔最高 726m，一般在 200m 以内，最大 540m 左右	34 处滑坡，35 处崩塌，1 处塌陷，1 处地裂缝	毁房屋 855 间，毁农田 150 亩，毁公路 100m，直接经济损失 925.0 万元	威胁人口达 1 726 人，威胁房屋 2 055 间，威胁农田 580 亩，受威胁资产 2 287 万元
	响塘以采空地面变形为主的地质灾害高易发区（I₁₂）	响塘、姜畬、云湖桥等乡镇	324.07	以低山丘陵地貌为主，高程一般 150～250m，仙女峰 311m，相对高差 100～200m，地质构造发育，岩石挤压破碎，风化残坡积物发育，水文地质复杂。矿山繁多，人类活动强烈	采空塌陷 16 处、滑坡 6 处、泥石流 2 处	直接经济损失 13 588.18 万元	潜在经济损失 27 841 万元
	石潭－杨嘉桥以采空地面变形为主的地质灾害高易发区（I₁₃）	石潭和杨嘉桥镇	63.19	以低山丘陵和台地为主，高程一般 100～150m，相对高差 30～90m。褶皱构造发育，风化残坡积物发育，植被发育一般，矿山残多，矿山活动不良，人类活动剧烈	采空塌陷 12 处、潜在采空塌陷 1 处	毁房屋 768 间，农田 110 亩，直接经济损失 1 427.2 万元	威胁人口 124 人，威胁房屋 996 间，威胁农田 315 亩，潜在经济损失 2 056 万元
湘潭县	石鼓－分水以滑坡、崩塌、泥石流为主的地质灾害高易发区（I₁₄）	石鼓、分水、青山桥、排头及乌石等乡镇	316.98	以低山丘陵区为主，高程 400～700m，相对高差 250～550m，属南岳衡山余脉。地质节理裂隙发育，水文地质较复杂，风化残坡积物较发育，植被茂盛，矿山活动和采矿地质环境影响较大	小型滑坡 12 处、小型崩塌 1 处、小型和中型泥石流各 2 处	死亡 1 人，毁房屋 41 间，农田 32 亩，直接经济损失 65.8 万元	威胁 380 人，潜在经济损失 665 万元
	谭家山以采空地面变形为主的地质灾害高易发区（I₁₅）	谭家山镇	108.69	以丘陵地貌为主，高程一般 100～150m，相对高差 50～100m。地质构造发育，区内谭家山煤矿"采"矿历史悠久，挤压破碎大，采空塌陷规模大，采空塌陷频繁发生	9 处采空塌陷	毁房屋 9 396 间，农田 4 100 亩，直接经济损失 3 769.6 万元	威胁 5 898 人，威胁房屋 9 796 间，威胁农田 4 800 亩，潜在经济损失 11 022 万元
	中路铺－茶恩寺以滑坡、崩塌为主的地质灾害高易发区（I₁₆）	中路铺、白石、茶恩寺、花石等乡镇	423.23	属低山丘陵地貌。高程一般 300～400m，主要山脉为衡山北延余脉。高程 200～300m，地质构造发育，岩石风化破碎，残坡积物分布普遍，植被生长较好，人类活动对地质环境影响较强	小型滑坡 21 处、小型崩塌 4 处	毁房屋 40 间，直接经济损失 14.9 万元	威胁人口 121 人，威胁房屋 17 间，潜在经济损失 1 262 万元

续表 4-20

所属县市	分区名称	位置	面积(km²)	地质环境条件特征	地质灾害发育特征及危害程度			
					类型及数量	灾情及级别	险情及级别
攸县	丫江桥-坪阳庙以崩塌、滑坡为主的地质灾害高易发区（I₁₇）	位于县境的西北，主要包含丫江桥镇、贾山乡、坪阳庙乡以及皇图岭镇西北部分地区	258.65	该区以构造侵蚀剥蚀花岗岩丘陵地貌为主，高程 160～390m，最大高程 753m，相对高差 120m，坡度一般为 50～100m，坡度 20°～30°。地层岩性主要有燕山早期花岗岩，下震旦统江口组板岩云母板岩等	滑坡 19 处，崩塌 3 处	毁房屋 31 间，直接经济损失 16 万元	威胁 462 人，威胁房屋 425 间，预测地质灾害威胁的财产价值为 392 万元
	黄丰桥-柏市-峦山以采空地面变形为主的地质灾害高易发区（I₁₈）	位于县境的中东部，包含黄丰桥镇、柏市镇和峦山镇的北部分地区	119.03	该区以侵蚀构造砂页岩低山地貌为主，高程 300～500m，最大高程为 868m，相对高差 286m。地层岩性主要由上二叠统龙潭组石英砂岩、砂质页岩、粉砂岩、下二叠纪当冲组硅质板岩等	采空塌陷 12 处，滑坡 1 处	毁房屋 42 间，毁农田 431 亩，直接经济损失 456.5 万元	威胁 1 977 人，威胁房屋 1 337 间，威胁农田 1 374.5 亩，预测地质灾害威胁的财产价值为 1 007 万元
	莲塘坳-银坑-峦山以崩塌、滑坡、泥石流为主的地质灾害高易发区（I₁₉）	位于县东南部，包含黄丰、银坑、莲塘坳乡	202.48	该区以侵蚀构造变质岩中、低山和构造剥蚀侵蚀砂页岩丘陵地貌，高程 400～800m，最大相对高差 976m，最低高程 228m。坡度 30°～40°。地层岩性 200～300m，主要由寒武纪板岩、砂质板岩、变质板岩等组成	滑坡 9 处，采空塌陷 1 处，崩塌 2 处，泥石流 1 处	毁房屋 34 间，毁农田 30 亩，直接经济损失 51.1 万元	威胁 1 036 人，威胁房屋 987 间，威胁农田 30 亩，预测地质灾害威胁的财产价值为 814 万元
茶陵县	八团以滑坡为主的地质灾害高易发区（I₂₀）	八团东部，湘东北部，湘东钨矿	63.52	地貌为中低山、丘陵，岩性主要为燕山期花岗岩	滑坡 17 处，中型 3 处，小型 13 处	直接经济损失 2 051 万元	威胁 1 271 人，威胁的财产价值为 5 586 万元
	潞水-腰陂-小田以滑坡、崩塌、泥石流、不稳定斜坡为主的地质灾害高易发区（I₂₁）	尧水全部、秩堂、小田、深江大部、严塘西北部、思聪、七里、潞水及虎踞东部	657.31	地貌为中低山、丘陵，河谷平原，高程 100～800m，岩性主要为白垩纪红色岩系、泥盆纪、石炭纪和二叠纪的砂岩、砂质页岩、页岩、泥灰岩、灰岩、第四纪系。人类工程活动强烈	滑坡 105 处，崩塌 23 处，塌陷 3 处，泥石流 3 处	直接经济损失 1 358 万元	威胁 6 763 人，威胁的财产价值为 20 172 万元
	平水-枣市以泥石流、滑坡、崩塌为主的地质灾害高易发区（I₂₂）	平水南部、枣市北部	28.31	地貌为低山、丘陵，河谷平原，高程 200～500m，岩性主要为泥盆纪砂岩、砂质页岩、泥灰岩、灰岩、人类工程活动强烈	滑坡 2 处，崩塌 1 处，泥石流 3 处	直接经济损失 179 万元	威胁 845 人，威胁的财产价值为 3 670 万元
	浣溪-湖口-桃坑以崩塌、滑坡、不稳定斜坡为主的地质灾害高易发区（I₂₃）	舲舫大部、浣溪、湖口北部、桃坑南部、江口、严塘、马江、界首小部	425.49	地貌为低山、丘陵，河谷平原，高程 150～600m，岩性主要为白垩纪红色岩系、奥陶纪的板岩、变质砂岩、第四纪系等。人类工程活动强烈	滑坡 99 处，崩塌 15 处，塌陷 1 处，泥石流 2 处	直接经济损失 865 万元	威胁 1 925 人，威胁的财产价值为 3 351 万元

表 4-21　长株潭城市群崩塌、滑坡、泥石流中易发分区综合评价一览表

所属县市	分区名称	位置	面积(km²)	地质环境条件特征	类型及数量	灾情及级别	险情及级别
长沙市区	天心区南部、雨花区以滑坡为主的地质灾害中易发区（II₁）	天心区大托镇，雨花区洞井镇、黎托乡，井湾子街道等地区	81.12	以剥蚀构造缓坡低丘陵及平原地貌为主，高程70~130m，相对高差为30~60m，地形低缓起伏，分布地层岩性主要为上白垩统戴家坪组砾岩、砂砾岩、砂岩、粉砂质泥岩	滑坡10处，均为小型滑坡	毁房屋1间，直接经济损失40万元，均为小型	威胁中型1处，小型1处，威胁人数共20人，威胁房屋5间，威胁资产累计58万元
望城区	乌山-高塘岭-星城-白箬铺-黄金-雷锋地质灾害、滑坡斜坡灾害中易发区（II₂）	乌山、高塘岭、星城、白箬铺、黄金、雷锋等乡镇	377.01	属丘陵-平原地貌，高程为50~230m，相对高差最多近100m，地形坡度15°~25°，局部可达35°。出露地层为冷家溪群浅变质岩	斜坡15处，滑坡5处，崩塌5处，废渣泥石流1处	死亡50人，毁房屋2间，毁农田150m，毁公路150m，经济损失23万元，特大型1处，小型25处	大型1处，中型4处，小型21处，威胁房屋228间，威胁人口179人，威胁公路200m，威胁资产7 124万元
宁乡市	南田坪-花明楼采空地面变形地质灾害中易发区（II₃）	南田坪乡、东湖塘镇、花明楼镇、道林镇西北部等地区	107.98	为剥蚀构造丘陵地貌，高程一般小于100m，相对高差小于100m，坡度小于20°。出露地层为泥盆纪灰岩、纪石英砂岩、砂质页岩、碳纪灰岩、石炭纪岩性为二叠纪岩性全区地层及河流阶地出露地质岩土和砾石双层结构土体。区内地质构造较复杂，发育一条南西向南东推断层	采空塌陷7处，其中中小型6处，中型1处	毁房屋46间，毁农田66亩，直接经济损失60万元	威胁人口72人，威胁农田210亩，潜在威胁资产133万元
	横市-资福-大屯营崩塌、滑坡地质灾害中易发区（II₄）	黄材镇、横市镇北部、坝塘镇、资福乡大部、花明楼镇、大屯营乡等区	906.5	主要为侵蚀剥蚀低山小起伏地貌，高程200~400m，比高400~750m，25°~30°。东南面为丘陵地貌，比高小于100m，高程100~250m。出露地层岩性为泥盆纪砂岩、粉砂岩夹砂岩、石炭纪砂岩、页岩夹灰岩	小型崩塌1处，中型滑坡2处，小型滑坡12处	毁房屋53间，毁农田23亩，毁公路500m，溢洪道100m，直接经济损失40.5万元	威胁房屋211间，威胁水库2座，威胁公路350m，威胁资产233万元
浏阳市	张坊-小河滑坡、崩塌、泥石流中易发亚区（II₅）	张坊镇大部，小河乡大部、七宝山乡西部	673.85	地貌为中低山地，高程250~1 600m，沟谷较为发育。岩性主要为花岗岩和冷家溪群板岩	滑坡4处，其中大型1处，小型3处；崩塌4处，其中中型1处、小型3处	已造成3人死亡；直接经济损失122.3万元	重大隐患点1个，潜在经济损失1 022万元
	中南部滑坡、崩塌中易发亚区（II₆）	中南部面积较大地区	1 348.03	地貌上为低山、丘陵地区，高程100~600m，岩性主要为冷家溪群板岩	滑坡22个，崩塌4个、泥石流1个、不稳定斜坡1个	已造成直接经济损失309.1万元	潜在经济损失1 763万元

-138-

续表 4-21

所属县市	分区名称	位置	面积（km²）	地质环境条件特征	地质灾害发育特征及危害程度		
					类型及数量	灾情及级别	隐情及级别
浏阳市	沿溪-官渡采空地面变形中易发区（II₇）	位于浏阳市东北部，包括沿溪镇、官渡镇、达浒镇、三口乡各一部分	169.09	地貌上为平原和低缓丘陵区，高程100～250m，岩性主要为石炭纪、二叠纪灰岩、白云岩和第四纪冲积物	采空塌陷灾害点2个，滑坡灾害点3个，崩塌灾害点1个，不稳定斜坡1个，共计7个	已造成直接经济损失44万元	潜在经济损失356万元
	赤马-龙伏滑坡、崩塌中易发区（II₈）	位于浏阳市西北部，包括赤马镇西部、龙伏镇西部、社港镇西部	130.47	地貌上为低山、丘陵区，高程150～1 000m，岩性大部分为冷家溪群板岩、岩石风化强烈	滑坡和崩塌灾害点各3个	已造成直接经济损失11.8万元	潜在经济损失56万元
长沙县	双江-北山以滑坡、泥石流为主的地质灾害中易发区（II₉）	位于双江镇、金井镇、高桥镇东部、路口镇东部、白沙乡、福临镇北部、青山铺镇西部、安沙镇、北山镇	921.88	位于湘中丘陵的东北部，以侵蚀剥蚀丘陵为主，东部边缘和西北边缘地带为低山区。地形切割不甚强烈，高差200～659m之间，相对高差50～250m。分布燕山晚期花岗岩和浏阳县早纪浅变质岩	滑坡38处（中型3处，小型35处），崩塌2处（中型1处，小型1处），小型泥石流3处	中型1处，小型42处。死亡3人，毁坏房屋24间，毁坏农田6.5亩，毁坏公路50m，直接经济损失49.45万元	大型1处，中型6处，小型28处。受威胁人数共555人，威胁房屋431间，威胁公路200m，威胁水渠100m，威胁资产累计1029.6万元
	江背-跳马以滑坡、崩塌为主的地质灾害中易发区（II₁₀）	位于跳马乡、暮云镇、江背镇东部、黄兴镇的南部	295.97	位于湘中丘陵东北部，为侵蚀溶蚀丘陵地貌。地形切割不甚强烈，沟壑稀疏，谷地开阔，高程50～400m之间，相对高差50～250m。分布石炭纪有蓟县纪和青白口纪浅变质岩，泥盆纪、石炭纪和二叠纪碳酸盐岩及碎屑岩，和第三纪砂岩及砂质泥岩	小型滑坡4处，小型崩塌2处，小型泥石流1处	小型7处。毁房屋21间，毁农田1亩，直接经济损失24万元	中型2处，小型5处。受威胁人数共105人，威胁房屋98间，威胁农田20亩，威胁资产共1043万元
湘潭市区	双马采空地面变形地质灾害中易发区（II₁₁）	位于湘潭市东南部，行政区划分属岳塘区双马镇法华、月华村，云和等	6.87	以侵蚀堆积低化岗地貌为主，对应的地层为第四系马王堆组、白沙井组，新开铺组，洞井铺组。该区开采石灰石活动普遍，历史悠久，地质环境较脆弱	2处中型采空塌陷	小型1处，中型2处。毁房屋16间，毁农田40亩，直接经济损失220万元	中型2处，小型5处。受威胁人口120人，威胁房屋90间，威胁农田80亩，潜在威胁资产550万元
湘潭县	梅林桥以滑坡、崩塌为主的地质灾害中易发区（II₁₂）	位于县境东部，行政区划分属梅林桥、射埠、易俗河等乡镇	187.42	属低丘陵和台地地貌，高程西南部一般100～150m，东北部一般80～120m。相对高差20～60m。出露地层岩性主要为青白口纪的浅变质岩及石炭纪的碳酸盐岩和碎屑岩	小型滑坡7处，小型崩塌1处	毁房屋1间，直接经济损失0.3万元	威胁32人的生命安全，威胁房屋6间，潜在经济损失70万元

续表 4-21

所属县市	分区名称	位置	面积 (km²)	地质环境条件特征	地质灾害发育特征及危害程度		
					类型及数量	灾情及级别	险情及级别
韶山市	大坪－韶山－永义采空地面变形地质灾害中易发区（II₁₃）	位于韶山市南侧大部分地区，包括韶山乡、清溪镇，永义乡	74.41	主要为剥蚀溶构造低丘地貌，局部为剥蚀侵蚀构造高丘。高程差 90～150m，相对高差 20～50m。坡度多小于 10°。区内出露地层为石炭纪和三叠纪灰岩、白云岩及二叠纪灰岩、石英砂岩	滑坡 10 个、崩塌 7 个，采空塌陷 1 个、泥石流 1 个共 19 个。除 1 个中型滑坡、其余均为小型	直接经济损失 37.8 万元	威胁房屋 108 间，威胁水库 1 座，威胁纪念塔 1 座和 225 人生命财产安全，潜在经济损失 749.5 万元
	杨林－如意采空地面变形、滑坡、崩塌地质灾害中易发区（II₁₄）	位于韶山市北部，包括杨林乡、如意镇等大部分地区	50.25	主要为剥蚀侵蚀构造高丘地貌，高程 110～330m，相对高差 60～220m，坡度 10°～20°。出露地层岩性包括青白口纪变质砂岩、震旦纪板岩、寒武纪板岩及二叠纪灰岩、泥灰岩、石英砂岩	滑坡 4 个、崩塌 5 个，均为小型	直接经济损失 4 万元	威胁房屋 19 间和 73 人生命财产安全，潜在经济损失 141 万元
湘乡市	毛田－翻江崩塌、滑坡、塌陷地质灾害中易发区（II₁₅）	位于湘乡市西部，包括翻江镇、毛田乡和金石镇	349.97	以侵蚀剥蚀丘陵山区为主。南部地势起伏较小，北部地形切割强烈，高差 100～200m；区内分布地层主要为泥盆纪碳酸盐岩和碎屑岩，少量白垩纪紫红色砂砾岩	滑坡 38 处，包括大型 1 处，中型 2 处，小型 35 处	毁房屋 32 间，毁农田 322 亩，死亡 1 人，直接经济损失 197.2 万元	目前受威胁人口达 531 人，威胁房屋 1 077 间，威胁农田 206 亩，受威胁资产 1 359 万元
株洲市区	仙庾岭崩塌、滑坡、采空地面变形地质灾害中易发区（II₁₆）	位于仙庾镇、云田乡	35.2	主要为剥蚀侵蚀构造丘陵地貌，构造呈北东向，高程 250～400m，切割深度 80～150m，山坡坡度 20°～30°。区内分布地层主要为泥盆纪板岩、粉砂岩，冷家溪群小木坪组板岩、夹碳质板岩，震旦纪变质石英砂岩、变质砂岩	小型滑坡 1 处，小型采空塌陷 2 处（中型 1 处，小型 1 处）	小型 2 处，毁房屋 1 间，毁农田 10 亩，毁路 20m，直接经济损失 9.5 万元	小型 2 处，中型 1 处，目前威胁人口 20 人，威胁房屋 16 间，威胁公路 50m，受威胁资产 60 万元
	龙泉－五里墩崩塌、滑坡地面变形地质灾害中易发区（II₁₇）	位于株洲市区东南部，行政区划分属芦淞区建宁街道办事处、枫溪办事处和五里墩乡	43.26	主要为侵蚀剥蚀构造低丘陵地貌，构造呈北东向，高程为 120～180m，地势低缓，山坡坡度 20°～30°。区内分布板岩、变质砂岩、粉砂岩、变质板岩、夹碳质板岩、含砾砂岩、花岗岩，印支期花岗岩	崩塌 2 处（规模为小型）、滑坡 3 处（规模为小型，小型 1 处）	小型 3 处，毁房屋 5 间，毁路 100m，冲毁排水沟及挡墙，直接经济损失 34 万元	小型 3 处，目前威胁人口 73 人，威胁房屋 47 间，威胁公路 200m，受威胁资产 510 万元
株洲县	大京－古岳峰以滑坡、崩塌为主的地质灾害中易发区（II₁₈）	位于株洲县的东北部及中西部，行政区划分属由大京乡至古岳峰镇沿线大部分地区	462.79	侵蚀剥蚀丘陵地貌，高程一般 50～300m，相对高差一般 30～200m，山腰以上较缓，一般 10°～30°。山脚下折角面较陡，坡度 20°～40°。湘江两侧为河谷平原。地层主要由白垩纪厚层浅变质砂岩、板岩、古近纪岩溶灰岩小于 5°。白垩纪粉砂岩、含钙质砂岩、古近纪灰岩、印支期的花岗岩为主，性主要有变质岩、板岩、砂岩和印支期花岗岩，泥盆纪各组的灰岩、泥灰岩、砂岩及页岩组成	小型滑坡 9 处，小型崩塌 2 处	小型 10 处，毁环塘基 30m，毁房屋 6.5 间，直接经济损失 5.8 万元	小型 10 处，受威胁人数 41 人，威胁房屋 39 间，财产累计 98 万元

续表 4-21

所属县市	分区名称	位置	面积(km²)	地质灾害发育特征及危害程度			
				地质环境条件特征	类型及数量	灾情及级别	险情及级别
株洲县	淦田－龙凤滑坡、崩塌地质灾害中易发区（II₁₉）	位于株洲县的南部，行政区划分属龙潭乡、龙凤乡及朱亭镇、淦田镇、太湖乡、砖桥乡大部分	429.39	侵蚀剥蚀高丘陵低山地貌区，高程一般100～700m，相对高差一般200～500m，坡度10°～40°。地层岩性主要由上南华统洪江组含砾板泥岩、含砾板岩，马底驿组浅变质石英白云母五强溪组、砂岩及青白口系五强溪组、细砂岩等组成	小型滑坡 4 处	小型，伤 1 人，毁房 17 间，损坏公路 250m，直接经济损失 39 万元	小型 7 处，受威胁人数共计 28 人，威胁房屋 26 间，威胁公路 400m，共计威胁资产 75 万元
	桃水镇采空地面塌陷中易发区（II₂₀）	分布于县境的西部，主要包含桃水镇大部分地区	98	以构造剥蚀低丘陵地貌为主，高程10～130m，最大高差158m，坡度15°左右。出露地层岩性为白垩纪砾岩、细粒石英砂岩、粉砂岩、二叠纪碳质页岩、砂质页岩夹煤层	小型采空塌陷 3 处	小型 3 处，毁房屋 10 间，毁农田 8 亩，直接经济损失 20 万元	威胁 650 人，威胁房屋 363 间，威胁农田 264.5 亩，威胁财产 410 万元
攸县	鸭塘铺－大同桥－新市－皇图岭崩塌、滑坡中易发区（II₂₁）	位于鸭塘铺乡、石羊塘镇、大同桥乡西部、新市镇西部、皇图岭镇，以及网岭镇、坪阳庙乡的局部地区	230	以侵蚀构造红岩丘陵地貌，高程 90～130m，相对高差 10～20m，坡度 20°。出露的地层岩性为白垩纪砾岩、细粒石英砂岩、粉砂岩及二叠纪碳质页岩夹灰岩、泥灰岩等	滑坡 5 处，崩塌 1 处，采空塌陷 1 处	毁房屋 95 间，毁农田 4 亩，直接经济损失 51.5 万元	威胁 455 人，威胁房屋 236 间，威胁财产 220 万元
	柏市－酒埠江－钟佳桥－莲塘坳崩塌、滑坡、泥石流中易发区（II₂₂）	以柏市、酒埠江、钟佳桥、湖南坳乡、高枧镇、酒埠江镇、莲塘坳乡为主的局部地区	900	以侵蚀构造低山峰林石山地貌，侵蚀高差大，高程 200～800m，相对高差150～250m，坡度 20°～30°。出露地层岩性为石炭纪灰岩、页岩、白垩纪砾岩、细粒石英砂岩、粉砂岩夹砂质页岩	滑坡 20 处，泥石流 3 处，崩塌 1 处	毁房屋 25 间，毁农田 18 亩，直接经济损失 52.1 万元	威胁 1 836 人，威胁 956 间，威胁农田 291 亩，威胁财产 1 344 万元，道路 30m
醴陵市	官庄－东保以滑坡、崩塌为主的地质灾害中易发区（II₂₃）	官庄乡、枫林市乡、黄獭嘴镇、东保乡、仙霞镇、王仙镇、石亭镇北部、浦口镇	782.1	位于罗霄山脉西北，地形切割强烈，沟壑密度大，高程 400～800m，最高为806m。相对高差 100～500m；分布地层主要为冷家溪群浅变质砂岩、砂质板岩、板岩及燕山期花岗岩、局部见少量泥盆纪和石炭纪灰岩、泥灰岩	中型滑坡 2 处，小型滑坡 9 处，中型泥石流 1 条，不稳定斜坡 2 处	小型，毁房屋 49 间，直接经济损失 28.7 万元	中型 5 处，小型 9 处，威胁人数共 146 人，威胁房屋 166 间，威胁农田 10 亩，威胁公路 50m，威胁资产累计 426 万元
	贺家桥－栗山坝滑坡、崩塌、泥石流灾为主的地质灾害中易发区（II₂₄）	贺家桥镇、栗山坝镇、大障镇西部、船湾镇、嘉树乡、均楚镇东部等地区	432.7	侵蚀剥蚀低山地貌。地形切割强烈，地势陡峭，溪河交织，沟壑交织，相对高差 400～500m；分布地层主要为冷家溪群浅变质砂岩、砂质板岩、板岩、中部见泥盆纪、二叠纪泥灰岩、石英砂岩、粉砂岩、页岩	小型滑坡 6 处，中型泥石流 1 条，小型泥石流 2 条	毁房屋 12 间，毁公路 130m，直接经济损失 16 万元	中型 3 处，小型 7 处，威胁人数共 105 人，威胁房屋 97 间，威胁农田 35 亩，威胁公路 400m，威胁资产共 207 万元

续表 4-21

所属县市	分区名称	位置	面积（km²）	地质环境条件特征	地质灾害发育特征及危害程度		险情及级别
					类型及数量	灾情及级别	
茶陵县	七里-八团-潞水滑坡为主的地质灾害中易发区（Ⅱ₂₅）	七里，火田，高陇北部，八团西部，坡陂南部，腰陂中部，潞水，秩堂小部	360.38	地貌为低山，丘陵，高程为 200~1400m，岩性主要为寒武纪板岩，变质纪板岩，白垩纪红色岩系，花岗岩等	15 处滑坡（1 处大型，2 处中型 12 处小型），2 处泥石流，均为小型	已造成 96 万元财产损失	预计威胁财产安全 871 万元
	虎睡-平水-下东思聪-涞江以滑坡、崩塌为主的地质灾害中易发区（Ⅱ₂₆）	虎睡东部，平水东部，枣市，下东西北部，思聪，涞江小部	255.47	地貌为低山，丘陵，高程为 150~800m。岩性主要为白垩纪红色岩系，泥盆纪和侏罗纪的砂岩，砂质页岩，泥质页岩，寒武纪，变质纪的板岩，奥陶纪的板岩，变质砂岩及第四纪岩系等	20 处滑坡，4 处崩塌，其中 2 处中型，2 处小型	已造成财产损失 32 万元	预计威胁财产安全 2 255 万元
	严塘-江口-糊口-小田以滑坡为主的地质灾害中易发亚区（Ⅱ₂₇）	严塘，江口，桃坑北部，湖口，沅溪南部，小田，骱舫小部	383.88	地貌为中低山，丘陵，河谷平原，高程为 150~1 200m，岩性主要为白垩纪色岩系，泥盆纪至侏罗纪色岩，砂质的岩，灰岩，页岩，寒武纪的板岩，奥陶纪岩及第四系等	6 处滑坡 13 处，其中中型 1 处，小型 5 处	已造成财产损失 13 万元	预计威胁财产安全 475 万元
炎陵县	霞阳镇滑坡，崩塌中易发亚区（Ⅱ₂₈）	分布在以炎陵县城为中心的周边地区	32.5	地貌类型为侵蚀构造丘陵，低山，高程一般为 250~550m，山坡较陡，切割深度强烈，沟谷呈"V"字形，坡角 30°~40°，局部达 50°~60°。炎陵县城以西为奥陶纪浅变质砂岩，县城以东为燕山期花岗岩	滑坡 15 处，崩塌 1 处，均为小型	已造成 285.2 万元经济财产损失	预计威胁 10 户 74 人，潜在经济损失 785 万元
	东风-鹿原镇滑坡，崩塌中易发亚区（Ⅱ₂₉）	位于炎陵县西部的东风乡及鹿原镇	112.5	剥蚀侵蚀构造型丘陵-低山，高程一般为 250~500m。坡角 35°~45°，坡度较大，地形陡峭。地层岩性为加里东期中粒斑状黑云母二长花岗岩，泥盆纪-奥陶纪，白云质灰岩，泥灰岩，东风乡构造影响较弱，鹿原镇受构造影响较大，岩体多呈破碎状	滑坡 18 处，崩塌 2 处，均为小型	直接经济损失 12.2 万元	预计威胁 152 人，受威胁资产 263.8 万元
	策源-平乐滑坡，崩塌，泥石流中易发亚区（Ⅱ₃₀）	分布于水口镇，中村乡及平乐乡	311.5	构造侵蚀中低山地貌，相对高差达 1 380m，出露地层包括燕山期中粒黑云母花岗岩，石炭纪灰岩，寒武纪-奥陶纪砂岩，板岩	滑坡 22 处，3 处泥石流，2 处崩塌。其中滑坡 20 处小型，1 处中型，泥石流与崩塌均为小型	直接经济损失 197.3 万元	威胁 2 780 人，威胁财产约 1 610.1 万元
	沔渡-桃源洞滑坡，崩塌，泥石流中易发亚区（Ⅱ₃₁）	位于炎陵县北部，从沔渡-桃源洞沿沔水河谷分布	48.3	地貌大致以十都为界，下游为丘陵地貌；高程 350~1 500m，上游主要为中低山地貌，冲沟发育，水系切割较深。地层性主要为花岗岩	8 处滑坡，1 处崩塌，2 处泥石流，均为小型	直接经济损失 272.5 万元	受威胁人口 22 人，资产 384 万元

（二）危险性评价

1. 评价方法

本次工作的评价方法采取《建设用地地质灾害危险性评估》推荐的危险性评价指标体系完成分析。根据地质灾害易发评估结果，充分考虑调查区地质环境条件的差异性和相似性、地质灾害隐患点的分布、危险程度等，确定危险性评价的指标及其指数化，根据"区内相似，区际相异"的原则，采用定性、半定量分析法，进行地质灾害危险性等级分区。

1）评价标准

在地质灾害易发性分析和危害程度分析的基础上，进行地质灾害危险性评价，评价标准依据中华人民共和国地质矿产行业标准《地质灾害危险性评估规范》（DZ/T 0286—2015）（表4-22），将危险性划分为大（高）、中等、小（低）3个等级。

表 4-22　地质灾害危险性分级表

危害程度	发育程度		
	强	中等	弱
大	危险性大	危险性中等	危险性中等
中等	危险性大	危险性中等	危险性中等
小	危险性中等	危险性小	危险性小

2）评价指标选取和分级

地质灾害危险性评价指标选取和分级是进行地质灾害危险性分区的关键。评价指标的选取和等级划分目前国内外尚没有统一的标准，只能通过借鉴已有的研究成果，收集相关资料来开展相关的分析。通过讨论分析，根据地质灾害的发育程度和危害程度，并针对工作区的特点，选取地质灾害发育强度（频次系数、分布密度系数和规模系数综合表征）、地质灾害危害程度（受威胁的人数、受威胁的重要交通工程以及潜在经济损失）作为区内地质灾害危险性评价指标（表4-23）。

表 4-23　地质灾害危险性分区分级表

名称	参数名称及单位	大	中等	小
地质灾害发育强度	频次系数（次/a）	≥1	1～0.2	≤0.2
	分布密度系数（处/km²）	≥0.5	0.5～0.1	≤0.1
	规模系数（m³/km²）	≥20 000	20 000～5 000	≤5 000
地质灾害危害程度	潜在经济损失（万元/km²）	≥5 000	5 000～500	≤500
	受威胁人数（人/km²）	≥100	100～10	≤10
	受威胁的重要交通工程（km/km²）	≥0.6	0.6～0.2	≤0.2

2. 危险性分区评价

根据定性分析和半定量评价，长株潭地区共圈定崩塌、滑坡、泥石流地质灾害危险性大区18个，总面积约为3 190.37km²，其中长沙地区为836.91km²，株洲地区为1 550.6km²，湘潭地区为802.86km²；危险性中等区24个，总面积约为5 159.07km²，其中长沙地区为2 618.4km²，株洲地区为1 205.33km²，湘潭地区为1 335.34 km²，其余为危险性小区（表4-24、表4-25及图4-9）。

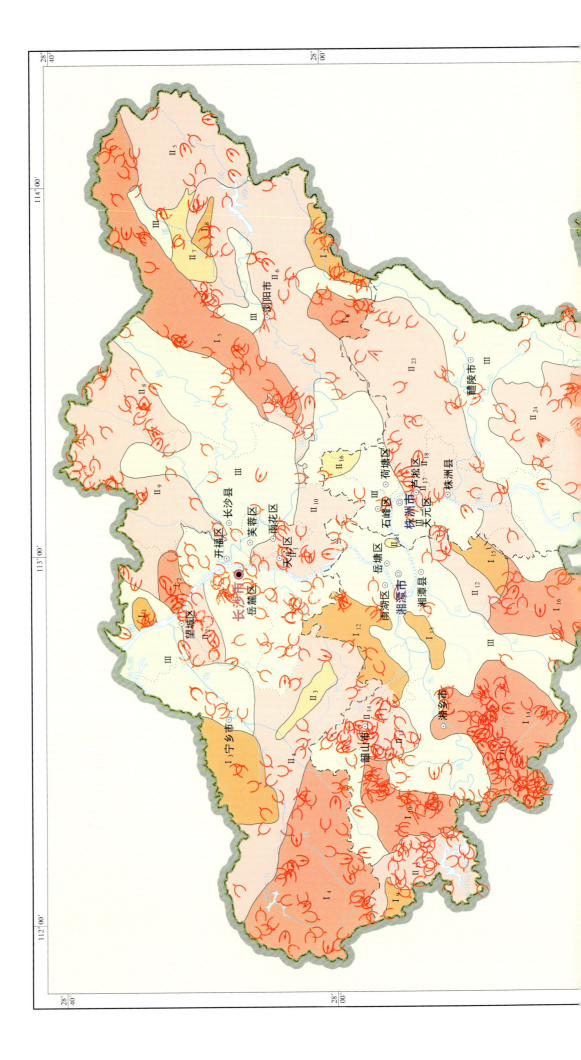

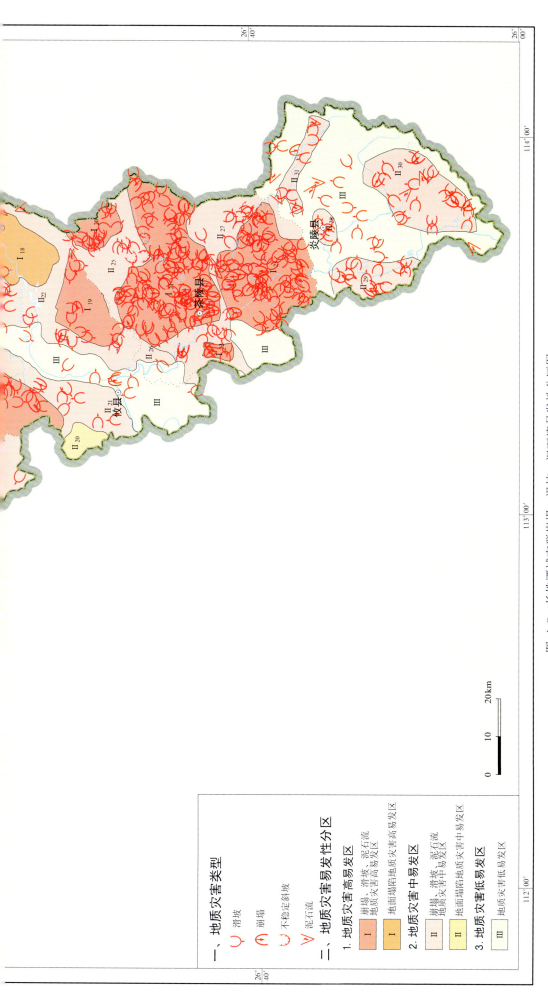

图 4-8 长株潭城市群崩塌、滑坡、泥石流易发性分区图

表 4-24 长株潭城市群崩塌、滑坡、泥石流危险性大区综合评价一览表

所属县市	分区名称	位置	面积（km²）	地质灾害发育特征及危害程度			重要隐患点
				类型、规模及数量	灾情及级别	险情及级别	
宁乡市	喻家坳－煤炭坝－菁华铺以采空塌地面变形地质灾害为主的危险性大区（I₁）	煤炭坝镇、菁华铺乡与喻家坳乡	201.63	共22处。采空塌陷18处，巨型1处，大型6处，中型4处，小型7处；滑坡4处，均为小型	地面岩溶塌陷特大型1处，中型3处，小型14处；滑坡均为小型。直接经济损失4 229.75万元	采空塌陷特大型1处，中型6处，小型10处；滑坡均为小型；威胁房屋25 343间15 134人，威胁资产19 802万元	采空塌 NX0024、NX0034 等
望城县	铜官－西湖寺以采空地面变形、滑坡、斜坡地质灾害为主的危险性大区（I₂）	铜官镇东南	30.81	共9处。采空塌陷4处，大型1处，中型1处，小型1处；滑坡5处，均为小型	采空塌陷中型2处，小型2处；滑坡均为小型。直接经济损失281万元	采空塌陷中型3处，小型1处；滑坡均为小型。滑坡人口达101人，威胁房屋27间，潜在威胁资产2 900万元	采空塌 WC0011、WC0013、WC0002
	金山桥－南塘不稳定斜坡、滑坡、泥石流地质灾害为主的危险性大区（I₃）	金山桥社区、南塘一带	36.07	共8处。不稳定斜坡3处，中型1处，小型2处；泥石流1处，中型；滑坡4处，均为小型	不稳定斜坡中型2处，小型1处；泥石流、滑坡均为小型。直接经济损失8万元	不稳定斜坡中型1处，小型2处；泥石流、滑坡均为小型；威胁人口达120人，威胁房屋194间，潜在威胁资产6 608万元	泥石流 WC0048，不稳定斜坡 WC0044
浏阳市	石门－焦溪以滑坡、泥石流地质灾害为主的危险性大区（I₄）	石门、焦溪一带	246.80	共16处。滑坡12处，均为小型；泥石流1处，采空塌陷2处，崩塌1处，均为小型	滑坡均为小型；泥石流、地面塌陷均为小型；崩塌为小型。直接经济损失68.6万元	滑坡均为小型；泥石流为小型；采空塌、崩塌均为小型。潜在威胁资产475万元	滑坡 LY21、LY20
	杨花－金刚以滑坡、崩塌地质灾害为主的危险性大区（I₅）	杨花乡大部分、大瑶镇西部、金刚镇西部	62.20	共9处。滑坡6处，中型1处，小型5处；不稳定斜坡1处；崩塌2处，均为小型	滑坡、不稳定斜坡均为小型；崩塌均为小型。直接经济损失10万元	滑坡均为小型；不稳定斜坡均为小型；崩塌均为小型。潜在经济损失882万元	滑坡 LY43、LY51
	杨花－金庄以滑坡地质灾害为主的危险性大区（I₆）	杨花、金庄一带	149.70	共11处。均为滑坡，大型1处，中型1处，小型6处，小型4处	滑坡中型1处，小型10处；直接经济损失209万元	滑坡中型4处，小型7处。潜在经济损失2 204万元	滑坡 LY115、LY125、LY131

续表 4-24

所属县市	分区名称	位置	面积（km²）	地质灾害发育特征及危害程度			重要隐患点
				类型、规模及数量	灾情及级别	险情及级别	
浏阳市	文家市镇南部－澄潭江镇以采空地面变形、滑坡地质灾害为主的危险性大区（I₇）	文家市镇南部、澄潭江镇大部	109.70	共29处。采空塌陷17处，中型1处，小型16处；滑坡10处，中型2处，小型8处；不稳定斜坡1处，为中型；崩塌1处，为小型	采空塌陷中型1处，小型16处；滑坡均为小型；不稳定斜坡1处，为中型；崩塌为小型。直接经济损失313万元	采空塌陷中型2处，小型15处；滑坡均为小型；不稳定斜坡1处，为中型；崩塌为小型。潜在经济损失1 464万元	采空塌陷LY142、LY144，滑坡LY118
湘乡市	壶天－金桥以采空地面变形、滑坡地质灾害为主的危险性大区（I₈）	壶天镇西南大部	43.20	共9处。滑坡4处，中型1处，小型3处；采空塌陷5处，中型2处，小型3处	滑坡均为小型；采空塌陷特大型2处，小型3处。直接经济损失2 812万元	滑坡中型1处，小型3处；采空塌陷中型2处，小型3处。威胁人口2 697人，受威胁资产1 480万元	采空塌陷KZ0501、XX0097
	中沙镇－梅桥镇以崩塌、滑坡地质灾害为主的危险性大区（I₉）	中沙镇－梅桥镇一带	346.70	共61处。滑坡24处，中型12处，小型12处；崩塌37处，中型12处，小型25处	均为小型，直接经济损失277.5万元	滑坡中型1处，小型23处；崩塌均为小型。威胁人口达621人，威胁房屋828间，受威胁资产934万元	滑坡XX0219，崩塌XX0166
	响塘乡－望梅以采空地面变形、滑坡、泥石流地质灾害为主的危险性大区（I₁₀）	响塘乡－望梅一带	259.10	共26处。采空塌陷16处，大型1处，中型6处，小型10处；滑坡6处，均为小型；泥石流4处，均为小型	采空塌陷特大型1处，中型3处，小型12处；滑坡13处，小型；泥石流4处，小型。直接经济损失12 804.4万元	采空塌陷特大型1处，中型3处，小型12处；滑坡13处，小型；泥石流4173人，威胁房屋28 313间，受威胁资产752间，受威胁资产752万元	采空塌陷XT0001、XT0014
湘潭县	石潭－杨嘉桥以采空地面变形地质灾害为主的危险性大区（I₁₁）	石潭－汤嘉桥一带	53.96	共9处。均采空塌陷，大型1处，中型1处，小型7处	大型1处，中型1处，小型7处。直接经济损失1 388万元	大型1处，中型1处，小型7处。威胁人口达837人，威胁房屋928间，受威胁资产1 956万元	采空塌陷XT0025、XT0021
	中路铺－谭家山以采空地面变形、滑坡地质灾害为主的危险性大区（I₁₂）	中路铺－谭家山一带	99.90	共11处。采空塌陷9处，大型1处，中型2处，小型6处；滑坡2处，均为小型	采空塌陷大型1处，中型2处，小型5处；滑坡均为小型。直接经济损失2 309.2万元	采空塌陷大型1处，中型2处，小型5处；滑坡1处，小型。威胁人口达2 168人，威胁房屋2 304间，受威胁资产7 433万元	采空塌陷XT0045、XT0044、KZ0909

续表 4-24

所属县市	分区名称	位置	面积（km²）	地质灾害发育特征及危害程度			重要隐患点
				类型、规模及数量	灾情及级别	险情及级别	
攸县	黄丰桥-兰村以采空地面变形地质灾害为主的危险性大区（I₁₃）	黄丰桥-兰村一带	123.80	共 11 处，均为采空塌陷。中型 4 处，小型 7 处	中型 1 处，小型 10 处。直接经济损失 444.5 万元	中型 2 处，小型 9 处。威胁房屋 1 023 人，受威胁资产 485 万元	地面塌陷 Y110、Y111、Y112
攸县	太平山-邓阜仙以滑坡、泥石流地质灾害为主的危险性大区（I₁₄）	太平山-邓阜仙一带	102.20	共 21 处。滑坡 20 处，中型 1 处，小型 19 处；泥石流 1 处，为小型	均为小型。直接经济损失 66 万元	滑坡特大型 1 处，中型 1 处，小型 18 处；泥石流 1 处，为小型。威胁房屋 1 598 间，威胁人口 1 322 人，受威胁资产 5 709 万元	滑坡 CHL74、CHL77
攸县	潞水-腰陂-秩塘以滑坡、崩塌、泥石流等地质灾害为主的危险性大区（I₁₅）	位于潞水镇、腰陂乡、尧水乡、思聪乡、秩塘等乡镇	847.5	共 151 处。滑坡 111 处，巨型 1 处，大型 1 处，中型 9 处，小型 100 处；崩塌 21 处，中型 1 处，小型 20 处；泥石流 13 处，中型 1 处，小型 12 处；采空塌陷 4 处，均为小型；不稳定斜坡 2 处，均为小型	滑坡特大型 1 处，其余均为小型。直接经济损失 2 503 万元	滑坡特大型 2 处，大型 1 处，中型 5 处，小型 103 处；崩塌不稳定斜坡、泥石流及采空塌陷均为小型。威胁人口 6 990 人，威胁房屋 9 167 间，受威胁资产 20 608 万元	滑坡 CHL34、CHL90、CHL203、CHL184 等
茶陵县	水源-西岭地质灾害，泥石流地质灾害为主的危险性大区（I₁₆）	水源-西岭一带	29.3	共 6 处。滑坡大型 1 处，小型 1 处；泥石流 3 处；崩塌 1 处，为小型	均为小型。直接经济损失 58 万元	滑坡中型 1 处，小型 1 处；泥石流中型 2 处，崩塌均为小型。威胁人口 1 008 间，受威胁资产 3 662 万元	滑坡 CHL217 泥石流 HL0100、CHL0101
茶陵县	浣溪-桃坑以滑坡，泥石流地质灾害为主的危险性大区（I₁₇）	浣溪-桃坑一带	392.1	共 96 处。滑坡 78 处，中型 1 处，小型 77 处；泥石流 3 处，为小型；崩塌 12 处；不稳定斜坡 3 处，均为小型	均为小型。直接经济损失 608 万元	滑坡均为小型；泥石流均为小型；崩塌均为小型；不稳定斜坡均为小型。威胁人口 1 812 人，威胁房屋 2 295 间，受威胁资产 3 022 万元	滑坡 CHL277、泥石流 CHL0210、CHL0200
炎陵县	炎陵县-霞阳镇以滑坡、崩塌地质灾害为主的危险性大区（I₁₈）	炎陵县、霞阳镇	55.6	共 15 处。滑坡 13 处，均为小型；崩塌 2 处，均为小型	均为小型。直接经济损失 28 万元	均为小型，受威胁资产 603 万元	滑坡 YL0059

表 4-25 长株潭城市群崩塌、滑坡、泥石流危险性中等区综合评价一览表

所属县市	分区名称	位置	面积（km²）	地质灾害发育特征及危害程度			重要隐患点
				类型、规模及数量	灾情及级别	险情及级别	
宁乡市	沩山－沙田以滑坡、崩塌地质灾害为主的危险性中等区（II₁）	位于沩山乡、沙田乡、青山桥乡、龙田镇及黄材镇南部	556.8	共30处。滑坡21处，1处中型，20处小型；崩塌8处，均为小型；不稳定斜坡1处，为小型	均为小型，直接经济损失64万元	均为小型。威胁人口183人，威胁房屋186间，威胁资产302万元	
	枫木桥－灰汤以滑坡地质灾害为主的危险性中等区（II₂）	位于枫木桥乡、灰汤镇及偕乐桥镇	265.70	共11处。滑坡10处，小型；崩塌1处，小型	均为小型，直接经济损失33万元	均为小型。威胁人口53人，威胁房屋63间，威胁资产94万元	
	花明楼－东湖塘采空地面变形地质灾害为主的危险性中等区（II₃）	位于宁乡市花明楼镇、南田坪乡及东湖塘镇	90.40	共7处。采空塌陷7处，1处中型，6处小型	均为小型，直接经济损失49万元	均为小型。威胁人口72人，威胁房屋49间，威胁资产134万元	
望城区	丁字镇崩塌以地质灾害为主的危险性中等区（II₄）	位于望城区丁字镇	39.40	共7处。崩塌5处，滑坡2处，均为小型	均为小型，直接经济损失12万元	均为小型。威胁人口298人，威胁房屋28间，威胁资产602万元	崩塌 WC0021
长沙市区	大托－洞井以滑坡、采空地面变形地质灾害为主的危险性中等区（II₅）	位于长沙市天心区大托镇、洞井镇	147.40	共15处。滑坡11处，采空塌陷4处，均为小型	均为小型，直接经济损失28万元	均为小型。威胁人口58人，威胁资产66万元	
长沙县	白沙乡－金井镇滑坡地质灾害为主的危险性中等区（II₆）	位于白沙乡、青山铺镇、福临镇、开慧乡及金井镇	180.40	共23处。滑坡17处，2处中型，15处小型；不稳定斜坡5处，泥石流1处，均为小型	均为小型，直接经济损失32.4万元	均为小型。威胁人口208间，房屋208间，威胁资产655万元	泥石流 CS0009
	赤马－双江－龙伏以滑坡、崩塌地质灾害为主的危险性中等区（II₇）	位于长沙县双江镇及浏阳市赤马镇、龙伏镇	189.60	共18处。滑坡13处，2处中型，3处小型；3处崩塌，均为小型；1处泥石流，小型	均为小型，直接经济损失38.9万元	均为小型。威胁人口57人，威胁房屋37间，威胁资产127万元	
浏阳市	大围山－白沙以滑坡、崩塌地质灾害为主的危险性中等区（II₈）	位于大围山镇及白沙乡	391.30	共22处。滑坡17处，2处中型，15处小型；3处崩塌，均为小型；2处不稳定斜坡，均为小型	均为小型，直接经济损失32万元	均为小型。威胁人口91人，威胁房屋18间，威胁资产262万元	

续表 4-25

所属县市	分区名称	位置	面积（km²）	地质灾害发育特征及危害程度			重要隐患点
				类型、规模及数量	灾情及级别	险情及级别	
浏阳市	官渡-古港-沿溪以滑坡、崩塌地质灾害为主的危险性中等区（II₉）	位于官渡镇、沿溪镇、古港镇东部及永和镇	597.30	共23处。滑坡14处，其中2处大型，1处中型，11为小型；4处崩塌，均为小型；1处不稳定斜坡，4处采空塌陷，1处中型，3处小型	均为小型，直接经济损失126.5万元	滑坡1处中型，22处小型，威胁人口415人，威胁房屋97间，威胁资产1 316万元	滑坡LY66、LY101、LY53
	荷花以滑坡地质灾害为主的危险性中等区（II₁₀）	位于浏阳市荷花办事处	160.10	共6处。均为小型滑坡	滑坡1处中型，5处小型，直接经济损失217.8万元	滑坡1处中型，5处小型，威胁人口206人，威胁房屋47间，威胁资产472万元	滑坡LY135、LY40
湘乡市	棋梓桥-翻江以滑坡为主的危险性中等区（II₁₁）	位于湘乡市棋梓桥镇-翻江镇	115.40	共22处。均为小型滑坡	均为小型。直接经济损失38万元	滑坡1处中型，21处小型，威胁人口266人，威胁房屋338间，威胁资产582万元	滑坡XX0148
	月山-白田-龙洞乡以滑坡、崩塌、泥石流地质灾害为主的危险性中等区（II₁₂）	位于月山、白田、潭市及棋梓、翻江、龙洞等乡镇	347.14	共90处，其中滑坡64处，大型1处，中型1处，小型62处；崩塌21处，均为小型；泥石流5处，中型1处，小型4处	滑坡1处中型；泥石流1处中型，4处为小型。直接经济损失约395.8万元	滑坡1处中型，63处小型；泥石流1处为中型，4处为小型。崩塌均为小型，威胁房屋365间，威胁人口537人，威胁财产1 100万元	滑坡XX0022、XX0077，泥石流XX0105
韶山市	杨林-银田以崩塌、滑坡地质灾害为主的危险性中等区（II₁₃）	位于杨林乡、如意镇、清溪镇及银田等乡镇	210.60	共31处。15处滑坡，1处中型，14处小型，13处崩塌，均为小型；2处采空塌陷，小型；1处泥石流，小型	均为小型，直接经济损失76.1万元	均为小型。威胁人口220人，威胁房屋103间，威胁资产810万元	滑坡SS0011、SS0012
湘潭市区	双马镇以采空地面变形地质灾害为主的危险性中等区（II₁₄）	位于岳塘区双马镇	8.50	共3处。3处采空塌陷，2处中型，1处小型	采空塌陷1处中型，2处小型，直接经济损失222万元	均为小型。威胁人口120人，威胁房屋90间，威胁资产552万元	
湘潭县	排头乡-青山桥镇以滑坡、泥石流地质灾害为主的危险性中等区（II₁₅）	位于排头乡西部、分水乡及青山桥镇	177.90	共17处。10处滑坡，均为小型；4处泥石流，2处中型，2处小型；1处崩塌，小型；2处不稳定斜坡，小型	均为小型，直接经济损失57万元	泥石流1处中型，16处小型，威胁人口354人，威胁房屋28间，威胁资产623万元	泥石流XT0061、XT0059

续表 4-25

所属县市	分区名称	位置	面积（km²）	地质灾害发育特征及危害程度			重要隐患点
				类型、规模及数量	灾情及级别	险情及级别	
湘潭县	梅林桥-茶恩寺以滑坡、崩塌地质灾害为主的危险性中等区（II₁₆）	位于梅林桥镇南东部、中路铺镇及茶恩寺镇	475.80	共29处。24处滑坡，5处崩塌，均为小型	均为小型，直接经济损失54万元	均为小型。威胁人口13人，威胁房屋1间，威胁资产94万元	
株洲市区	仙质-云田以采空地面变形地质灾害为主的危险性中等区（II₁₇）	位于仙质镇北部、云田乡东部	48.00	共3处。采空塌陷2处，1处中型，1处小型；滑坡1处，小型	均为小型，直接经济损失9.5万元	均为小型。威胁人口20人，威胁房屋16间，威胁资产60万元	
醴陵市	芦淞区以崩塌、滑坡地质灾害为主的危险性中等区（II₁₈）	位于芦淞区五里墩乡	58.50	共7处。4处滑坡，均为小型；3处崩塌，均为小型	均为小型，直接经济损失32万元	均为小型。威胁人口50人，威胁房屋24间，威胁资产458万元	滑坡 ZZS0011，崩塌 ZZS0010
	仙霞-枫林市乡-南桥镇以滑坡地质灾害为主的危险性中等区（II₁₉）	位于仙霞镇、枫林市乡、南桥庄乡及南桥乡镇	292.00	共7处。滑坡6处，1处中型，5处小型；1处泥石流，中型	均为小型，直接经济损失27万元	均为小型。威胁人口95人，威胁房屋103间，威胁资产276万元	滑坡 LL0006
	鸭塘铺-坪阳庙以滑坡、崩塌地面变形地质灾害为主的危险性中等区（II₂₀）	位于鸭塘铺乡、石羊塘镇、丫江桥镇、坪阳庙乡等	420.83	共27处，其中滑坡19处，均为小型；崩塌4处，均为小型；采空塌陷4处，2处中型，2处小型	均为小型，直接经济损失约64.6万元	采空塌陷1处为中型，其余均为小型。威胁人口1 241人，威胁房屋735间，威胁资产745万元	采空塌陷 Y119
攸县	银坑-峦山以滑坡地质灾害为主的危险性中等区（II₂₁）	位于银坑、峦山镇南部	95.3	共6处。4处滑坡，1处中型，3处小型；1处泥石流，小型；1处崩塌，中型	均为小型，直接经济损失18万元	滑坡1处中型，5处小型。威胁人口274人，威胁房屋260间，威胁资产202万元	滑坡 Y007
	莲塘坳乡以滑坡、采空地面变形地质灾害为主的危险性中等区（II₂₂）	位于莲塘坳乡	35.7	共5处。3处滑坡，均为小型；2处采空塌陷，1处中型	均为小型，直接经济损失56.1万元	采空塌陷1处为大型，4处小型。威胁人口617人，威胁房屋619间，威胁资产357万元	
炎陵县	东风-鹿原以滑坡地质灾害为主的危险性中等区（II₂₃）	位于炎陵县东风乡、鹿原镇及船形乡北部	146.3	共19处。17处滑坡，1处中型；16处小型；2处小型崩塌	均为小型，直接经济损失24万元	19处均为小型。威胁人口87人，威胁资产200万元	
	水口-下村以滑坡、泥石流地质灾害为主的危险性中等区（II₂₄）	位于炎陵县水口镇、下村乡及平乐乡	108.7	共9处。7处滑坡，均为小型；2处泥石流，1处中型	9处小型，直接经济损失109.6万元	滑坡1处为大型，7处小型。泥石流1处中型。威胁人口509人，威胁资产312.2万元	采空塌陷 YL129

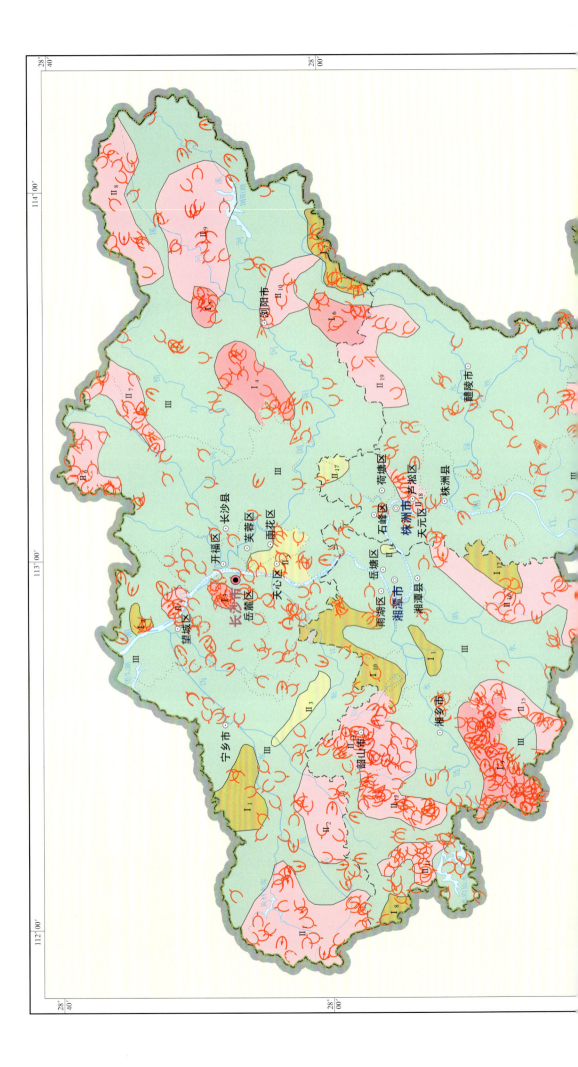

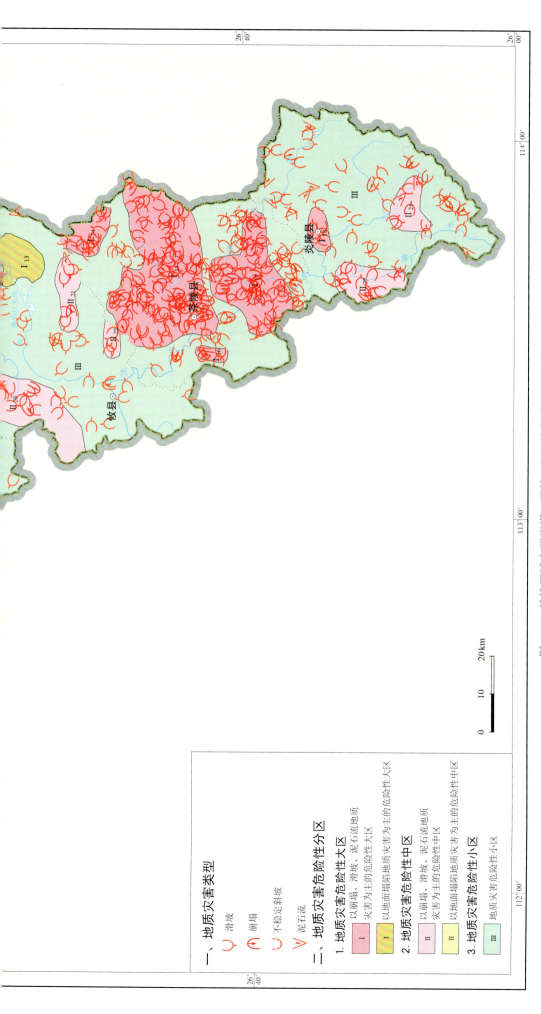

图 4-9 长株潭城市群崩塌、滑坡、泥石流危险性分区图

二、岩溶塌陷易发性、危险性评价

（一）易发性评价

根据可溶岩分布区的岩溶发育程度、岩土体类型、构造条件、覆盖层情况、动力破坏条件等影响因素，采用地质灾害综合危险性指数法，将工作区划为12个岩溶塌陷高易发亚区、11个中易发亚区、16个低易发亚区（表4-26及图4-10）；其面积分别为929.71km²、331.49km²、1523.03km²，分别占调查区总面积的33.39%、11.91%、54.70%。

表 4-26　工作区岩溶塌陷易发性分区表

易发程度	代号	分 区 名 称	面积（km²）	分 布 区 域
高易发区	I_1	喻家坳乡-煤炭坝镇-回龙铺镇岩溶塌陷地质灾害高易发区	416.74	宁乡市境内的喻家坳乡、煤炭坝镇、大成桥乡、回龙铺镇等乡镇覆盖型和埋藏型岩溶区
	I_2	壶天镇岩溶塌陷地质灾害高易发区	44.72	湘乡市壶天镇西南部薄覆盖型岩溶区
	I_3	莲花镇岩溶塌陷地质灾害高易发区	1.58	岳麓区莲花镇军营村、莲花村大部分覆盖型岩溶区和少量裸露型岩溶区
	I_4	响塘乡岩溶塌陷地质灾害高易发区	2.33	雨湖区响塘乡柴山村、荷花村大部分覆盖型岩溶区
	I_5	坪塘镇岩溶塌陷地质灾害高易发区	3.95	岳麓区坪塘镇白泉村、湾田村等原白泉煤矿覆盖型岩溶区
	I_6	跳马镇岩溶塌陷地质灾害高易发区	9.35	长沙县跳马镇大部分裸露型岩溶区和少量覆盖型岩溶区
	I_7	云湖桥镇岩溶塌陷地质灾害高易发区	20.57	湘潭县云湖桥镇响石村、清风村、史家坳村覆盖型岩溶区
	I_8	姜畲镇-雨湖区-矿院岩溶塌陷地质灾害高易发区	131.27	湘潭市区、姜畲镇东部和湖南科技大学（原矿院）一线覆盖型红层可溶岩分布区
	I_9	仙庾镇岩溶塌陷地质灾害高易发区	9.65	株洲市荷塘区仙庾镇薄覆盖型岩溶区和少量覆盖型岩溶区
	I_{10}	雷打石镇-马家河镇-谭家山镇岩溶塌陷地质灾害高易发区	68.92	湘潭县谭家山镇、天元区雷打石镇、马家河镇等地覆盖型碳酸盐岩岩溶区和少量覆盖型红层可溶岩区
	I_{11}	达浒镇-沿溪镇-永和镇岩溶塌陷地质灾害高易发区	127.11	浏阳市永和镇、达浒镇、沿溪镇覆盖型、裸露型碳酸盐岩岩溶区
	I_{12}	三河镇-鹿原镇-船形乡岩溶塌陷地质灾害高易发区	93.52	炎陵县三河镇、鹿原镇和船形乡浅覆盖型岩溶区和少量裸露型岩溶区

续表 4-26

易发程度	代号	分 区 名 称	面积（km²）	分 布 区 域
中易发区	II$_1$	资福乡-南田坪乡-雨敞坪镇岩溶塌陷地质灾害中易发区	20.58	宁乡市资福乡、南田坪乡、岳麓区雨敞坪镇等地裸露型和覆盖型碳酸盐岩岩溶区
	II$_2$	含浦街道-莲花镇岩溶塌陷地质灾害中易发区	6.15	岳麓区莲花镇、含浦街道等裸露型和薄覆盖型岩溶区
	II$_3$	姜畲镇岩溶塌陷地质灾害中易发区	10.15	雨湖区姜畲镇薄覆盖型岩溶区
	II$_4$	太平桥社区岩溶塌陷地质灾害中易发区	21.35	天元区龙头铺镇—荷塘铺乡一带覆盖型、埋藏型红层可溶岩区
	II$_5$	嘉树镇-西山街道-来龙门街道岩溶塌陷地质灾害中易发区	17.67	醴陵市嘉树乡—西山街道办事处—来龙门街道办事处一带裸露型碳酸盐岩岩溶区和少量覆盖型红层可溶岩区
	II$_6$	峦山镇岩溶塌陷地质灾害中易发区	91.85	攸县峦山镇—漕泊乡—柏市镇一带裸露型和少量覆盖型碳酸盐岩岩溶区
	II$_7$	潞水镇岩溶塌陷地质灾害中易发区	53.26	茶陵县潞水镇裸露型和少量覆盖型碳酸盐岩岩溶区
	II$_8$	高陇镇岩溶塌陷地质灾害中易发区	15.47	茶陵县高陇镇裸露型和少量覆盖型碳酸盐岩岩溶区
	II$_9$	秩堂镇岩溶塌陷地质灾害中易发区	35.77	茶陵县秩堂镇裸露型和少量覆盖型碳酸盐岩岩溶区
	II$_{10}$	渌田镇岩溶塌陷地质灾害中易发区	3.49	攸县渌田镇群力村薄覆盖型岩溶区和裸露型岩溶区
	II$_{11}$	石潭镇岩溶塌陷地质灾害中易发区	55.75	湘潭县石潭镇普庆村、新合村、新庄村薄覆盖型岩溶区和裸露型岩溶区
低易发区	III$_{1-16}$	长株潭岩溶塌陷地质灾害低易发区	1 523.03	长株潭地区岩溶发育的裸露型岩溶区；岩溶发育中等到弱的泥灰岩、泥质灰岩夹碎屑岩的覆盖型岩溶区

（二）危险性评价

按照"区内相似、区际相异"的原则，依据地质灾害易发性评价结果，结合塌陷点的稳定状态、危险程度和威胁范围等因素，在工作区划分出了岩溶塌陷危险性大区 34 个、危险性中等区 5 个和危险性小区 13 个（表 4-27 及图 4-11），其面积分别为 1 219.33km²、279.37km²、646.17km²，分别占调查区总面积的 56.85%、13.03%、30.13%。

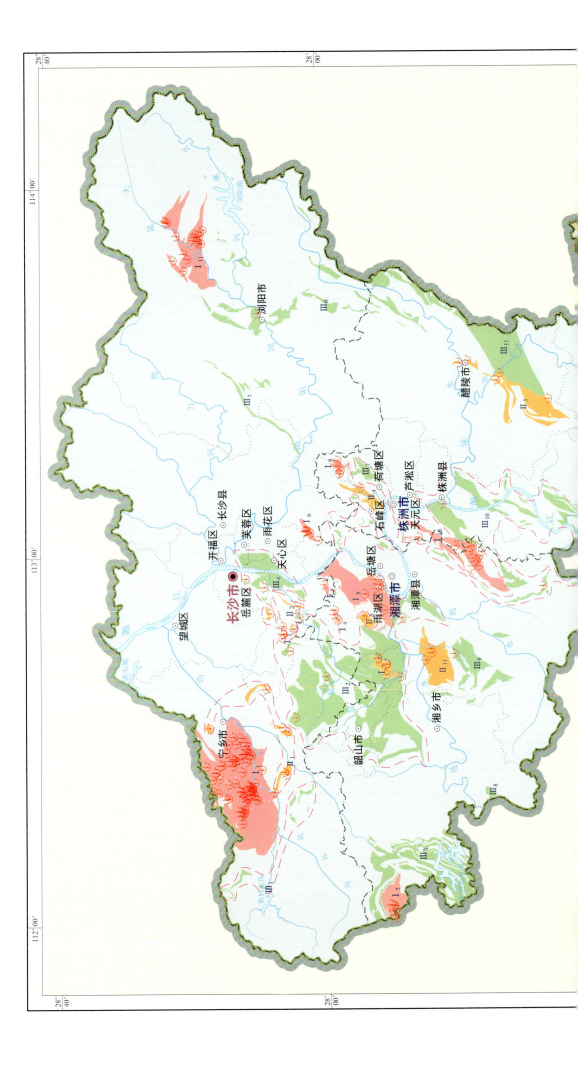

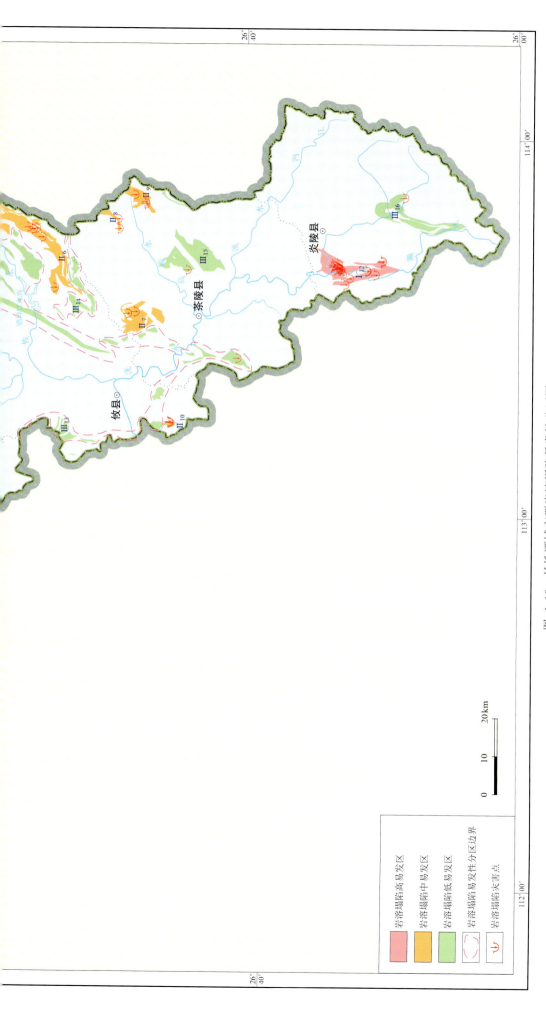

图 4-10 长株潭城市群岩溶塌陷易发性分区图

表 4-27 岩溶塌陷地质灾害危险性分区一览表

灾种	代号	分区名称	面积（km²）	分布区域	已发生地质灾害数量	重要隐患点
危险性大区	I₁	喻家坳－煤炭坝－回龙铺岩溶塌陷地质灾害危险性大区	416.74	宁乡市境内的喻家坳乡、煤炭坝镇、大成桥乡、回龙铺镇等乡镇	73处小型岩溶塌陷	NXX08、NXX20、NXX31、NXX33、NXX59、NXX72
	I₂	资福乡－南田坪乡－雨敞坪镇岩溶塌陷地质灾害危险性大区	20.58	宁乡市资福乡－南田坪乡－岳麓区雨敞坪镇一带	7处小型岩溶塌陷	NXX66、NXX67、CSS13
	I₃	东湖塘镇岩溶塌陷地质灾害危险性大区	13.74	宁乡市东湖塘镇南竹村	1处小型岩溶塌陷	NXX28
	I₄	壶天镇岩溶塌陷地质灾害危险性大区	44.72	湘乡市壶天镇西南区域	4处中型岩溶塌陷	XXS04、XXS05
	I₅	莲花镇－含浦街道岩溶塌陷地质灾害危险性大区	12.03	岳麓区莲花镇至含浦街道一带	9处小型岩溶塌陷	CSS05、CSS09
	I₆	南方大学岩溶塌陷地质灾害危险性大区	0.43	岳麓区学士街道白鹤社区南方大学	1处小型岩溶塌陷	无
	I₇	省委党校岩溶塌陷地质灾害危险性大区	0.34	岳麓区西湖街道党校社区省委党校	1处小型岩溶塌陷	无
	I₈	大屯营镇岩溶塌陷地质灾害危险性大区	10.65	宁乡市大屯营镇狮北村	1处小型岩溶塌陷	NXX27
	I₉	响塘乡岩溶塌陷地质灾害危险性大区	2.33	雨湖区响塘乡柴山村、荷花村等地	1处中型岩溶塌陷、3处小型岩溶塌陷	XTS06、XTS07、XTS09
	I₁₀	坪塘镇岩溶塌陷地质灾害危险性大区	3.95	岳麓区坪塘镇原白泉煤矿	1处小型岩溶塌陷	CSS10
	I₁₁	跳马镇岩溶塌陷地质灾害危险性大区	9.73	长沙县跳马镇	6处小型岩溶塌陷	CSX03、CSX05
	I₁₂	关口街道岩溶塌陷地质灾害危险性大区	2.05	浏阳市关口街道水佳社区	1处小型岩溶塌陷	LYS03
	I₁₃	达浒镇－沿溪镇－永和镇岩溶塌陷地质灾害危险性大区	127.11	浏阳市永和镇、达浒镇、沿溪镇	18处小型岩溶塌陷	LYS11、LYS12、LYS15、LYS17
	I₁₄	云湖桥镇－石潭镇岩溶塌陷地质灾害危险性大区	18.86	湘潭县云湖桥镇响石村、清风村、家坳村、石潭镇莲花坝村	4处中型岩溶塌陷、2处小型岩溶塌陷	XTX17、XTX19、XTX20
	I₁₅	姜畲镇岩溶塌陷地质灾害危险性大区	10.01	雨湖区姜畲镇	1处小型岩溶塌陷	无
	I₁₆	姜畲镇－雨湖区－矿院岩溶塌陷地质灾害危险性大区	60.86	湘潭市区、雨湖区、姜畲镇东部和湖南科技大学（原矿院）一线	7处小型岩溶塌陷	无
	I₁₇	太平桥社区岩溶塌陷地质灾害危险性大区	21.35	天元区学林办事处太平桥社区	1处小型岩溶塌陷	无
	I₁₈	仙庾镇岩溶塌陷地质灾害危险性大区	9.65	株洲市荷塘区仙庾镇	2处中型岩溶塌陷、2处小型岩溶塌陷	ZZH04

续表 4-27

灾种	代号	分区名称	面积（km²）	分布区域	已发生地质灾害数量	重要隐患点
危险性大区	I₁₉	石潭镇岩溶塌陷地质灾害危险性大区	7.63	湘潭县石潭镇新庄村、普庆村、新合村	1处中型岩溶塌陷、2处小型岩溶塌陷	XTX04
	I₂₀	杨嘉桥镇岩溶塌陷地质灾害危险性大区	0.54	湘潭县杨嘉桥镇龙华村	1处中型岩溶塌陷	XTX16
	I₂₁	马家河镇岩溶塌陷地质灾害危险性大区	2.98	天元区马家河镇金龙村	1处小型岩溶塌陷	无
	I₂₂	射埠镇岩溶塌陷地质灾害危险性大区	10.44	湘潭县射埠镇方上桥村	1处小型岩溶塌陷	XTX02
	I₂₃	雷打石镇-谭家山镇岩溶塌陷地质灾害危险性大区	65.94	湘潭县谭家山镇、天元区雷打石镇	2处大型岩溶塌陷、2处中型岩溶塌陷、7处小型岩溶塌陷	XTX07、XTX09、XTX13、XTX14
	I₂₄	白石镇岩溶塌陷地质灾害危险性大区	10.07	湘潭县白石镇双新村	1处中型岩溶塌陷	XTX01
	I₂₅	大障镇-嘉树镇-来龙门街道岩溶塌陷地质灾害危险性大区	33.28	醴陵市大障镇、嘉树乡、西山街道办事处、来龙门街道办事处	1处中型岩溶塌陷、4处小型岩溶塌陷	LLS03、LLS05
	I₂₆	鸾山镇岩溶塌陷地质灾害危险性大区	91.86	攸县鸾山镇东院村、桃源村、新潭村	5处小型岩溶塌陷	无
	I₂₇	潞水镇岩溶塌陷地质灾害危险性大区	11.66	茶陵县潞水镇农元村、元王村	2处小型岩溶塌陷	无
	I₂₈	高陇镇岩溶塌陷地质灾害危险性大区	15.47	茶陵县高陇镇古城村、庄田村	2处小型岩溶塌陷	无
	I₂₉	渌田镇岩溶塌陷地质灾害危险性大区	3.49	攸县渌田镇群力村	3处小型岩溶塌陷	ZYX01、ZYX03
	I₃₀	秩堂镇岩溶塌陷地质灾害危险性大区	35.77	茶陵县秩堂镇皇图村、彭家祠村、石龙村	3处小型岩溶塌陷	CLX07、CLX08
	I₃₁	严塘镇岩溶塌陷地质灾害危险性大区	27.41	茶陵县严塘镇高经村	1处小型岩溶塌陷	无
	I₃₂	枣市镇岩溶塌陷地质灾害危险性大区	15.02	茶陵县枣市镇西岭村	1处小型岩溶塌陷	无
	I₃₃	三河镇-鹿原镇-船形乡岩溶塌陷地质灾害危险性大区	93.52	炎陵县三河镇、鹿原镇、船形乡	22处小型岩溶塌陷	YYX08、YYX11、YYX16
	I₃₄	水口镇岩溶塌陷地质灾害危险性大区	9.12	炎陵县水口镇自源村	1处小型岩溶塌陷	YYX23
危险性中等区	II₁₋₅	长株潭所有危险性中等区	279.37	长株潭范围内临近岩溶塌陷灾害区的岩溶发育的地区	无	无
危险性小区	III₁₋₁₃	长株潭所有危险性小区	646.17	长株潭范围内岩溶发育的裸露型岩溶区；岩溶发育中等—弱的泥质灰岩、泥质灰岩夹碎屑岩的覆盖型岩溶区	无	无

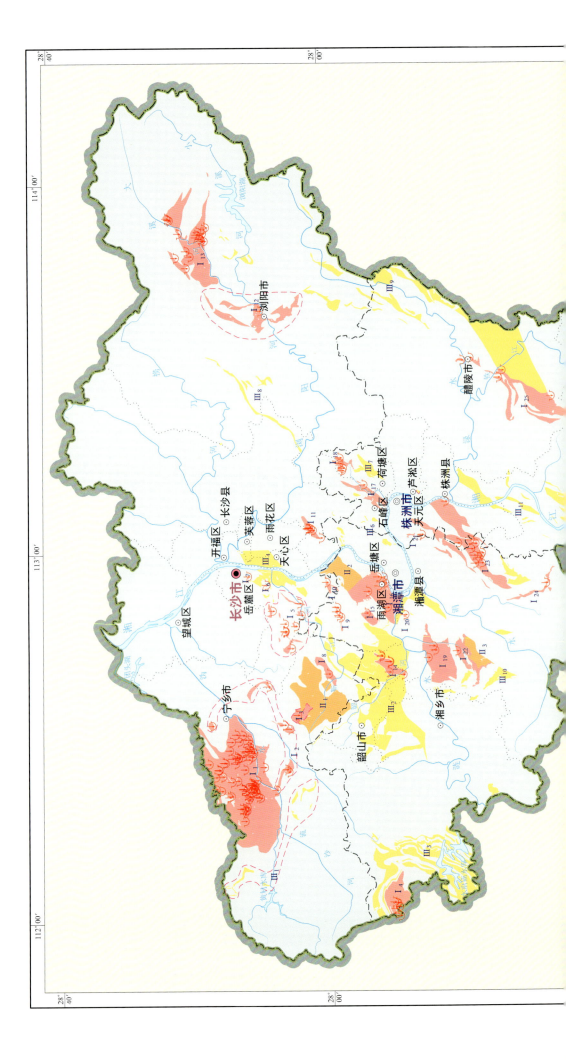

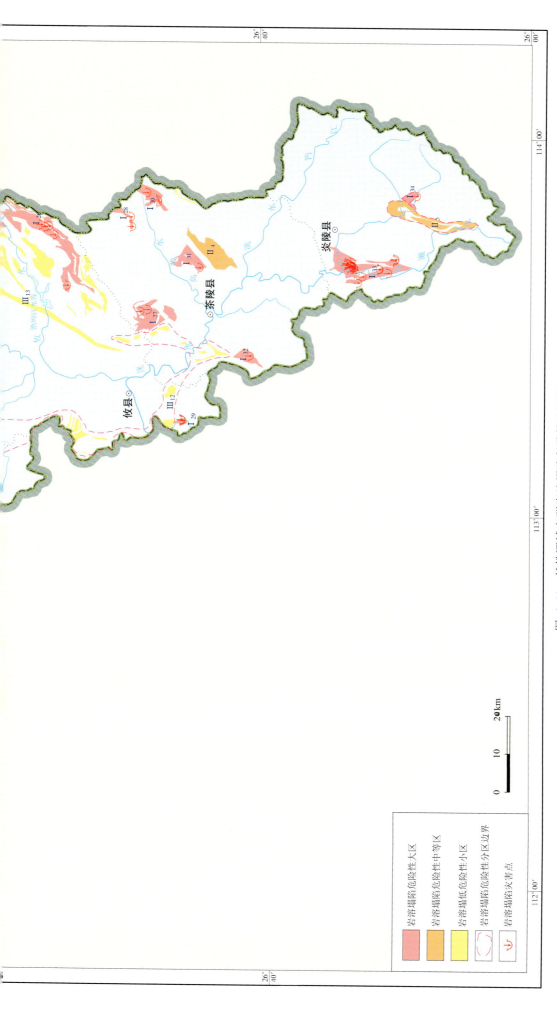

图 4-11 长株潭城市群岩溶塌陷危险性分区图

第五节 土地质量评价

一、评价方法

(一)评价标准

为区别于土壤环境质量分类,《土地质量地球化学评价规范》(DZ/T 0295—2016)综合考虑了土壤植物必需营养有益元素、土壤重金属和健康元素含量等,对土地质量进行地球化学评价。依此规范将长株潭城市群已调查区土地划分 5 个土地质量地球化学综合等级。

(二)评价体系

1. 土壤养分地球化学等级划分

参照《土地质量地球化学评价规范》(DZ/T 0295—2016)的土壤养分分级标准,进行土壤单指标养分地球化学等级划分。在 N、P、K 土壤单指标养分地球化学等级划分的基础上,按照式(4-8)计算土壤养分地球化学综合得分 $f_{养综}$。

$$f_{养综}=\sum_{i=1}^{n}K_i f_i \tag{4-8}$$

式中,$f_{养综}$ 为土壤 N、P、K 评价总得分,$1 \leqslant f_{养综} \leqslant 5$;$K_i$ 为 N、P、K 权重系数,分别为 0.4、0.4 和 0.2;f_i 分别为土壤 N、P、K 的单元素等级得分。单指标评价结果 5 等、4 等、3 等、2 等、1 等所对应的 f_i 得分分别为 1、2、3、4、5 分(表 4-28、表 4-29)。

表 4-28 土壤养分地球化学综合等级划分表

等级	1 等	2 等	3 等	4 等	5 等
$f_{养综}$	≥ 4.5	4.5～3.5	3.5～2.5	2.5～1.5	< 1.5

表 4-29 土壤养分不同等级含义、颜色与 R:G:B

等级	1 等	2 等	3 等	4 等	5 等
含义	丰富	较丰富	中等	较缺乏	缺乏
颜色					

2. 土壤环境地球化学综合等级划分

参照《土地质量地球化学评价规范》（DZ/T 0295—2016）的土壤环境分级标准，计算土壤污染物 i 的单项污染指数 P_i（表4-30）：

$$P_i = \frac{C_i}{S_i} \tag{4-9}$$

式中：C_i 为土壤中 i 指标的实测浓度；S_i 为污染物 i 在 GB 15618 中给出的二级标准值。

表4-30 土壤环境地球化学等级划分界限

等级	1等	2等	3等	4等	5等
土壤环境	$P_i \leq 1$	$1 < P_i \leq 2$	$2 < P_i \leq 3$	$3 < P_i \leq 5$	$P_i > 5$
	清洁	轻微污染	轻度污染	中度污染	重度污染
颜色					

每个评价单元的土壤环境地球化学综合等级等同于单指标划分出的环境等级最差的等级。如 As、Cr、Cd、Cu、Hg、Pb、Ni、Zn 划分出的环境地球化学等级分别为4等、2等、3等、2级、2等、3等、2等和2等，该评价单元的土壤环境地球化学综合等级为4等。

3. 土壤质量地球化学综合等级划分

土地质量地球化学综合等级由土壤养分地球化学综合等级与土壤环境地球化学综合等级叠加产生，综合反映了土壤环境质量和土壤养分丰缺程度。共将土壤分为5等，从1等至5等土壤综合质量递减，其中1等为优质（土壤环境清洁，土壤养分丰富至中等）；2等为良好（土壤环境清洁，土壤养分较缺乏、缺乏或土壤环境轻微污染，土壤养分丰富—较缺乏）；3等为中等（土壤环境轻度污染，土壤养分丰富—较缺乏或土壤环境较轻微污染，土壤养分缺乏）；4等为差等（土壤环境污染，土壤养分丰富—较缺乏或土壤环境轻度污染，土壤养分缺乏）；5等为劣等（土壤环境重度污染，土壤养分丰富—缺乏或土壤环境中度污染，土壤养分缺乏）。

二、土地地球化学质量

1. 总体特征

长株潭城市群表层土壤中1等（优质）土壤样本数仅占已调查区土壤总样本的0.70%，在浏阳市、宁乡市、虞塘镇、长沙县、株洲县等地有零星分布；2等（良好）土壤占1.84%，主要分布在株洲县、虞塘镇、长沙县、望城区、宁乡市、浏阳市等地；3等（中等）土壤占38.07%，主要分布在株洲县、湘乡市中沙镇、湘乡市虞塘镇、湘乡市棋梓镇、湘乡市育塅乡、湘潭县中路铺镇、长沙县、望城区、湘潭县、浏阳市等地；4等（差等）土壤占50.15%，主要分布在株洲县、长沙县、岳塘区、湘乡市、湘潭县、望城区、宁乡市及浏阳市等地；5等（劣等）土壤占9.25%，集中分布于长沙市中部地区及湘潭市东部—株洲市西部地区（图4-12）。4等（差等）与5等（劣等）土地面积约 8 532km²，占已调查面积的59.40%，土壤综合质量不容乐观。

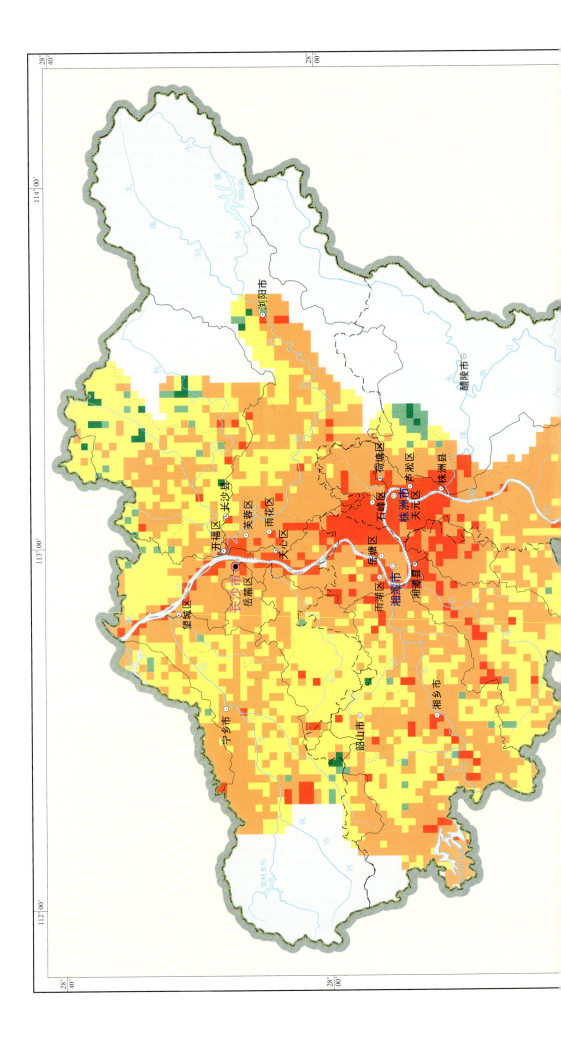

图 4-12 长株潭城市群表层土壤质量综合分级图

2. 不同土地利用类型的土地质量地球化学综合等级特征

所采集的样本中,农用地中样本数占总样本的 88.86%,建设用地占 8.53%,未利用地占 2.61%。

其中农用地中,耕地及林地中 4 等、5 等土地均超过该类土地中总样本的 50% 以上;建设用地与河流、湖泊、内陆滩涂等用地的土地等级皆为 3 等、4 等及 5 等;草地中 4 等、5 等土地分别占总样本的 16.67%、66.67%(表 4-31、表 4-32)。

表 4-31 长株潭土地地球化学质量综合等级比例统计表(%)

土地地球化学质量等别		1 等	2 等	3 等	4 等	5 等
土地利用类型		优质	良好	中等	差等	劣等
农用地	耕地	0.52	1.49	39.23	48.22	10.55
	园地	—	25.00	75.00	—	—
	林地	0.77	2.12	40.24	50.45	6.42
	水域及水利设施用地(坑塘、沟渠)	—	—	20.00	60.00	20.00
建设用地	工矿仓储用地	—	—	—	100.00	—
	住宅用地	0.33	0.99	19.21	56.95	22.52
	公共管理及公共服务用地	—	—	—	50.00	50.00
	交通运输用地	—	—	100.00	—	—
	水域及水利设施用地(水库水面)	—	—	25.00	68.75	6.25
未利用地	草地	—	16.67	—	16.67	66.67
	水域及水利设施用地(河流、湖泊、内陆滩涂)	—	—	4.35	47.83	47.83
	其他土地	—	—	33.33	66.67	—

表 4-32 不同质量等别耕地土壤分布情况表

土壤综合质量等别	土地质量	耕地面积(km^2)	占总样本比例(%)
1 等土壤	优质	28.49	0.52
2 等土壤	良好	81.41	1.49
3 等土壤	中等	2 149.17	39.23
4 等土壤	差等	2 641.69	48.22
5 等土壤	劣等	578.00	10.55

第五章　城市群地质环境保护与城市规划建议

第一节　地质资源开发利用建议

一、地下水资源开发利用建议

区内地下水资源较为丰富，而开发利用程度普遍较低，资源潜力较大，可适当扩大开采，尤其在干旱缺水地区或季节应充分开发利用。河流两岸、岩溶及灰质砾岩分布区、富水断裂带等地段，地下水资源丰富且集中，可作为城镇或新农村建设集中供水区的应急（后备）水源地。其他地区地下水分散开采，满足广大农村生活饮用。

建立健全地下水动态监测网络，掌握地下水水温、水位、水量、水质等变化特征，避免区域水位下降、水质恶化等环境地质问题。

二、矿泉水资源开发利用建议

从水质、水量、交通条件、环境卫生条件、防污能力等因素综合来看，区内开发利用条件好的有宁乡灰汤、长沙市肉联厂、长沙县麻林桥矿泉水等15处（表5-1），其允许开采量为11 109.35m³/d，扣除现已开采的2 138.5m³/d外，尚有8 970.85m³/d可供开发利用。这些点水质好，水量较大且稳定，所处位置有利，交通方便，卫生条件良好，防污能力中等到好，具有近期开发利用的价值。

区内开发利用条件中等的有宁乡市灰汤镇赵家山村、长沙县福临镇开慧中学、浏阳市沿溪镇大光洞村、株洲县仙井乡羊牯岭村、醴陵市仙霞镇上周家冲村、炎陵县平乐乡乐富村矿泉水等82处，目前只有少数点作为普通地下水用来饮用、洗涤、灌溉，而其允许开采量达2 786.18m³/d，开发利用潜力大，可资远期开发利用。

表 5-1　长株潭城市群开发利用条件好的矿泉水点统计表

编号	位置	水点类型	地层代号	岩性构造	矿泉水类型	水质类型	流量（L/s）	用途	离县（市）城距离（km）	离公路距离（km）	离风景旅游区距离（km）	卫生条件	防污能力	备注
CS001	长沙市	钻孔	K_2d	砾岩	锶水	HCO_3—Ca·Mg	0.612	饮用	<30	<1	<20	好	好	
CS002	长沙市芙蓉区马王堆街道荷晏社区	钻孔	K_2d	砾岩	锶锂水	SO_4—Ca	16.539	饮用	<30	<1	<20	好	好	通过国家鉴定
CS003	长沙市	钻孔	K_1s	砾岩	锶水	HCO_3—Ca	10.611	饮用	<30	<1	<20	好	好	

续表 5-1

编号	位置	水点类型	地层代号	岩性构造	矿泉水类型	水质类型	流量 (L/s)	用途	离县(市)城距离(km)	离公路距离(km)	离风景旅游区距离(km)	卫生条件	防污能力	备注
CS004	长沙市肉联厂	钻孔	K_2d	砾岩	锶锂水	$SO_4 \cdot HCO_3$—Na	21.574	饮用	<30	<1	<20	良好	好	
CS005	长沙市	钻孔	Pt	板岩	硅酸水		1.157	饮用、医疗	<30	<1	<20	好	好	
CS006	长沙市	钻孔	Pt	板岩	硅酸水	HCO_3—Ca·Mg	1.363	饮用	<30	<1	<20	好	好	
CS007	省经济管理干部学院	钻孔	K_2d	砾岩	硒锶锂水	$SO_4 \cdot HCO_3$—Na	1.389	饮用	<30	<1	<20	好	好	
CS008	湖南省地勘局院内	钻孔	C—P	灰岩	锶水	HCO_3—Ca·Mg	13.958	饮用	<30	<1	<20	好	好	通过国家鉴定
CS010	长沙县福临镇影珠山东麓(影珠山矿泉水)	上升泉	γ_5^{3a}	二云母二长花岗岩	硅酸氡水	HCO_3—Ca·Na	0.644~0.755	饮用、医疗	30~50	<1	>20	良好	中等	
CS013	长沙县路口镇麻林桥 ZK2201 孔	钻孔	γ_5^{3a}	二云母花岗岩	硅酸锂氡硫化氢水	$HCO_3 \cdot SO_4$—Na	4.65	医疗	30~50	<1	>20	良好	中等	
CS054	长沙县星沙镇丁家岭319国道旁	钻孔	K	含砾砂岩、钙质砂岩	硅酸锶锂水	HCO_3—Ca	1.305	饮用	<30	<1	<20	良好	中等	
CS053	宁乡市灰汤镇水9孔	上升泉	γ_5^2	花岗岩、断层	硅酸锂水	HCO_3—Na	23.52	医疗	>50	<1	>20	良好	中等	
ZZ003	株洲市荷塘区明照乡龙洲村ZK206孔	钻孔	Ptln	板岩、断层	硅酸水	HCO_3—Ca·Mg	4.77	饮用	<30	<1	<20	良好	好	
ZZ020	醴陵市黄獭嘴镇香炉山村	上升泉	$\gamma\delta_4$	闪长岩	硅酸水	HCO_3—Ca·Na·Mg	1.961	饮用	<30	<1	<20	良好	中等	
ZZ014	炎陵县外贸公司大院	上升泉	γ	花岗岩	硅酸水	HCO_3—Na·Ca	2.884	饮用、医疗	<30	<1	>20	良好	中等	

三、地下热水资源开发利用建议

（一）开发利用区划

根据国家和省有关政策法规，地下热水资源耗竭程度、市场状况对地下热水资源的开发利用和保护程度，以及地下热水资源开发对环境危害程度等要求，对长株潭城市群地下热水资源进行合理开发利用区划，共划分为大量开采区（A）、可适量开采区（B）、可开采区（C）、其他地区（D）四个区，各区再按不同地域又进一步划分为7个亚区（表5-2）。大量开采区（A）包括长沙一带地热资源可大量开采亚区（A1）、湘东南一带地热资源可大量开采亚区（A2）；可适量开采区B为宁乡灰汤一带可适量开采亚区；可开采区（C）包括长沙局部可采亚区（C1）、湘潭、株洲一带局部可采亚区（C2）、茶陵可采亚区（C3）；其他地区（D）主要包括地热出露区以外的区域，除局部构造发育部位外，大部分地区地热地质条件差，现基本无开采，开发风险高。

表 5-2　长株潭城市群地下热水资源开发利用区划一览表

分区	单元编号	地理位置	最高水温（℃）	可采量（m³/d）	盈余量（m³/d）	开采潜力指数	开采潜力评价	分区依据
潜力大区	R2	长沙市芙蓉区马王堆乡荷花园	27.0	1 429	1 429	1	潜力大	热储埋藏条件差，开采程度低，开发风险较高，利用价值低
	R3	长沙市芙蓉区五里牌湘湖渔场颜家嘴	26.0	1 146	1 146	1	潜力大	热储埋藏条件差，开采程度低，开发风险较高，利用价值低
	R4	长沙市芙蓉区湘雅附二医院内	26.0	480	480	1	潜力大	热储产量小，开采程度低
	R5	长沙市浏阳市焦溪镇高升村万丰组	25.9	1 150	1 100	0.96	潜力大	热水生产能力及水温适中，地热条件相对较好，开采潜力大
	R8	长沙市天心区黑石铺老火车站北	26.5	793	793	1	潜力大	热储埋藏条件差，开采程度低，开发风险较高，利用价值低
	R9	长沙市雨花区地勘局原院内	29.0	500	500	1	潜力大	热储埋藏条件差，开采程度低，开发风险较高，利用价值低
	R11	长沙市雨花区矿通机械厂	29.0	668	668	1	潜力大	热储埋藏条件差，开采程度低，开发风险较高，利用价值低
	R12	长沙市雨花区中程丽景香山小区内	28.0	480	480	1	潜力大	热储产量小，开采程度低
	R13	长沙市岳麓区坪塘镇坪塘煤矿	28.0	357	357	1	潜力大	热储产量小，开采程度低
	R1	长沙市长沙县路口镇麻林桥	36.0	1 458	1 458	1	潜力大	热水生产能力及水温适中，地热条件相对较好，开采潜力大
	R107	株洲市茶陵县高陇镇白龙村三组	26.5	1 168	1 168	1	潜力大	热储埋藏条件差，水温不高，开采程度低
	R108	株洲市茶陵县严塘镇龙最村龙潭	26.3	7 075	7 075	1	潜力大	热储埋藏条件差，水温不高，开采程度低
	R109	株洲市荷塘区明照乡东流村刘家组	27	1 265	1 265	1	潜力大	热储埋藏条件差，水温不高，开采程度低
	R110	株洲市天元区群丰镇龙泉村龙泉坝	27.5	20 832	20 012	0.96	潜力大	热储埋藏条件差，水温不高，开采程度低
	R111	株洲市炎陵县鹿原镇天星村太沅头组	32	3 216	3 216	1	潜力大	热水生产能力大，水温适中，开采潜力大
	R112	株洲市炎陵县平乐乡乐富村李家组	38.2	1 080	1 080	1	潜力大	热水生产能力及水温适中，地热条件相对较好，开采潜力大
潜力大区	R113	株洲市攸县柏市镇温水村大屋场山坳	41	5 217	5 167	0.99	潜力大	水温较高，流量大，交通相对方便，地热条件相对较好，开采潜力大
	R116	株洲市株洲县湾塘村轮胎厂	26.5	5 797	5 597	0.97	潜力大	热储埋藏条件差，水温不高，开采程度低
	R73	湘潭市韶山市如意镇球山村枫树组	26.1	809	809	1	潜力大	热储产量小，水温不高，交通条件差，开采程度低

续表 5-2

分区	单元编号	地理位置	最高水温(℃)	可采量(m³/d)	盈余量(m³/d)	开采潜力指数	开采潜力评价	分区依据
潜力中等区	R6	长沙市浏阳市沿溪镇大光湖村大屋组	29.8	286	286	1	潜力中	热水生产能力及水温适中，地热条件相对较好，开采潜力大
	R7	长沙市宁乡市灰汤镇灰汤温泉	91	3 902	1 902	0.49	潜力中	开采程度高，潜力小，但局部可适量开采，可对其进行控制开采
	R10	长沙市雨花区经济管理干部学院内	26.5	120	120	1	潜力中	热储产量小，开采程度低
	R114	株洲市株洲县南阳乡大坝桥村露塘组	29.3	21	21	1	潜力中	热储埋藏条件差，热储量小，开采程度低
	R74	湘潭市湘潭县谭家山镇金泉村墓圩组	27	22	22	1	潜力中	热储埋藏条件差，热储量小，开采程度低，建议开发前仔细勘查
潜力小区	R115	株洲市株洲县太湖乡李家村子龙组	29.2	16	12	0.75	潜力小	热储埋藏条件差，热水量小，开采程度低

（二）保护对策与建议

地热水资源的大量开发可能引发地温变化、地面沉降、热污染、有害成分污染等环境问题，应引起重视。为了合理开发利用和保护地热水资源，保障地热水资源的可持续利用，建议采取相应的对策：

（1）对区内已有的地下热水资源进行系统评估，制订完善的热水资源管理办法，为行政主管部门对地热水资源的统一管理提供依据。

（2）对已进行地下热水开采的企业，要求其制订地下热水资源免于枯竭和污染的措施，同时对所有地热开发点建立动态监测系统，掌握地下热水的水位、水质、水温、水量的动态变化，为地下热水保护提供依据。

（3）对于地下热水开发利用程度高、强度大的地区（如宁乡灰汤地区），在合理制订开采量的同时采用地热回灌技术，要保持热储的流体压力，维持地热田的开采条件，预防地面沉降，改善水质。

（4）对于地热流体温度相对较高的地区（如宁乡市灰汤地区、炎陵县平乐乡、长沙县麻林桥、攸县柏市镇等地），应尽量采用梯级多次利用热资源，提高热水的利用率，降低排放尾水的温度，防止热污染。

（5）明确地热资源勘查开发主管部门，建立施工许可证制度，凡是勘查开发过程中新建、改建、扩建、维修地热井以及进行与勘查开发有关施工活动的单位和个人，必须经过主管部门审批并获取《施工许可证》后方可动工。

（6）建立地下热水取用证制度，主管部门应按地下热水保护和开发利用规划以及国土部门核定的控制开采总量，审查核发《地下热水取用证》。

（7）开采取用地下热水的单位和个人，必须统一安装计量水表，按《地下热水取用证》核定的取水量用水；废弃水的排放，必须遵守环境保护的有关规定，防止污染。

（8）严格控制在地下热水泉保护区内征地、填池、兴建建筑物，禁止在地下热水保护区内建设对地下水或地表水有污染的设施，现有污染地下水或地表水的，必须限期治理。

（9）对于区内大部分未系统开发利用、仅供当地居民生活使用的地热点，要做好地热资源开发利用指导和地热资源保护宣传工作，促进资源有效合理利用，试点开展低温地热水种植、养殖等特色农业。

四、浅层地温能资源开发利用建议

1．增加基础性投资，提高工作精度

增加基础性、公益性投资，在《湖南省主要城市浅层地温能调查评价》项目工作的基础上，开展浅层地温能开发利用重点地段的调查评价（勘查工作），提高工作基础。以城市规划为依据，重点加强新建城区、重要经济开发区（带）的浅层地温能勘查工作，推动长株潭地区浅层地温能开发利用。

2．制定相关政策、推动浅层地温能开发利用工作

1）明确管理部门，理顺管理体制

明确由国土资源厅统一管理浅层地温能勘查和开发利用工作，成立由发改、财政、住建、国土等部门组成的浅层地温能开发利用协调小组，统筹开展浅层地温能开发利用工作。

2）加强行业监管，健全行业准入机制

统一浅层地温能的资源属性，不断完善浅层地温能资源勘查管理办法，理清浅层地温能行政管理关系，明确各方的权利、责任、义务及监管和惩罚措施。制定专门的浅层地温能相关法律法规和实施细则，以及严格的行业准入制度和浅层地温能资源勘查开发与保护的资质制度。

3）明确必须使用地热能的建筑类型及规模

制定相应的政策，明确政府、事业单位等公益性单位新建建筑优先采用浅层地温能供暖制冷，明确面积达到一定规模的新建建筑优先采用浅层地温能供暖制冷。

4）加大鼓励力度，大力推广浅层地温能

按照可再生能源有关政策，财政对浅层地温能勘查与开发利用项目进行重点支持，借鉴太阳能、风能、生物质能发展中的扶持方式，早日制定出浅层地温能开发的优惠配套扶持政策。加强相关政府职能部门之间的联系，完善、强化政策支持力度，建立完善的鼓励政策技术审批、监督管理机制。从推广模式、技术研发、法规制定、政府补贴等多方面推动浅层地温能开发利用。

5）切实推行相关规划，加强浅层地温能开发利用

明确相关职能部门，切实落实《湖南省"十三五"地热能开发利用规划》，以经济开发区为主线，推动长株潭地区浅层地温能开发利用。

3．加强环境影响前瞻性研究，搭建浅层地温能动态监测系统

通过监测浅层地温能工程的运行参数、地下环境变化趋势等条件，分析工程运行与地质环境的相互影响机理，在此基础上，提出一种更经济、高效的浅层地温能开发利用模式，提高浅层地温能开发利用效率，为推广浅层地温能开发利用提供依据。

五、地质遗迹资源保护和开发利用建议

地质遗迹资源保护方面，首先要制定相关地质遗迹资源保护条例，做到统一管理、有法可依。长株潭城市群主要是以地质公园的形式对重要地质遗迹较为集中的区域实行地质遗迹保护，大量分散的地质

遗迹点还未纳入有效的保护管理中，尤其是对于一些仅具科研科考的遗迹点，如上泥盆统岳麓山组剖面、第四系白沙井组剖面、公田-灰汤断裂带活动遗迹等地质剖面及构造形迹，因不具备较高的商业价值，在遗迹保护方面显得更为薄弱，存在因工程建设而遭到破坏的可能，建议政府对这些科学价值较高的遗迹采取专门保护措施，譬如树立保护牌，设置科普宣传栏，划定保护区域或禁止开发区域等。而对于有商业价值的地质遗迹点，如灰汤温泉作洗浴度假、浏阳菊花石作工艺品、白沙井作饮用水源等，大多数遗迹资源均推向市场，由于没有完善的监控体制，亦存在经营随意、粗放、过度开发的可能，从而破坏地质遗迹资源，建议主管部门应强化保护，对于开发利用要集中管理、集中审批。

开发利用方面，长株潭城市群先后建立了数个国家级、省级风景名胜区，但主要停留在观光旅游的层次，没有将地质地貌景观的科学内涵融入到旅游观赏中，从而在一定程度上制约了地区旅游业的深层次发展。建议应充分发挥地区地质遗迹资源优势，加强地学考察研究与传统观光旅游的结合，以进一步提高旅游品位，促进旅游业与地方经济的发展。

潜力方面，跳马泥盆纪石燕湖弓石燕和沟鳞鱼化石、株洲天元白垩纪恐龙化石均为了解同时期物种的组成和演化提供了重要信息，具有非常高的科研、观赏价值，建议建立科普基地；浏阳永和磷矿，磷矿石储量超亿吨，被誉为我国"五阳争艳"的五大磷矿之一，可建设为矿山公园；区内拥有3处温泉，开发利用已具规模的仅有宁乡灰汤温泉、麻林桥温泉及升富温泉，建议加大开发力度。

为充分挖掘地质遗迹资源，结合"环长株潭城市群旅游发展规划（2012—2020年）"中推进生态旅游和绿色旅游，建议在以下旅游线路中加入部分地质遗迹景观点，以供科普宣传：一是长沙休闲度假体验旅游路线沩山—灰汤—千龙湖—松雅湖—浏阳河—大围山，增加石燕湖弓石燕和沟鳞鱼化石、永和磷矿及浏阳菊花石。石燕湖弓石燕和沟鳞鱼化石位于长沙县跳马乡，石燕属腕足类化石，产于中泥盆统跳马涧组紫红色页岩中，大小1～4cm，形如飞燕，因而得名，该地层中还见鱼类（沟鳞鱼）、其他腕足类化石和植物碎片，在地层划分和岩石岩性鉴定时具有国内对比意义；永和磷矿位于浏阳永和镇，是湖南大型磷矿和主要的磷肥资源基地，磷矿层产于下震旦统莲沱组和上震旦统陡山沱组，由一套富含黏土质、碳质及白云质的浅变质岩组成。矿石类型主要为白云质磷块岩、硅质磷块岩及碳质黏土质磷块岩，以胶磷矿为主，磷矿石储量超亿吨，被誉为我国"五阳争艳"的五大磷矿之一；浏阳菊花石位于浏阳市永和镇，产于二叠系栖霞组中，白色花体看似美丽的菊花而得名。菊花大小不同，花形各异，千姿百态，制成各种石雕艺术品甚为珍贵。二是湘中旅游黄金带长沙（岳麓山）—韶山（毛泽东故居）—醴陵—茶陵—炎陵，增加碧泉潭、酒埠江岩溶景观及东坑瀑布。湘潭县碧泉乡碧泉潭形成于白垩纪紫红色砂岩及砂砾岩崖壁下，处于北东向断裂带西侧，推测为断裂裂隙泉，泉水清澈、涌砂喷珠，咕咚声清雅悦耳，宽10m，深3m；酒埠江风景区岩溶景观位于攸县东部，发育于石炭纪—二叠纪碳酸盐岩，地表岩溶峡谷、石峰、石林发育，地下溶洞成群，桃源谷有龙凤呈祥、油笋潭、三叠泉、九天落瀑、双石门等佳景，七里峡峡谷曲折幽深，深潭险滩相接，更有"仙人桥"飞架东西，"神女峰"横亘南北，天然美景，目不暇接；东坑瀑布位于炎陵县桃源洞，此瀑布形成于燕山期花岗岩体内，岩体裂隙发育，沿沟谷形成多处阶梯陡坎崖壁，溪水急速而下，沿谷呈三叠下泻，总落差170余米，在深涧幽谷中似一道白练当空飘舞，又如一条云龙飞身下潭（图5-1）。

第五章 城市群地质环境保护与城市规划建议

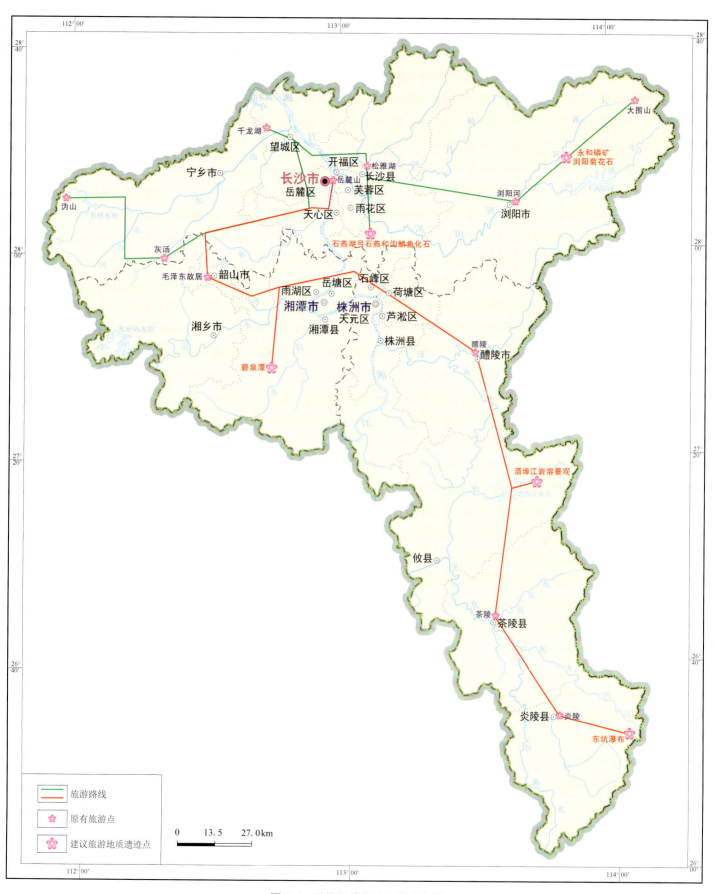

图 5-1 长株潭城市群旅游建议图

第二节　地质环境保护建议

一、地下水保护建议

为了更好地利用地下水资源，须加强综合管理与监测，建议制定合理开发利用规划，加强对地下水资源的保护，严防过量开采而引发地下水水位下降、岩溶塌陷等环境地质问题，做到人与自然和谐共处，保证地下水资源开发的可持续性，建议如下：

（1）严格执行《中华人民共和国水法》等法律法规，严禁非法取水，强化地下水资源的统一管理。按照正常期储备、应急期开采；总量控制、因地制宜；统筹兼顾、突出重点；合理开发、持续利用的原则开采地下水资源，以发挥其最大综合效益。

（2）为了做到未雨绸缪，第一时间就能启动应急方案，建议将应急水源地建设纳入城市基础设施建设和水资源开发规划中，从应急水源地勘查开发、修建地下水库、建立水安全应急机制等方面全面落实城市水安全应急水源地建设。

（3）在地下水应急水源地地区，严禁修建有污染源的企业，对已有企业加强监督管理其"三废"的排放。建议划分地下水资源保护与卫生防护区，并以法律形式给予保护，禁止在防护带内利用渗井、渗坑排污，加强污水处理管理，避免地下水资源的质量受到破坏。

（4）对于已被污染的地区（如宁乡、乔口、望城等零星地区），加强地下水环境修复工作。首先要切断污染源，封闭已污染区域，防止其继续扩大；其次可在污染区域中心附近或地下水流向低处打井抽水，把已污染的水提上来进行处理，或者采用人工补给地下水的方法初步治理；此外，在地下水大规模开发利用前仍需采取必要的消毒净化等处理措施。

（5）在开发长沙等地孔隙水水源地时，不宜过量开采，并控制井距及个数，防止造成区域地下水位下降及地面沉降等地质环境问题；在湘潭、株洲等市开发岩溶水水源地时，应控制降深，适量开采，防止诱发岩溶塌陷、地面变形等次生地质灾害。

（6）建立完善监测体系，首先要建立水文地质钻孔保护措施及制度，实行水文地质钻孔部门归口管理，指定专人进行钻孔定期巡查、维护、洗井等工作；其次需构建从水源地到供水末端全过程的饮用水安全监测体系，系统地和定期地监测地下水的水质、水量、水位等相关情况，以便在发现异常时，能够及时采取有效的处置措施，确保地下水的合理开采。

（7）未来需加强长株潭地区大比例尺的地下水污染调查评价工作，以系统查明区内地下水污染的类型及分布范围，并提出有针对性的地下水污染防治措施建议，改善地下水环境质量，最终为长株潭"两型"社会的建设工作提供基础依据。

二、地质灾害防治对策建议

（一）防治对策建议

1．进一步加强地质灾害防治的宣传力度

将地质灾害防治内容纳入各级政府年度宣传计划，加强领导，协调相关部门、人民团体、大中小学校、科研机构；充分利用广播、电视、报纸等媒体，开展多种形式的宣传活动，达到广泛普及地质灾害防治科普知识，充分调动全社会力量，共同做好地质灾害防治工作的目的。

2．加大财政投入，逐步对现有地灾隐患进行治理

建立省级地质灾害应急专项资金，进一步加大财政投入，加快项目的申报和利用工作，制定地质灾害治理专项规划，按轻重缓急，分阶段、有重点地进行地质灾害治理或避让工作，有效规避地质灾害隐患风险，确保人民群众生命财产安全，确保社会和谐稳定。

3．成立地质灾害指挥部、加强监测巡查

设立省级地质灾害应急指挥中心，将地质灾害防治及应急抢险纳入各级政府的绩效考核。统筹规划，突出重点，进一步加强对地质灾害隐患点和公路沿线边坡、农村傍山切坡建房点、矿区范围、露天采石场等重点地段的排查，完善每一个隐患点的档案资料，按照分级管理的原则，实行动态管理。

4．大力加强地勘队伍建设和地质人才培养

完善人才队伍建设，引进优秀型人才，做好人才的储备，避免因为人才短缺而使地质灾害防治工作受到影响。

5．建立长效机制，提高防灾减灾能力

进一步加强水工环地质调查工作，摸清湖南省环境地质的"家底"、建立长效防灾减灾机制，加大投入进行预警，提高有效预警平台。

（二）防治分区

根据1：10万及1：5万地质灾害防治区划资料，长株潭地区共圈划出43个重点防治区（图5-2），面积为5 168.93km^2，占区内15个县市区总面积的18.46%，重点防治区内受威胁人口为37 617人，占全市受威胁总人口的60.53%；区内受威胁财产为92 350.2万元，占全市区受威胁总财产的59.86%（表5-3）；次重点防治区22个，面积为4 062.9km^2，占长株潭地区15个县市区总面积的14.51%，次重点防治区内受威胁人口为5 726人，占全市受威胁总人口的9.21%，区内受威胁财产为8 005.5万元，占全市区受威胁总财产的5.19%。

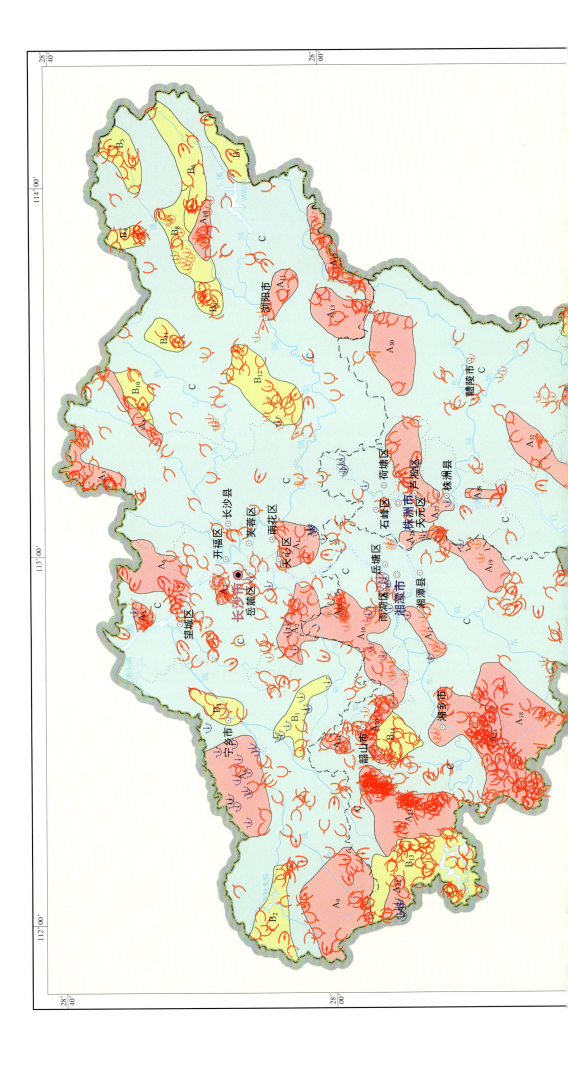

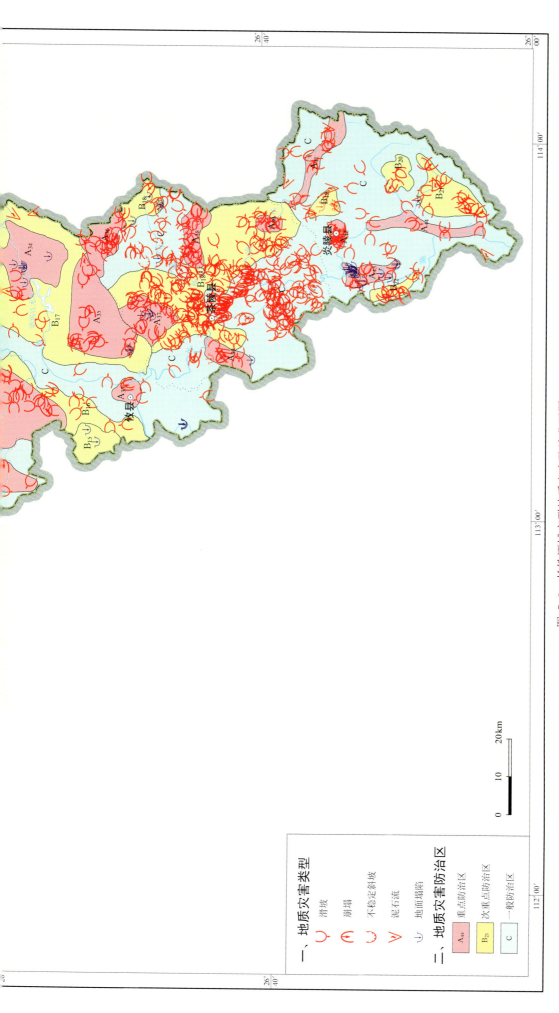

图 5-2 长株潭城市群地质灾害防治分区图

表 5-3 长株潭地区地质灾害重点防治分区表

所属县市	重点防治区代号	面积（km²）	位置	防治灾害类型	防治措施
长沙市区	A1	81.12	大托镇、洞井镇、黎托乡	滑坡	群测群防、工程治理
	A2	115.2	莲花镇、含浦镇、坪塘镇	地面塌陷、滑坡	群测群防、专业监测、工程治理
长沙县	A3	104.07	金井镇西部、白沙乡北部、开慧乡、福临铺镇西部、青山铺镇北部	滑坡、泥石流	搬迁避让、工程治理
	A4	77.03	双江镇东部、金井镇东南部、高桥镇东部、路口镇东部	滑坡、泥石流	群测群防、搬迁避让、工程治理
望城区	A5	32.54	铜官镇东南部及茶亭镇西南部	地面塌陷	群测群防、工程治理
	A6	162.8	茶亭、桥驿、丁字等镇	崩塌、滑坡	群测群防、专业监测、工程治理
	A7	14.71	黄金乡东部	潜在不稳定斜坡、泥石流	群测群防、专业监测
宁乡市	A8	268.08	煤炭坝镇、大成桥乡、回龙铺镇和喻家坳乡等乡镇境内	地面塌陷、滑坡、崩塌	避让、工程治理、监测预警
浏阳市	A9	359.61	青山桥乡、流沙河镇、沙田乡和龙田镇等乡镇境内	滑坡、崩塌	避让、工程治理、生物治理、监测预警
	A10	55.31	永和镇、七宝山乡	地面塌陷、滑坡	避让、监测预警、生物治理、工程治理
	A11	76.2	荷花办事处、澄潭江镇	滑坡	勘查、避让、监测预警、生物治理、工程治理
	A12	128.48	文家市、澄潭江、大瑶、金刚	地面塌陷、滑坡	避让、监测预警、生物治理、工程治理
	A13	152.13	大瑶镇、杨花乡、金刚镇	滑坡、崩塌	勘查、避让、监测预警、生物治理、工程治理
湘潭市区	A14	5.67	雨湖区区江麓机械厂—南岭路、和平小学沿湘江西岸一带	地面塌陷	控制地下水开采量、工程治理、监测预警
	A15	5.70	湘潭市雨湖区鹤岭镇湘潭锰矿	泥石流	专业监测、工程治理、生物治理
湘潭县	A16	324.07	响塘、姜畲、云湖桥等乡镇	地面塌陷	避让、监测预警
	A17	63.19	主要分布于石潭、杨嘉桥等乡镇	地面塌陷	避让、监测预警
	A18	316.98	主要分布于石鼓、分水、青山桥、排头等乡镇	滑坡、崩塌、泥石流	避让、工程治理、监测预警
	A19	108.69	主要分布于谭家山镇	采空塌陷	避让、监测预警
韶山市	A20	74.41	大坪、韶山、清溪、永义等乡镇	崩塌、滑坡、泥石流、地面塌陷	排水、支挡工程，避让措施，群测群防
	A21	17.11	杨林乡	崩塌、滑坡	杨林乡滑坡、崩塌采用排水、支挡工程治理
湘乡市	A22	57.74	壶天镇境内	地面塌陷、滑坡、崩塌	避让、工程治理、监测预警
	A23	351.46	月山、白田、潭市及棋梓、翻江等镇境内	滑坡、崩塌、泥石流	避让、工程治理、生物治理、监测预警
	A24	423.92	市区和虞塘、中沙、栗山、山枣、梅桥、东郊等乡镇境内	地面塌陷、滑坡、崩塌	避让、工程治理、生物治理、监测预警
株洲市区	A25	128.19	建宁办事处、枫溪办事处、五里墩乡等、大京风景区管委会、姚家坝乡、白关镇	滑坡、崩塌	群测群防、搬迁避让、工程治理
	A26	24.21	京珠高速公路沿线	地面塌陷	避让、工程治理、监测预警
	A27	25.53	南阳桥乡、洲坪乡	滑坡、崩塌	搬迁避让、工程治理

续表 5-3

所属县市	重点防治区代号	面积（km²）	位 置	防治灾害类 型	防治措施
	A28	139.02	淦田镇、太湖乡、砖桥乡、朱亭镇、龙凤乡、龙潭乡	滑坡、崩塌	群测群防、搬迁避让、工程治理
醴陵市	A29	177.10	官庄、南桥、黄獭嘴、浦口、王仙等乡镇交界处	滑坡	搬迁避让、工程治理
	A30	88.10	均楚镇、栗山坝镇	滑坡	搬迁避让、工程治理
攸县	A31	258.65	丫江桥镇贾山乡、坪阳庙乡和皇图岭镇西北部	崩塌、滑坡	挡土墙、排水沟、裂缝填埋
	A32	18.90	城关镇、上云桥镇、菜花坪镇等乡镇的部分地区	崩塌、滑坡	喷浆锚固
	A33	119.03	黄丰桥镇、柏市镇和峦山镇北部的部分地区	地面塌陷、滑坡	挡土墙、排水沟、裂缝填埋
	A34	202.48	银坑乡、峦山镇、莲塘坳乡东南等乡镇的部分地区	崩塌、滑坡、泥石流	挡土墙、排水沟、裂缝填埋
茶陵县	A35	109.98	八团乡小英村一组、高陇镇湘东钨矿区	滑坡	整体搬迁
	A36	115.66	潞水镇元王村中王江组、潞水镇田上村铁石湾	滑坡	挡土墙、排水沟、工程治理
	A37	77.23	尧水乡南岸、尧水乡联星村石家陂、小田乡大湖村三组	滑坡	搬迁避让、工程治理
	A38	47.85	平水乡水源村窑里组	泥石流	整体搬迁
	A49	20.48	江口乡晓枫村安子背组	滑坡	整体搬迁
炎陵县	A40	56.20	沔渡镇—十都—桃源洞一带	滑坡、崩塌、泥石流	工程治理、生物工程
	A41	36.40	炎陵县城及其周边地区	滑坡、塌陷	工程治理、避让
	A42	63.40	鹿原镇，包括船形乡黄洞村一带	滑坡、崩塌	工程治理、避让
	A43	84.30	沿106国道一线分布于垄溪、水口、龙渣3个乡镇	滑坡、崩塌	工程治理、避让

三、矿山地质环境保护建议

（一）矿山地质环境质量分区

据单矿山地质环境质量综合评价结果及综合评价分区方法，将全区划分为46个矿山地质环境综合评价区，其中14个环境质量差区（681.83km²）、32个环境质量中等区（393.23km²），见表5-4及图5-3。

（二）矿山地质环境保护对策建议

矿山地质环境保护与治理工作是一项利国利民的大事，直接关系到矿山的可持续发展和社会的稳定。矿山地质环境保护与整治应坚持"以人为本""轻重缓急"分步实施的原则，重点保护各类保护区和城镇、大村庄、重要交通干线、重要工程设施、基本农田、耕地、大的河流、水库及重要水源地等。可通过加强监测，生态复绿，综合整治地面塌陷灾害，修建矿坑水沉淀池，矿坑水达标后排放，利用先进的科学技术开展矿山地质环境恢复治理及保护，提高认识，增强矿山生态环境保护的紧迫感和责任感，严把矿山开采准入关，防止矿山生态环境破坏，强化采矿权人的治理责任，加强技术投入，整体提高矿山复垦水平等方面进行保护。各主要矿区矿山地质环境保护对策建议见表5-4。

表 5-4 长株潭城市群矿山地质环境质量分区及保护对策建议表

分区级别	分区代号	矿区位置及种类	面积（km²）	主要矿山环境地质问题	保护对策建议
环境质量差区	I₀₁	浏阳市淳口镇铅锌矿	2.69	地面变形、破坏耕地、尾砂库占用破坏土地资源、污染土石环境	对崩塌、地面塌陷进行治理；对尾矿库、地面沉降进行监测；加强土地复垦；加强"三废"管理；提高废渣综合利用率
	I₀₂	浏阳市七宝山乡金矿、铅矿、硫铁矿	9.68	区域地下水资源均衡破坏	规范开采，严禁越界和超量开采；对受损房屋、农田进行赔偿；对地面塌陷、地面沉降进行治理；对受损房屋、地面塌陷进行治理；加快土地复垦工作；加强"三废"管理，地下水系统破坏进行监测；加强矿山监测制度，制定防灾预案
	I₀₃	宁乡市煤炭坝－大成桥－喻家坳煤矿	166.36	地面变形、破坏耕地	
	I₀₄	宁乡市青材镇－沩山乡锰矿	20.20	水土污染、占用破坏土地资源	该区位于沩山风景名胜区，建议关闭生产矿山，对露天采场进行回填，恢复植被，井下开采矿山对采空区进行回填，对废土石堆进行综合利用或覆土植被
	I₀₅	浏阳市文家市煤矿	4.02	地面变形、地表水漏失、破坏耕地、占用破坏土地资源、污染土石环境	对采空地面变形、岩溶塌陷、地下水系统破坏进行监测；加强"三废"管理，矿坑水处理达标后排放
	I₀₆	浏阳市澄潭江煤矿	59.58	地面变形、破坏耕地、占用破坏土地资源、污染土石环境	规范开采，严禁越界和超量开采；对滑坡、地面塌陷、地下水系统破坏进行监测；对受损房屋、地面沉降、地面塌陷进行治理；加快土地复垦工作；加强"三废"管理，矿坑水处理达标后排放，提高废渣综合利用率
	I₀₇	攸县漕泊铁矿	8.06	地表水漏失、地下水水位下降幅度较大	对矿山地质环境进行系统监测。留足保安矿柱；对矿山占用、破坏的土地逐步提高复垦率和还绿率，破坏的地下水水源，采区影响范围之外寻找地下水水源，以解决农民饮水难的问题；修建废水沉淀处理池、排水沟，建议在开采区影响范围之外寻找地下水水源
	I₀₈	攸县凉江铁矿	3.03	地面变形、沉降	对矿山地质环境进行系统监测；对矿山占用、破坏的土地及沉淀池。矿坑水处理达标后排放；宜留足保安煤柱；进行覆土还绿，逐步恢复土地使用功能
	I₀₉	攸县黄丰桥－兰村煤矿	204.36	地面沉陷、水质污染	对矿山地质环境进行系统监测；留足保安煤柱；矿研石堆需要砌筑挡墙的，矿山应筑挡渣墙。对矿山占用、破坏的土地逐步提高复垦率和还绿率。提高"三废"的综合利用，减少或减轻对矿山生态环境的破坏。为了保护酒埠江水库对矿流经矿区汇入酒埠江的地表水水质进行监测，对"三废"排放未达标的矿山应限期整改，整改仍未达标的，建立固定监测点。对"三废"排放未达标的矿山应限期整改，整改仍未达标的，建议将其关闭
	I₁₀	斗笠山－恩口煤矿区	144.65	岩溶塌陷、采空地面变形	严禁在矿石堆矿区大面积抽取地下水；加强地面塌陷动态监测，将矿石淋滤水沉淀池、在矿石堆前缘下方修建载流水沟及沉淀池，安排受灾居民搬迁避让；在矿石堆前缘下方修建载流水沟及沉淀池，将矿石淋滤水达标处理后排放

-180-

续表 5-4

分区级别	分区代号	矿区位置及种类	面积（km²）	主要矿山环境地质问题	保护对策建议
环境质量差区	I₁₁	湘潭县谭家山煤矿	15.69	地面塌陷、地裂缝、地下水资源破坏	对矿山地质环境进行系统监测；宜留足保安煤柱；改扩建矿坑沉淀处理池，矿坑水处理达标后排放；逐步提高复垦率、还绿率，提高"三废"的综合利用，以减少或减轻对矿山生态环境的破坏。建议在开采区影响范围之外寻找地下水水源，以解决农民饮水难的问题
	I₁₂	湘潭县云湖桥煤矿	8.58	地面塌陷、地面变形	对矿山地质环境进行系统监测；留足保安煤柱；修建矿坑水沉淀处理池，矿坑水处理达标后排放；砌筑矸石堆挡渣墙，并在挡渣墙前缘下方修建排水沟及沉淀池，加强土地复垦；提高"三废"的综合利用
	I₁₃	湘潭县杨家桥煤矿	12.89	地面塌陷	加强地质灾害监测，严格按照开采设计采矿，留足保安矿柱。修建矿坑水沉淀处理池，矿坑水处理达标后排放；建议在开采区影响范围之外寻找地下水水源，以解决农民饮水难的问题
	I₁₄	湘潭锰矿	22.04	地面塌陷、破坏地下水资源环境	加强地质灾害监测，严格按照开采设计采矿，留足保安矿柱。修建矿坑水沉淀处理池，矿坑水处理达标后排放。加强尾矿库管理，防止溃坝；对占用、破坏的土地逐步提高复垦率和还绿率
		小计	681.83		
环境质量中等区	II₀₁	浏阳市永和镇磷矿	14.70	地面变形、废石堆占用破坏土地资源、污染土石环境	对井崩塌、滑坡、地面塌陷进行治理；对受损房屋、地面沉降、地面塌陷进行监测；加快土地复垦工作
	II₀₂	浏阳市焦溪乡铜矿	3.32	尾砂库占用破坏土石环境	对矿面库、采空地面变形、地下水系破坏环境进行监测；加强土地复垦工作，矿坑水处理达标后排放
	II₀₃	浏阳市高坪乡石灰岩矿	14.77	破坏占用土地	规范开采，严禁越界和超量开采；砌筑边坡挡土墙，防治崩塌、滑坡；制定防灾预案，闭采后回填采坑，加强土地复垦
	II₀₄	浏阳市洞阳镇－葛家乡石灰岩矿	13.13	占用破坏土地	规范开采，严禁越界和超量开采；砌筑边坡挡土墙，防治崩塌、滑坡；制定防灾预案，闭采后回填采坑，加强土地复垦
	II₀₅	岳麓区坪塘镇－含浦镇石灰岩矿	36.54	占用破坏土地	加强"三废"治理工作；加强土地复垦工作；加强矿山监测、落实矿山监测
	II₀₆	宁乡市双凫铺镇石灰岩矿	3.97	占用破坏土地	规范开采，严禁越界和超量开采；砌筑边坡挡土墙，防治岩溶塌陷，制定防灾预案，对已发生的地质灾害点进行处理；闭坑后回填采坑，加强土地复垦
	II₀₇	宁乡市道林镇－花明楼镇砂砾矿、石灰岩	24.38	地面塌陷、占用破坏土地	规范开采，严禁越界和超量开采，砌筑边坡挡土墙，防治岩溶塌陷，制定防灾预案，对已发生的地质灾害点进行处理；闭坑后回填采坑，加强土地复垦
	II₀₈	长沙县跳马乡－暮云镇石灰岩－砂岩矿	50.66	地面塌陷及占用破坏土地	落实矿山监测，加强采坑、闭坑后回填采坑

续表 5-4

分区级别	分区代号	矿区位置及种类	面积（km²）	主要矿山环境地质问题	保护对策建议
环境质量中等区	II₀₉	宁乡市龙田镇锰矿区-萤石矿	2.62	水土污染、占用破坏土地	加强"三废"管理，矿坑水处理达标后排放，提高废渣综合利用率；落实矿山监测制度，制定防灾预案，加强土地复垦
	II₁₀	宁乡市资福乡-南田坪乡锰矿	1.12	水土污染、占用破坏土地	该矿山已关停，加强矿坑积水综合利用，如养鱼、水上娱乐等
	II₁₁	株洲县雷打石石灰岩矿	3.93	地面塌陷，地下水位大幅下降	对矿山地质环境进行系统监测。留足保安矿柱，修建废水沉淀处理池，废水处理达标后排放。砌筑挡墙宜砌筑挡渣墙，矿山宜占用、破坏的土地逐步提高复垦率和还绿率
	II₁₂	株洲县龙公煤矿	1.75	地面沉陷	对矿山地质环境进行系统监测。留足保安矿柱；进行覆土还绿，逐步恢复土地使用功能；矿坑排水应处理达标后排放
	II₁₃	株洲县堂市煤矿	17.28	地面沉陷	利用废渣回填废弃巷道，预防发生地面沉陷灾害；修建废水、废液沉淀处理池和排水沟，废水处理达标后排放；对需要砌筑挡墙的，矿山宜砌筑挡渣墙，综合废渣处置率，提高矿石的综合利用功能；逐步恢复土地使用功能；逐步减轻对矿山生态环境的破坏
	II₁₄	醴陵市洪源-雁林寺金矿	23.61	地面塌陷、污染土石环境	对矿山地质环境进行系统监测。利用废渣回填废弃巷道，预防发生地面沉陷灾害。修建废水沉淀处理池，废水经处理达标后排放。对需要砌筑挡墙的矿山宜砌筑挡墙。严格控制新增的综合利用，减少或减轻对矿石还绿率
	II₁₅	醴陵市大屏山煤矿	1.19	地面变形、污染土石环境	对矿山地质环境进行系统监测。修建废水沉淀处理池，排放，严格控制开采深度，防止地下水位继续大幅下降
	II₁₆	醴陵市大樟煤矿	4.91	地面变形、污染土石环境	对矿山地质环境进行系统监测。开采上山方向铁矿层时，距地表应保留足安全距离。对矿山占用、破坏的土地逐步提高复垦率和还绿率
	II₁₇	攸县滴水铁矿	18.59	地面沉陷	对矿山地质环境进行系统监测。对已堆弃的尾砂库进行综合利用或植被，修建矿石堆处理达标后排放。废石堆需要砌筑挡墙的，应在挡墙前缘下方修建挡渣墙，矿山应砌筑挡渣墙，矿坑水处理达标后排放，并在挡墙前缘下方进入矿坑
	II₁₈	攸县桃水煤矿	19.04	地面变形	对矿山地质环境进行系统监测。矿石堆占用、还绿率
	II₁₉	攸县廖公铁矿	4.22	地面沉陷	对矿山地质环境进行系统监测。矿坑水处理达标处理池，矿坑水沟及沉淀池，破坏的土地逐步提高复垦率和还绿率
	II₂₀	茶陵县湘东钨矿	6.89	矿渣泥石流、崩塌、滑坡	对矿山地质环境进行系统监测。矿坑水沟及沉淀池，矿坑淋滤水的破坏，修建挡渣墙，对矿山生态环境的破坏
	II₂₁	茶陵县潞水煤矿	10.49	污染水土环境	对矿山地质环境进行系统监测。修建矿坑水处理达标沉淀池，逐步提高复垦率、还绿率。矸石堆需要砌筑挡墙的，对原已砌筑了挡渣墙，矸石淋滤水处理达标后排放，严格控制新增占用土地，以减少或减轻对矿山生态环境的破坏。土污染水、土环境

续表 5-4

分区级别	分区代号	矿区位置及种类	面积（km²）	主要矿山环境地质问题	保护对策建议
环境质量中等区	II₂₂	炎陵县石下－四面段金矿、萤石矿	13.03	地面塌陷、污染土石、水环境	对矿山地质环境进行系统监测。利用废渣回填废弃巷道，以尽量避免发生地面塌陷灾害。修建废水沉淀处理池，排水沟，废水经处理达标后排放。对需要砌筑挡墙的废石堆，矿山宜砌筑挡渣墙；尽量减少或减轻对矿山使用的废石堆进行覆土植被，逐步恢复土壤功能，经常对尾砂库进行观测，发现险情，及时处理
	II₂₃	炎陵县平乐新山萤石矿	2.06	地面塌陷、污染土石、水环境	矿坑排水应处理达标后排放。对矿山占用、破坏的土地逐步提高复垦率和还绿率，闭坑后按有关部门的规范进行覆土还绿，应在采坑及周边地表覆土使用功能
	II₂₄	湘乡市金石锰矿	7.48	水土污染、占用破坏土地	采坑边缘上部土层应按安全角度放坡，防止发生边坡崩塌灾害，逐步提高废渣处置率，综合利用，严格控制新增占用土地，以减少或减轻对矿山生态环境的破坏
	II₂₅	湘乡市棋梓桥矿	23.47	占用破坏土地	
	II₂₆	湘乡市泉塘花岗岩矿	13.06	占用破坏土地	
	II₂₇	湘潭县龙口石膏矿	18.25	地面变形、塌陷	对矿山地质环境进行系统监测。根据地下水位埋深确定合理开采深度，防止因矿坑排水量过大、地下水位下降幅度过大而引发地面塌陷灾害。防止因采空区面积过大而引发地面塌陷灾害、废石回填采空区，防止发生边坡崩塌灾害
	II₂₈	湘潭县杨嘉桥石灰岩矿	14.00	地面塌陷、占用破坏土地、矿渣流	对矿山地质环境进行系统监测。防止因矿坑排水量过大、地下水位下降幅度过大而诱发地面塌陷灾害。采矿边缘上部土层应按安全角度放坡，防止因矿坑排水过大而诱发地面塌陷灾害
	II₂₉	湘潭县黄荆坪磷矿	8.98	占用破坏土地、矿渣流	对矿山地质环境进行系统监测。磷矿露天采坑边缘上部土层应按安全角度放坡，防止发生边坡崩塌。逐步提高土地复垦率、还绿率，砌筑挡渣墙，提高矿山"三废"的综合利用
	II₃₀	湘潭市生力建材石灰岩矿	2.70	地面塌陷	防止因矿坑排水量过大、地下水位下降幅度过大，破坏的土地逐步提高复垦率和还绿率，矿山巷道禁止开采
	II₃₁	韶山市亿德煤矿	9.00	占用破坏土地	对矿山地质环境进行系统监测。对矿山占用、破坏的土地逐步恢复土地使用功能
	II₃₂	韶山市韶峰石灰岩矿	4.11	占用破坏土地	对矿山地质环境进行系统监测；露采和废石堆严重破坏景区自然景观，建议分期关闭矿山
	小计		393.23		

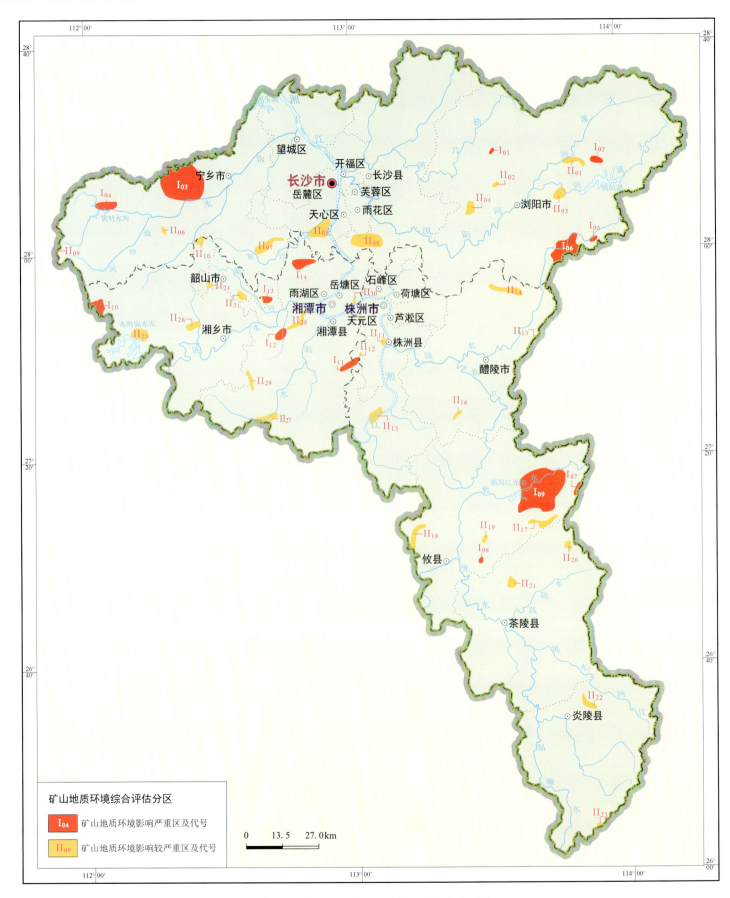

图 5-3 长株潭城市群矿山地质环境综合分区图

四、土地开发利用及保护建议

（一）存在问题

土地质量地球化学调查表明，长株潭城市群土地质量存在以下问题。

1. 土壤重金属含量超标原因不明

目前从所开展的土地质量地球化学调查工作来看，湖南省含 Cd 高的地层及岩体是土壤中重金属元素来源之一，但并非唯一。随着工业化、城镇化进程的加速推进，工业污染、生活污染和历史遗留污染叠加，长株潭城市群土壤重金属源头变得更加复杂。依据 1∶25 万调查尺度成果仅仅是了解了区域性的重金属超标土壤的分布范围和超标程度，对其来源没有开展过系统的调查工作，重金属来源不清，需要作深入、细致的调查评价。

2．调查不细

已完成的 1∶25 万土地质量地球化学调查仅覆盖了长株潭城市群总面积的 52.01%，剩余部分亟待调查。但该项工作仅能服务于土地管护的宏观管控，优质土地管护、土地质量等别评价更新、土地质量监测、新增土地评价，特别是耕地土壤污染修复等更多精细的土地管护工作需要更大比例尺（1∶5 万及 1∶1 万）的土地质量调查数据支撑，而详细调查工作尚未开展。

3．污染修复尚无突破性进展

长株潭地区土壤污染面积大，污染程度深，来源复杂，还有部分地区存在无机和有机的复合污染，污染修复和管控难度大。目前修复技术尚存在成本高、周期长、修复不彻底、大面积应用困难等问题，特别是面对大面积的中轻度重金属污染尚无根本性的有效修复方法，需要加大基础研究投入。

（二）建议

湖南省委、省政府高度重视长株潭地区生态环境的治理，多年来已做了大量的生态治理工作。针对上述问题，结合本单位自身专业优势，建议如下。

1. 进一步开展详细调查与研究

为满足土地精细管护和土壤污染修复的需要，建议在Ⅲ类土壤分布区、重要水源地开展 1∶5 万土地质量地球化学调查与评价工作，查明超标土地范围和详细分布特征，查明重金属的主要来源，查明重金属超标土地的影响程度，研究出适宜的治理方法，指导长株潭重金属超标土地的治理。以耕地为重点，建议系统开展农用地土壤重金属状况详查工作，按重金属超标程度将农用地划为优先保护类、安全利用类和严格管控类，采取相应安全生产与管理措施，保障农产品质量安全。根据土地利用变更和土壤环境质量变化情况，及时对各类别耕地面积、分布等信息进行更新，逐步开展林地、草地、园地等其他农用地土壤环境质量类别划定等工作。

2. 耕地质量提升建议

耕地是农业生产的基础。长株潭地区耕地质量形势较为严峻，实施耕地质量提升措施迫在眉睫，但缺乏切实有效的耕地重金属污染修复技术，急需耕地质量提升技术研究与创新。综合多方面调查成果，建议实施农用地分类管理，对划定的农用地进行分类防治或管控，保障农业生产环境安全。对于Ⅰ类及Ⅱ类耕地进行严格保护，确保其面积不减少、土壤环境质量不下降，除法律规定的重点建设项目选址确实无法避让外，其他任何建设不得占用被确定为优先保护类耕地；对部分Ⅲ类耕地实施耕地质量提升措施，筛选污染耕地安全利用技术及模式，结合当地主要作物品种和种植习惯，采取农艺调控、化学阻控、替代种植等措施，降低农产品重金属超标风险，保证农产品安全；对部分劣Ⅲ类耕地建议实施严格管控，建议实施休耕轮作或种植结构调整。

3. 农业生产施肥建议

建议根据土壤元素的区域分布规律实施科学平衡施肥，长株潭城市群土壤养分大多处于中上水平，针对土壤营养元素的丰缺现状，需合理的配肥。在长株潭城市群耕地土壤缺磷的区域，需要适当增加磷肥的施用量，或配施有机肥料。对于土壤缺磷又缺钾的区域，需在加大磷肥的施用量的同时，重视钾肥的施用。对于单纯缺一种或多种微量元素的区域，在不改变现有大量元素施肥比例的条件下，增施微肥如硼肥、钼肥和硅肥。例如：土壤缺Mo、Si和B元素，不但种植水稻时应重视硅肥的补充，而且在轮作其他作物如豆科绿肥作物或油菜时，应注意补充钼肥和硼肥；若种植大豆、花生、豆科绿肥等作物，施钼肥有一定效果；由于麦类、豆科作物与绿肥牧草等为需锰作物，因此种植这些作物时，可适当施锰肥（图5-4）。

第三节 城市规划建设应注意的环境地质问题

一、长株潭城市群核心区总体布局规划建议

长沙市、株洲市、湘潭市在规划布局中是一主、两副中心城市，经济上联系密切，均紧邻湘江，产业布局位于一轴四带上，三市城镇建设、产业布局、地质环境条件及存在的影响布局的地质环境问题均相似，而交通建设规划是将三市连接在一起的纽带，不容也不能剪断，故统一按照城市职能和园区功能、交通规划提出调整建议。

（一）职能中心规划建议

核心区职能中心主要包括已建成区、各类产业园区、经济开发区等，长株潭三市在产业发展、产业空间布局均基本一致，加上地质环境类同，故总体论述。

核心区以丘陵岗地为主，间有河谷平原及山地，区内湘江及其支流纵横交错，高程一般在500m以下，切割深度小于100m，坡度较缓；新近纪以来构造活动除差异升降外，新构造运动规模很小，地表升降速率极低，1930年以来发生的地震较少且均小于4.9级，地壳稳定性属基本稳定区；区内地基土多为中—低压缩性，强度高，稳定性好，地质灾害易发程度低，规模均小。总体布局规划基本上是合理的，但部

分地段也存在一些环境地质问题，需引起重视。

1. 城市综合功能区、城市新城组团规划建议

总体规划中有城市功能综合区、城市新城组团共 40 个（图 5-5），构建成长株潭高端服务创新发展轴。由于其为城市已建成区、新建城区，其服务功能是重点发展金融、商务、现代物流、商业、科技创新、文化创意、休闲旅游业高端服务业，故该区域老城改造和新城建设主要为具服务功能的酒店、写字楼、公寓、住宅等服务设施。

但是 40 个城市老区及城市新区中，长沙市望城滨江新区、洋湖垸总部基地、河东城市综合片区、高铁组团；株洲市天元区、芦松区、荷塘区、高铁组团、湘江新城、株洲县；湘潭市雨湖区、岳塘区、栗雨工业新区不同程度和范围内存在软土、流砂、活动断裂影响。长沙洋湖垸总部基地等还存在砂土液化问题（表 5-5）。

区内存在的软土、流砂、砂土液化问题均在局部地段，城市建设主要是建设中地面建筑物的基础和基础施工难的问题，规划建设选址、规划设计阶段尽量避开这些地段。必须建设时，应在勘察设计阶段查明工程地质条件，在基础选型及施工方案中，对桩基、基坑施工做好预防措施，防止因降水造成涌砂危害，从而造成边坡（井壁）失稳、垮塌，流砂排出造成地面下沉，使施工难以完成，并造成周边道路、建筑物及设施损毁，给人类生命财产带来损失，造成社会负面影响。

2. 产业园区组团、科教高新组团规划建议

总体规划中共有产业园区 21 个，科教高新组团 11 个（图 5-5），构建成东北、西北、东南、西南 4 个高端装备创造和制造产业带。

在 32 个园区（组团）中，F_2 断裂对宁乡市金州开发区、F_{16} 断裂对湘潭市九华先进制造业基地、F_{29} 断裂对湘潭杨河工业新区、F_{31} 断裂对株洲市新马-栗雨产业园区建设均造成不利影响。裸露型、覆盖型岩溶分布区可对株洲市金山产业园、株洲轨道科研城，湘潭市楠湖断裂新城、韶山市高新区造成危害，另在株洲市新马-栗雨产业园、湘潭高新区局部地段还存在流砂影响（表 5-5）。

按总体规划中功能分区，产业园和科教高新组团主要为先进制造业中心，主要发展轨道交通、钢铁冶金、工程机械、汽车装备、航天航空、电子信息、生物制药、新材料、新能源、节能环保等高新先进产业。

园区（组团）建设要考虑各行业的特殊要求，除考虑建筑基础和基础施工问题外，还要重视地面稳定性。该类园区（组团）主要建设于丘陵地带，主要地质环境问题是岩溶塌陷和断裂构造影响问题，故区内厂房、仓库及精密仪器生产研究建筑物要避开岩溶塌陷区、断裂带及影响地面稳定的软土、流砂等地段，以免造成地面不均匀沉降、开裂，建筑物损毁等安全问题，危及人类生命财产安全。

（二）地面交通规划建议

核心区地面交通规划进行网络布局，通过高速公路、城际快速道路、跨湘江道路、城际轨道交通等联系各具有重要职能的组团（图 5-6）。

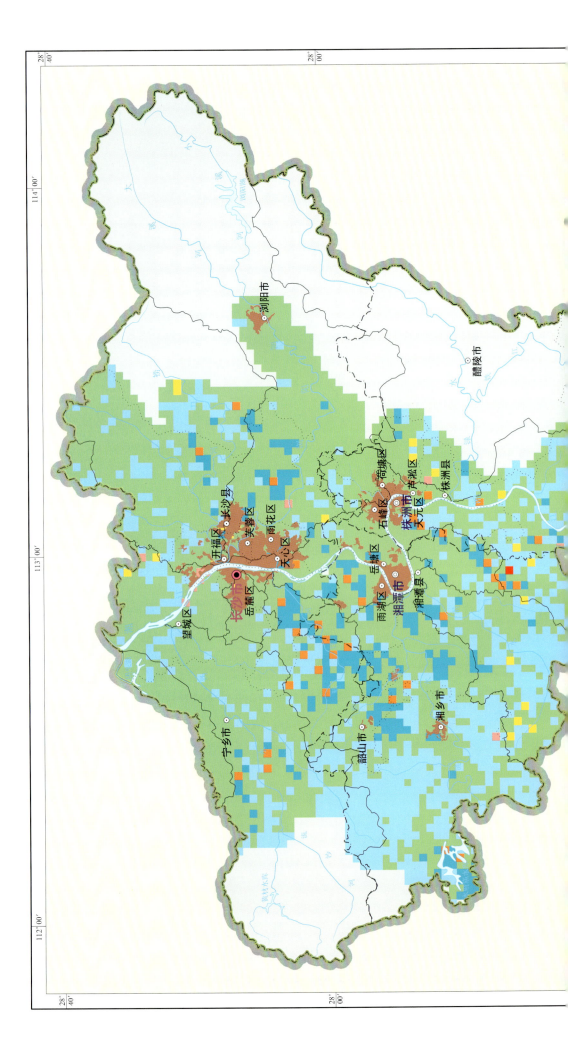

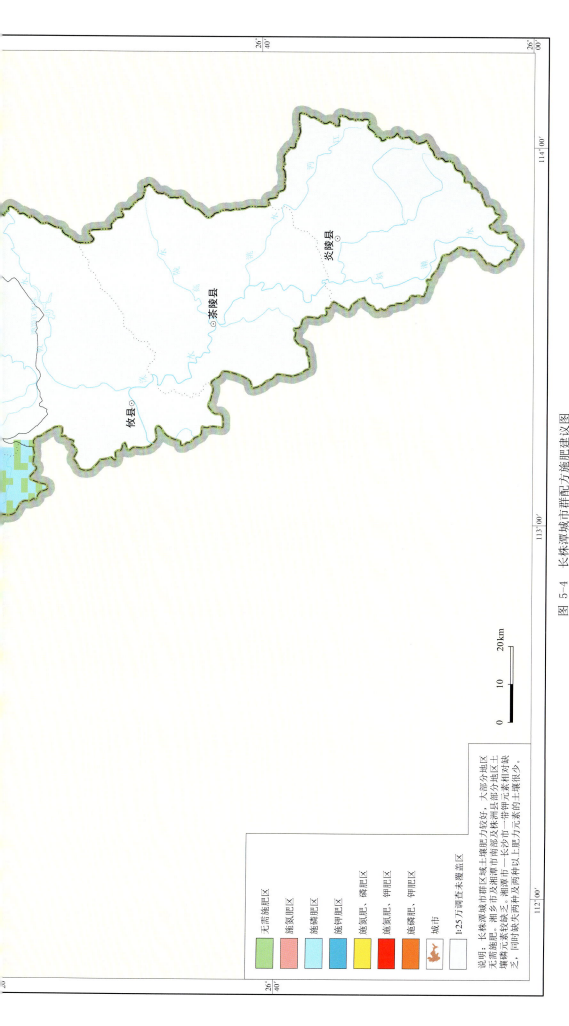

图 5-4 长株潭城市群配方施肥建议图

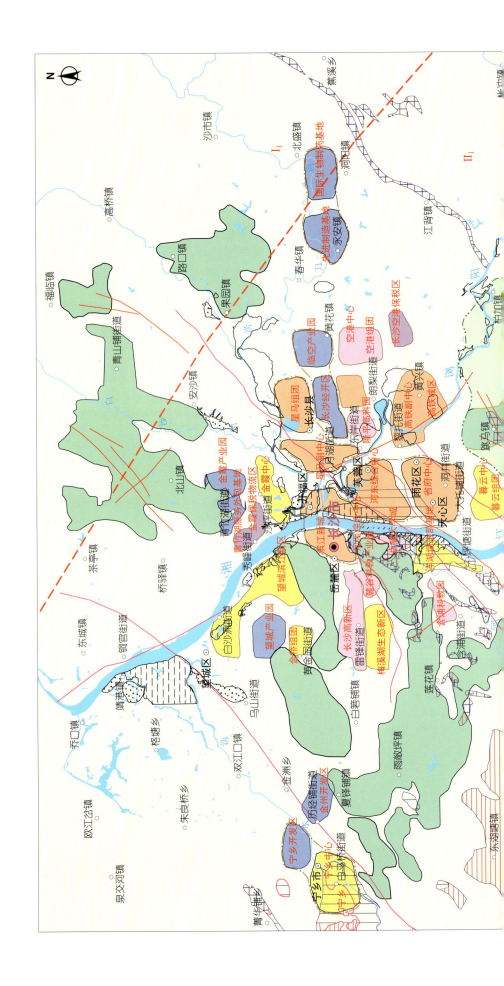

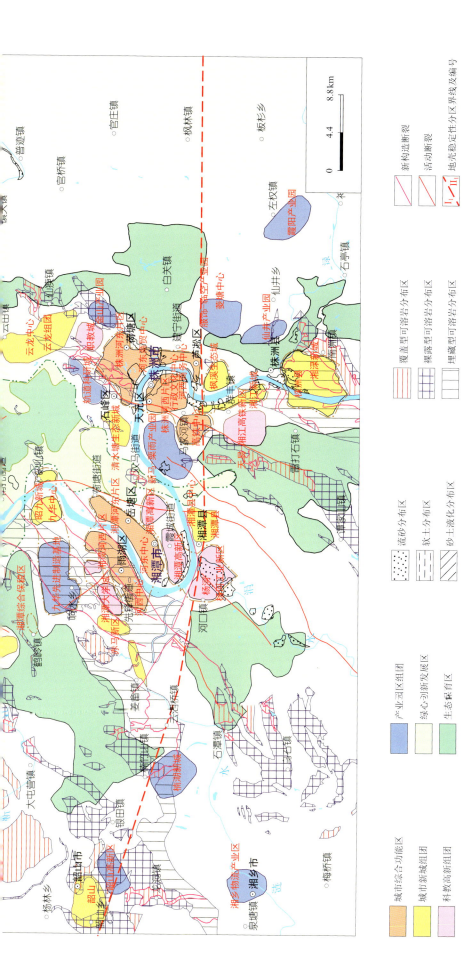

图 5-5 长株潭城市群核心区总体布局规划地质环境条件图

表 5-5　长株潭城市群核心区职能中心存在的主要环境地质问题及建议表

类别	名称	存在的主要环境地质问题	建议
城市综合功能区	长沙河西滨江新城	问题较少	详细勘查。对于活动断裂，尽量避让；无法避让时，采取基础加固、简支体系跨越等措施，减小断裂的影响。岩溶地区，谨慎选择基础持力层，避免过量抽排地下水，岩溶极发育地段采用简支梁桥跨越。采用换土垫层、强夯等方法处理软土，采用桩基础并在施工时沿基坑壁打入深度超过坑底的板桩或在基坑范围外以井点人工降低地下水避免流砂影响。尽量避开砂土液化地段，或采取深基础、加密法（如振冲、振动加密、强夯等）等抗液化措施
	长沙河东城市综合片区	F_{12}、F_{15} 活动断裂斜穿中部和东南部，中部—西南部发育埋藏型岩溶，东部、西部、北部湘江、浏阳河沿岸较大面积分布软土且局部存在流砂、砂土液化	
	省府中心	西北部发育埋藏型岩溶	
	星马组团	仅西北角 F_{12} 活动断裂斜穿、存在流砂	
	星马副中心	F_{12} 活动断裂斜穿中部	
	长沙高铁组团	浏阳河西岸分布软土，东部、南部、西部、北部均存在小面积流砂	
	株洲河东片区	西北部发育覆盖型、埋藏型岩溶，近湘江东岸小面积分布软土	
	株洲河西组团	近湘江西岸小面积分布软土，局部存在流砂	
	株洲高铁组团	中部—西南部发育裸露型岩溶	
	湘潭河西片区	F_{23}、F_{24}、F_{25} 活动断裂斜穿，中部—西南部发育覆盖型、埋藏型岩溶，东北部近湘江西岸小面积分布软土	
	湘潭河东片区	仅西南角近湘江东岸分布少量软土	
	望城滨江新区	北中部小面积分布软土，局部存在流砂	
	金桥组团	问题较少	
	梅溪湖生态新区	F_9 活动断裂斜穿东南边缘	
	洋湖垸总部基地	F_{12} 活动断裂斜穿中部，大部分发育埋藏型、裸露型岩溶，北中部较大面积分布软土，北部、东部近湘江和靳江河岸局部存在流砂、砂土液化	
	金霞中心	仅南部、西南部存在少量软土、流砂	
	黄黎组团	问题较少	
	暮云组团	F_{16} 活动断裂斜穿中部	
	宁乡中心	中部—西南部大面积发育埋藏型、覆盖型岩溶	
	云龙组团	中部呈条带状发育埋藏型、覆盖型岩溶	
	清水塘生态新城	北中部小面积发育裸露型岩溶，南部存在少量软土	
	湘乡物流产业园	问题较少	
	湘江新城	南部发育裸露型、埋藏型岩溶，北部、东南部分布软土且局部存在流砂	
	枫溪生态城	问题较少	
	湘渌新城	全区发育埋藏型、覆盖型岩溶，北中部近湘江、渌水河岸存在流砂	

续表 5-5

类别	名称	存在的主要环境地质问题	建议
城市综合功能区	昭九新城	F_{24}活动断裂斜穿中部，西北角、东北角发育埋藏型和覆盖型岩溶	详细勘查。对于活动断裂，尽量避让；无法避让时，采取基础加固、简支体系跨越等措施，减小断裂的影响。岩溶地区，谨慎选择基础持力层，避免过量抽排地下水，岩溶极发育地段采用简支梁桥跨越。采用换土垫层、强夯等方法处理软土，采用桩基础并在施工时沿基坑壁打入深度超过坑底的板桩，或在基坑范围外以井点人工降低地下水避免流砂影响。尽量避开砂土液化地段，或采取深基础、加密法（如振冲、振动加密、强夯等）等抗液化措施
	赤马新区	F_{16}、F_{22}、F_{26}活动断裂斜穿，中部小面积发育埋藏型和覆盖型、裸露型岩溶	
	湘潭县组团	问题较少	
	响塘组团	西北部发育覆盖型、裸露型岩溶	
	韶山组团	东、南、西三面边部发育覆盖型和裸露型岩溶	
科技高新组团	长沙高新区	问题较少	
	麓谷科教产业园	F_9活动断裂斜穿中部	
	岳麓大学城	西南部发育埋藏型、覆盖型、裸露型岩溶，东部、南部较大面积分布软土，东部近湘江河岸局部存在流砂、砂土液化	
	含浦科教园	仅东北角分布少量软土	
	隆平高科园	西南部存在流砂	
	空港组团	问题较少	
	职教城	西部和东南部边缘发育埋藏型、覆盖型、裸露型岩溶	
	天易-湘江高铁新区	西北角发育裸露型岩溶	
	湘潭大学城	F_{22}、F_{23}活动断裂斜穿，全部发育覆盖型、埋藏型岩溶	
	湘潭高新区	西南部近湘江北岸存在少量软土、流砂	
	杨河工业新区	西部发育覆盖型、裸露型岩溶，中部较大面积存在流砂	
产业园区组团	望城产业园	仅东部边缘分布少量软土	
	青竹湖服务外包基地	问题较少	
	金霞产业园	问题较少	
	金霞保税物流区	南面局部存在流砂	
	长沙经开区	问题较少	
	临空产业园	问题较少	
	长沙空港保税区	问题较少	
	先进制造基地	问题较少	
	国际生物制造基地	问题较少	
	宁乡开发区	问题较少	
	金洲开发区	西北部F_2活动断裂经过	
	轨道科研城	仅南北部局部发育覆盖型、裸露型岩溶	
	金山产业园	大部分发育裸露型岩溶	
	新马-栗雨产业园	南部小面积发育裸露型岩溶，北部近湘江南岸分布少量软土、局部存在流砂	
	服饰-临空产业园	问题较少	
	仙井产业园	问题较少	
	霞阳产业园	问题较少	
	九华先进制造基地	F_{16}、F_{23}活动断裂斜穿，大部分发育埋藏型、覆盖型、裸露型岩溶	
	楠湖新城	北中部较大面积发育裸露型、覆盖型岩溶	
	韶山高新区	北中部大面积发育裸露型、覆盖型岩溶	
	湘乡物流产业园	问题较少	

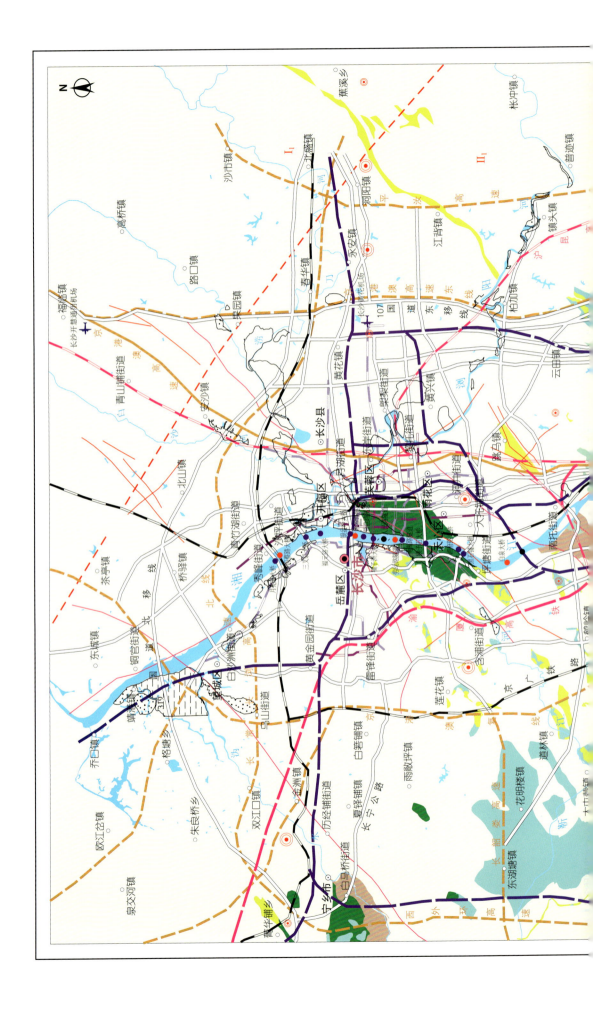

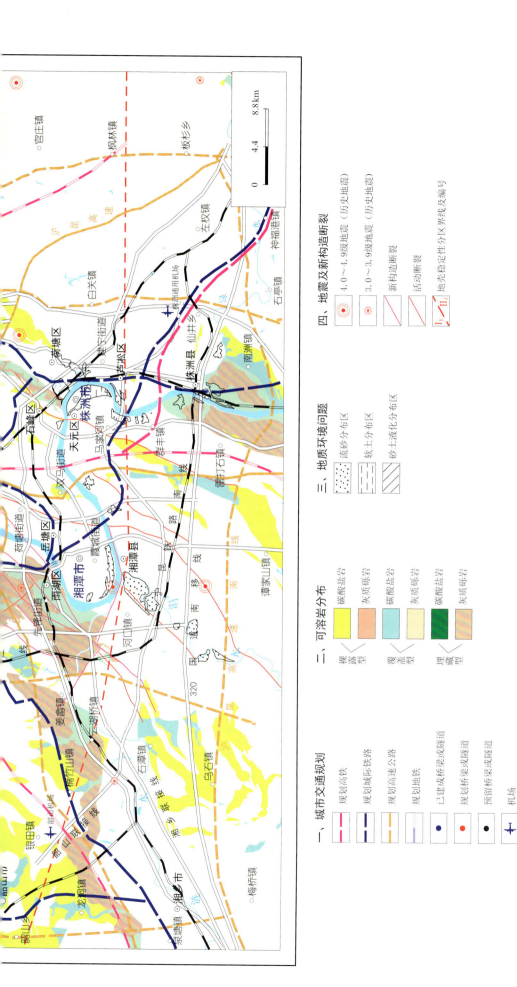

图 5-6 长株潭城市群核心区交通建设布局规划地质环境条件图

由于各交通干线线路长，纵横交叉，八方辐射于规划建设区中，众多线路难以避免绕过对规划建设不利的地段，或多或少要穿过影响规划建设的断裂构造、岩溶塌陷、软土、流砂和砂土液化、崩塌、滑坡、泥石流地质灾害易发区等地带。如活动断裂对地面交通影响广泛，F_1、F_2断裂对规划长常和长浏高速北线（北横线），F_7、F_8、F_{12}断裂对京港澳高速东线，F_2、F_9、F_{10}、F_{11}、F_{12}、F_{15}、F_{32}等断裂对渝厦高铁造成较大影响。此外，F_2对西外环高速、F_{16}对京广铁路西迁线、F_{30}和F_{32}断裂对沪昆高速南线也造成影响。又如可溶岩分布区由于碳酸盐岩、碳酸盐岩夹碎屑岩类裸露，或浅埋于松散黏土、粉质黏土、砂砾层土质之下，岩层岩溶裂隙、溶洞发育，溶洞充填物多为粉细砂、砾类土，在大气降水、地表地下水位剧烈变动及人类抽排水诱发岩溶塌陷，西外环高速在宁乡市白马桥、湘潭县韶山、湘乡市龙洞乡，渝厦高铁在望城区含浦镇，京港澳高速东线在株洲蝶屏乡，沪昆高速南线在湘潭、株洲市南部等多个地段均受到岩溶塌陷的威胁（表5-6）。

表 5-6 核心区地面交通规划存在的主要环境地质问题及建议表

类别	交通线名称	存在的主要环境地质问题	建议
高速公路	西外环高速	在白马桥、清溪、育瑕等多个地段均受到岩溶塌陷的威胁，穿越F_2活动断裂	详细勘查。对于活动断裂，可采取适当的加强措施（如在路面下增加一层钢筋混凝土加固板）、简支体系跨越及基础加固，减小断裂对道路的影响；对隧道可以考虑适当增加衬砌厚度或者采用钢衬砌，并采取柔性接头对接。岩溶地区，谨慎选择基础持力层，避免过量抽排地下水，岩溶极发育地段采用简支梁桥跨越，城际铁路宁乡—韶山—湘乡线东湖塘、韶山—龙洞段、湘潭—娄底线楠竹山—元山冲段改线避让。采用换土垫层、强夯等方法处理软土，采用桩基础并在施工时沿基坑壁打入深度超过坑底的板桩或在基坑范围外，以井点人工降低地下水避免流砂影响
高速公路	南横线	穿越F_{16}、F_{25}活动断裂，花明楼、北冲村、道林南、响塘北、石牛塘、九华段岩溶发育，柏加西、镇头段易发流砂	
高速公路	沪昆高速南线	荷花村、丁家坡、黑瓦屋段岩溶发育	
高速公路	京港澳高速东线	在株洲蝶屏乡地段受到岩溶塌陷的威胁	
高速公路	北横线	在望城区乌山镇及星城镇、长沙市安沙镇南与捞刀河交汇处存在软土、流砂影响	
高速铁路	渝夏高铁	穿越F_9、F_{12}、F_{15}活动断裂，含浦东—九江村、石牛塘段受到岩溶塌陷的威胁，九江村易发流砂，群丰东南存在少量软土	
普通铁路	京广铁路西迁线	枫林村、响塘西、黄石村段岩溶发育	
普通铁路	沪昆铁路南线	穿越F_{16}、F_{25}、F_{26}活动断裂，在耙塘、紫糖、雷打石老街等多个地段均受到岩溶塌陷的威胁	
城际铁路	长沙河西线	穿越F_9、F_{10}、F_{12}、F_{15}活动断裂，白泉南岩溶发育	
城际铁路	湘潭高铁—长沙南站—黄花机场线	穿越F_{16}、F_{23}、F_{24}活动断裂，九华、白泉南段岩溶发育，黄兴镇东北段易发流砂，浏阳河东岸存在少量软土	
城际铁路	宁乡—韶山—湘乡线	白马桥、南田坪、东湖塘、韶山—龙洞段岩溶发育，穿越F_2活动断裂	
城际铁路	湘潭—娄底线	楠竹山—元山冲、响水北段岩溶发育，穿越F_{16}活动断裂	
城际铁路	湘潭—株洲线	黄兴镇东北段易发流砂，浏阳河西岸存在少量软土，白泉南岩溶发育	
城际铁路	株洲—衡阳线	渌口—黑瓦屋段岩溶发育，渌口西及西南存在流砂	
城际铁路	株洲—黄花机场线	问题较少	
城际铁路	长沙—浏阳线	问题较少	
城际铁路	长沙—岳阳线	望城—靖港段存在软土，靖港西南段易发流砂	
城际铁路	长沙—益阳—常德线	问题较少	

此外，长常和长浏高速北线（北横线）在望城区乌山镇及星城镇、长沙市安沙镇南与捞刀河交汇处存在软土和流砂影响。

城际轨道交通现已建设完成长沙汽车西站往东再折转南经大托铺后分开，再往湘潭、株洲市区的"人"字形骨架线路建设，不日即可通车运营。另外长沙高铁南站—黄花机场改为磁悬浮列车也已开通。

该骨架线路建设中，新构造断裂、活动断裂、岩溶地区可溶岩裂隙、溶洞、软土、流砂、砂土液化等不利地段对工程建设均造成过威胁和增加了施工难度，经针对具体问题采取了工程技术措施，消除了这些问题对工程建设的影响，完成了建设工程任务，为今后修建其他线路积累了宝贵的经验。

湘潭—株洲—醴陵线的湘潭县—马家河段，有 F_{30}、F_{31}、F_{32} 新构造断裂穿过；株洲市京广铁路与线路交会地段，存在裸露及覆盖型岩溶区，可能发生岩溶塌陷危害；线路3次穿过湘江两岸的6个软土、流砂分布区，可能发生地面不均匀沉陷问题。长沙河西线，F_9、F_{10}、F_{12}、F_{15} 四条活动断裂在白泉大桥以北，有4个裸露与覆盖型岩溶区将影响此线，该线往北长沙—岳阳辐射线，主要有 F_2 断裂及靖港、新康两地软土、流砂的影响；衡阳—株洲—长沙黄花机场线衡阳—株洲县—云田乡段主要有可溶岩和软土、流砂影响，云田—黄花镇段地质环境条件良好。

湘潭—湘乡—娄底线的东段、中段基本上在可溶岩分布区中，所有影响建设的地质环境问题均集中分布于此段，从总体规划看，该路段并无特殊要求必须建设于此，根据地质环境条件，建议将中段线路自楠竹山北平行沪昆高铁线改线，避免可溶岩地面塌陷等问题的不利影响。

与西外环高速近于平行的宁乡市—韶山市—湘乡市城轨，其地质环境条件与长株潭西外环高速相同，宁乡—长沙—浏阳的线路，中段已建成通车，两侧延长线地质环境条件较好，故此不多评述。

交通运输线亦是人类的生命线，上述地质环境问题及地质灾害可致道路毁坏、交通中断，造成人类生命财产重大损失。

由于交通运输线是互相连接、交叉且走向难以调整，建议严格按照建设程序逐条线路进行各阶段工程地质勘探，适当优化线路设计；建议施工时采取有针对性的工程技术措施。

（三）地下空间利用及城市建设地下廊道工程建设

地下工程建设除人防工程、地下室、地下停车场、地下商场、地下仓储外，还有地铁、地铁换乘站点、过江隧道及地下管网廊道等，大大扩展了城市拓展空间。从已建成的各类地下空间建设和营运中遇到的重大工程地质问题主要有岩溶、地下水、影响岩土体稳定和变形的软土、流砂、卵石，及强风化残积土、断裂，特别是活动性断裂等将对地下工程建设造成因地下水系统补、径、排条件改变而疏干或壅高地下水位，因岩溶溶洞及充填物软土、流砂造成地面岩溶塌陷、建筑物硐室失稳破坏，导致重大经济和人类生命财产损失。

现状长株潭核心区规划布局未对城市地下空间利用进行规划，但长沙的地下空间利用建设和湘潭市管线地下廊道建设，开创了湖南省内城市地下空间利用之先河，在国内也走在了全国少数几个城市的行列。

目前，长沙市规划建设的地铁线路为7条，2号线已建成运营近两年，1号线已建成试运营，即将开启营运，两条地下线路共长 57.03km，其余线路为已先后开工建设、规划的5条过江隧道。已建成4条，地下线长为 11.8km，湘潭市地下管线综合廊道已建成2条，总长为 14.49km。目前这些工程建设、营运情况均良好。

在上述地下工程建设中，遇到过岩溶发育、地下水丰富、岩土体稳定和变形、断裂、特殊土（软土、流砂）等地质环境问题，经过现有技术处理均能避免与化解。

本次采用影响因子选取加权平均综合指数模型对规划区地下空间0～15m、15～40m、40～60m深度适宜性进行了评价，评价结果见表5-7。

表 5-7　地下空间开发利用适宜性评价表

评价深度（m）	适宜性好		适宜性较好		适宜性较差		适宜性差	
	面积（km²）	占比（%）	面积（km²）	占比（%）	面积（km²）	占比（%）	面积（km²）	占比（%）
0～15	1 668.41	57.13	640.63	25.94	492.00	16.86	118.96	4.07
15～40	1 354.82	46.41	1 370.51	46.93	158.22	5.42	36.45	1.24
40～60	1 477.78	50.62	1 357.65	46.49	68.76	2.35	15.81	0.54

对适宜性较差和适宜性差区，其分布范围、特征、存在的主要问题及防治措施建议，现简要阐述如下。

0～15m 段

地质环境条件较差区主要分布于长沙市湘江橘子洲头，湘江东浏阳河西岸部分地段，河西洋湖垸、坪塘—含浦一带，株洲市天元区部分地段，湘潭市湘潭锰矿—白泉一带、雨湖区河西邻湘江地段，岩体类型主要为灰岩、白云岩、灰质砾岩，土体类型为橘子洲组、白水江组、马王堆组黏土、粉土、砂砾类土，地下水位埋深3～5m，含松散岩类孔隙水和碳酸盐岩（含灰质砾岩）裂隙溶洞水，含水丰富，岩溶、软土、流砂等不良地质作用较发育，地质构造中等—复杂，岩溶、流砂、软土为区内主要工程地质问题。

除上述区域外，其他地区岩体主要为浅变质岩、陆相碎屑岩（泥岩、砂岩）、海相沉积岩（砂岩、页岩），土体主要有砾岩风化残积土、花岗岩风化残积土、马王堆组—洞井铺组黏土、卵砾石类土等，地下水埋深3～15m，含水量贫乏—中等，地质构造简单—中等，无不良地质作用，存在砂岩易风化，遇水易软化、崩解，在施工中注意突水、涌砂等问题。

15～40m 段

适宜性差—较差区与0～15m段分布地段基本相同，但分布面积缩小了70%，岩体类型主要为坚硬状灰岩、白云岩，地下水类型主要为碳酸盐岩裂隙溶洞水，含水量中等丰富，水位埋深浅，岩溶发育，地质构造中等—复杂，有活动断裂分布，对岩溶、透水、软土、流砂以及硐室稳定性应采取针对性措施。

40～60m 段

适宜性差—较差区与15～40m段基本相同，但分布面积缩小了56%，岩体类型为红层灰质砾岩、碎屑岩裂隙溶洞水，水量丰富，地质构造复杂，有活动断裂分布，岩溶发育，建设时应对岩溶、透水硐室稳定性采取针对性措施。

通过地下工程建设适宜性评价，在0～15m、15～40m、40～60m深度段，现规划区适宜性差的面积分别只占各段总面积的4.07%、1.24%、0.54%，说明规划区该类工程建设适宜性是适宜的，从已建成营运状况来看，上述问题是可解决的。

基于上述，建议倡导城市地下空间利用和城市管线综合廊道规划建设，结合老城区改造和新城镇建设，使城市建设高标准、高品质、高速度建成。

二、地铁规划建设建议

远期 2020 年规划轨道交通线路 7 条，总长为 200～260km。除已经通车的 2 号线一期、西延一期及 1 号线一期工程，地铁 3 号、4 号、5 号线一期工程于 2014 年开工建设，预计分别于 2018 年和 2019 年、2020 年建成通车，地铁 6 号线 2016 年开工，2020 年达到试运行条件，地铁 7 号线仍处于规划研究阶段。

（一）地铁建设存在的地质环境问题

笔者分析了长沙市区地质环境条件，结合地铁建设过程中遇到的实际情况，归纳出地铁建设存在以下地质环境问题。

1. 对地下水的影响

隧道结构在减少蓄水空间的同时也减少了地下水的过水断面。由公式 $Q=KWI$（Q 为单位时间内过水断面 W 的流量，K 为渗透系数）可知，假设渗透系数不因施工而改变，仅过水断面的改变，地下水的流量也是不容忽视的。车站基坑和隧道结构占据部分含水层，减少了地下水过水面积，使地下水的补给受阻而改变地下水的径流场；在迎水方向一侧，因径流受阻而使地下室为局部壅高，另一侧因接受补给量减少而使水头降低，减缓了水力坡度和流速，导致水量减少。

2. 岩溶

岩溶问题是影响长沙市地铁建设遇到的最突出的工程地质问题。根据地质成果归纳总结，长沙市的岩溶主要分布于以下五大块：河西洋湖垸片区、桃子湖片区、望月湖片区，河东中山路以南、劳动路以北，省政府二院以西范围内以及南二环附近的新开铺小学—芙蓉路立交桥一带。

例如地铁 3 号线过湘江隧道既是水下隧道，又是穿越岩溶发育区隧道（图 5-7）。岩溶主要发育在湘江东、西河汊。据其勘查资料可知，溶洞多数以串珠状分布，垂向由西往东呈阶梯状依次变深，在河西汊较浅，东、西两侧较深。溶洞多数有充填，充填物主要为砂、卵石及黏性土，与湘江连通，岩溶水与河水贯通，具承压性。

岩溶岩面起伏，导致上覆土层地基压缩变形不均；洞穴顶板变形造成地基和隧道围岩支护体系的失稳；岩溶水的动态变化往往产生突泥、突水，给施工和建筑物使用造成极大的危害；土洞坍落形成地表塌陷；溶蚀作用还会导致岩体的渗透性变异，给工程治水带来难题。

3. 断裂

断裂作用使两盘围岩中产生大量裂隙，导致岩体完整性差，影响岩体稳定和承载性能；且岩体受到不同程度的切割，导致岩体物理力学性质变异和严重不均匀，开挖时易出现拱顶坍塌、侧壁失稳等安全事故；断层往往成为裂隙水的活动通道，破碎岩体具有一定的渗透能力，涌水量较大，严重影响岩体强度和抗冲刷能力，施工时易造成突水、管涌与突涌事故。断层破碎带对地下隧道掌子面影响较大，此处掌子面一般围岩稳定性较差，不能满足施工要求，必须进行注浆加固。

地铁 1 号线新建西路站附近与新开铺-坪塘活动断裂（F_{30}）呈大角度相交。该断裂长约为 30km，北北东走向，倾向南东，为逆断层。该断裂第四纪以来活动明显，造成南东盘（相对上升）卵石层比北西盘（相对下降）卵石层高出近 30m（图 5-8）。受该断裂与次级断裂及后期侵蚀作用的共同影响，该处呈现"断

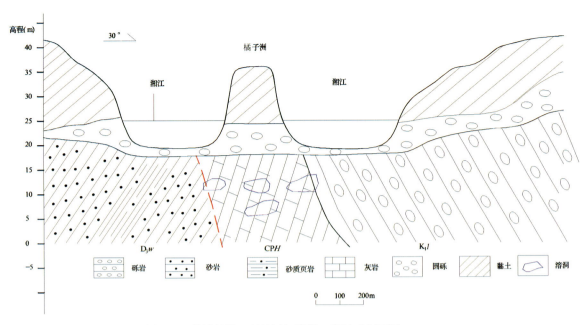

图 5-7　长沙地铁 3 号线过江隧道工程地质剖面图

塞塘"地貌特征，与湘江连通后形成湘江支流。根据资料，断裂北西盘钻孔钻至 60.20m 深度仍未见基岩。该活动断裂造成第四纪卵石层垂直错动，场地地基土均匀变差，加大了施工难度。断裂北西盘第四纪卵石层厚度增加，导致含水层厚度变大，给工程排水带来极大困难。

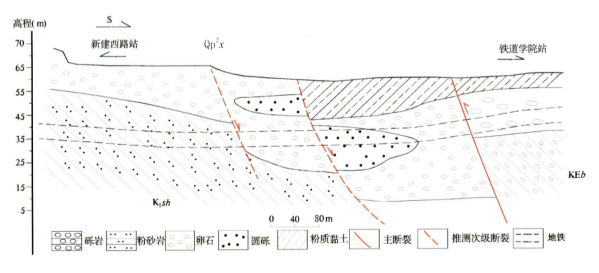

图 5-8　地铁 1 号线新建西路站—铁道学院站活动断裂剖面图

4. 地面沉降、塌陷

地面沉降、塌陷是长沙市地铁隧道工程施工中较为常见的地质灾害问题，特殊类土、岩溶发育区及盾构施工、基坑开挖与排水均易产生地面沉降、地面塌陷等次生地质灾害可能会严重危及道路和周围建筑物的安全。

5. 硐室围岩稳定性差

长沙市区岩土体条件复杂多样，各类岩土体的性质相差较大，因此，地铁建设过程中，硐室围岩稳定性差是较为突出的工程地质问题。

长沙市地铁隧道工程沿线部分地段第四纪砂卵石层厚度较大且发育有软土，基岩以白垩纪泥岩、泥质砂岩、砾岩（局部为钙质砾岩）、板岩为主，泥盆纪砂岩、灰岩次之。除泥盆纪砂岩、灰岩外，其他各类岩石水理性质较差，遇水易软化，失水易干裂，且风化层厚度较大，结构松散，力学强度低，抗滑、抗变形及抗渗性能差，当盾构机在其中穿越时，常会因岩层软、硬变化造成盾构机掘进偏位与抬头，盾构偏移或刀口损坏，而影响施工进度。

例如地铁 1 号线开福区政府站—北辰三角站在盾构施工中出现了险情。区间地表多处出现沉降量大、地表开裂情况，均采取了先回填、后注浆的方式进行处理。原因为该段地层为人工填土、全新统橘子洲组淤泥质土、粉质黏土、细砂、卵石和罗镜滩组砾岩，组成上软下硬地层，由于地铁硐室主要在砂卵石和强风化砾岩中，盾构掘进控制困难。加之洞身主要为松散的砂卵石地层，地下水丰富，造成地层总体上不稳定。特别是北辰三角洲区域，地层极为复杂，以上因素客观上导致盾构施工沉降大。

（二）地铁规划建设建议

地铁建设遇到的地质环境问题不容忽视，应正确把握好环境补偿原则、工程避让原则、环境保护原则及环境治理原则。应针对不同的地质环境问题采用不同的对策，将地铁建设对环境的影响降低到最低，同时，在建设及以后的运营中，要做到科学设计，严格管理，加强监测，实现信息化施工管理，保证地铁建设及运营的安全，保护城市生态环境的平衡。鉴于 1 号线一期及 2 号线一期、西延一期已正式运营，地铁 3 号、4 号、5 号线一期工程开工建设已久，现仅对长沙市地铁 6 号、7 号线提出了建设可能存在的主要地质环境问题（图5-9、图5-10）及相应的对策和建议：

（1）在工程建设中，必须重视工程地质、水文地质资料。设计时，采用必要的工程措施有效减缓地下结构对地下水的影响。①通过调整隧道底板标高、减少隧道和车站占据含水层空间的比例、敷设涵管、在车站和隧道顶部回填一定厚度透水的砂卵石层，以增加地下水的渗量，减轻地下水位壅高的影响；②充分考虑不同施工工艺对地下水环境的影响，优先采用盾构法施工；③对第四系厚度较大的车站站点施工时（表5-8），用"地下水控制"概念代替纯粹的"降水"概念，如采用地下连续墙隔水，基坑内外地下水无水力联系，可减少施工降水影响范围和程度；④需要降水时，必须在因降水而形成的降水漏斗内，设置一定数量的回灌井，并加强对地面及周边建（构）筑物的沉降及变形位移监测。

（2）地铁 7 号线在烈士公园站—晚报大道站间穿越覆盖型岩溶区，岩溶较发育，覆盖层下部为砂砾石层，第四系孔隙水中等—丰富，施工过程中极易发生突水、突泥、硐室坍塌等地质灾害，但范围不大，工程可不采取避让措施，但勘查过程中要有针对性地查明岩溶发育程度及范围，施工时要注意可能会造成的地质问题，做好预防工作。

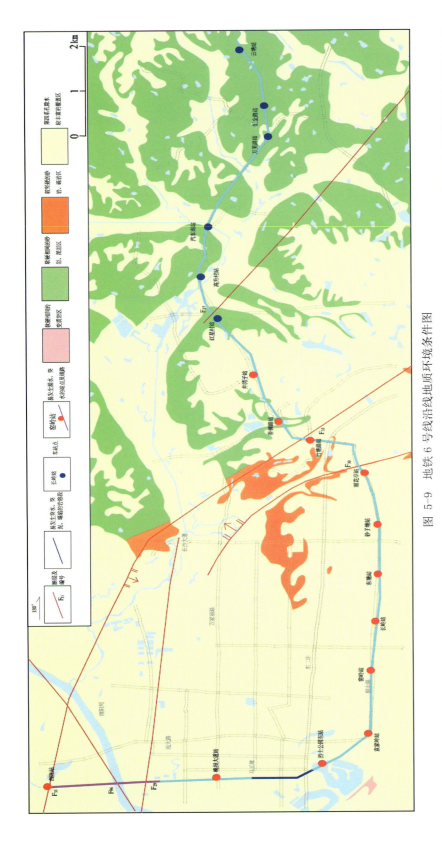

图 5-9 地铁 6 号线沿线地质环境条件图

图 5-10 地铁 7 号线沿线地质环境条件图

表 5-8　地铁 6 号、7 号线含水较丰富的车站站点一览表

地铁名称	站点名称	地下水类型及富水程度	对工程的影响
6 号线	文昌阁站—东四线站共 13 个站点	均为第四系孔隙水，含水层为砂砾石及卵石层、厚度较大，水量中等—丰富	涌水量较大，可能会造成地面沉降、塌陷等灾害
7 号线	井湾子站—西陇站共 12 个站点	均为第四系孔隙水，含水层为砂砾石及卵石层、厚度较大，水量中等—丰富	

（3）地铁 6 号、7 号线隧道工程穿过多处断层破碎带，受破碎带影响岩体较为破碎、风化强烈、多呈碎裂状或土状，给施工带来较大难度。其中 F_{27} 主断层及分支断层在过湘江段与 6 号线交会，在盾构施工时可能有股状地下水涌出和产生突涌的可能。建议勘查时需采取多种勘探方法验证查明断裂带的规模、分布及对地铁的影响，结构设计时特别注意防渗问题，按有关规范要求对钢结构采取相应有效的防腐措施，提高混凝土抗渗措施，施工时要特别注意突水、涌水问题。

（4）隧道盾构掘进时不可避免地引起地层扰动，抽排地下水、软土等特殊土的存在都会引起地面沉降及地面塌陷等地质灾害。建议施工时要从以下几方面控制地面沉降的发生：①施工前，须进一步对区间沿线的建筑物基础形式、建筑物基坑的支护方式（特别是本线路基坑的锚索支护等）和管线进行调查，应以高于现行规范的标准来部署勘查、施工工作，减少施工过程中因环境条件改变而引发的工程事故；②可从控制盾构施工参数如推力、推速、正面土压、同步注浆量和压力等方面着手，可有效地抑制其引发地面沉降、塌陷；③可采取预加固处理措施，确保房屋、车站和其他建筑物的安全；④加强对周围环境、建筑物的基础和地下管线的监测。

（5）沿线基岩以早白垩世泥岩、泥质砂岩、砾岩（局部为钙质砾岩）和板溪群板岩为主；隧道盾构掘进面岩石风化程度变化较大，岩石强度差异较大，必须采取有效措施减少或消除岩土软硬不均和岩质黏粒含量过高对盾构施工的不利影响，比如要选择合适盾构机、刀盘和开口率以及施工工法，亦应注意推进速度和推进压力大小，必要时还要对围岩进行加固处理。因此在施工阶段，需要建设、施工、监理、设计与勘察单位的通力合作和信息共享，做到精心勘察、精心设计、精细化施工，确保在不影响城市环境的基础上安全施工。

三、垃圾填埋场选址建议

未来城市垃圾填理场主要受地质环境条件、环境保护条件、经济条件、场地条件等因素的控制。地质环境条件方面主要从场地稳定性、水文地质条件、工程地质条件等因素考虑。

决定场地稳定性的因素主要为地层岩性和地质构造。岩性条件对填埋场选址至关重要，场地应尽量选在以细小颗粒为主的松散岩层或坚硬岩层基础上，岩性适合为更新世黏土、粉质黏土以及板溪群和冷家溪群变质砂岩、板岩或致密的花岗岩，基岩风化程度最好为中风化—微风化，不宜为较粗颗粒的砂、砾石以及壶天群、棋子桥组等溶洞发育的灰岩区，以保证场地基础及边坡的稳定性；选址应选择在无活动断裂、充水断裂、地震活动的地区，活动断裂会造成地面不均匀沉降，威胁场地基础稳定性，充水断裂会大大增加地下水渗透性，增加场地基础建设难度。如长沙市固体废弃物处理场，位于长沙市望城区

桥驿镇寿字石村，属坚硬状花岗岩分布区，上部为残积土覆盖，厚度为 0.3～0.8m，强风化层厚度一般为 8m 左右，中风化层厚度一般为 20～30m，其下为微风化层（图 5-11），场地位于长沙-株洲-湘潭整体抬升构造运动区的黑麋峰-青山铺整体抬升构造运动亚区，无大的断裂构造，故在场地稳定性方面长沙市固体废弃物处理场是稳定的。

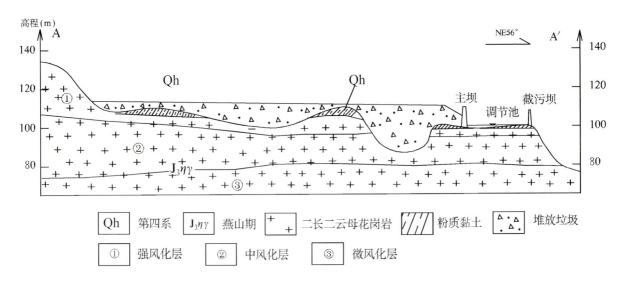

图 5-11 长沙市固体废弃物处理场剖面图

水文地质条件方面，垃圾场的基础应建设在地下水主要补给区范围之外，地下水富水性以贫乏—极贫乏为宜，场址不应直接选择在渗透性强的地层之上，应位于含水层的地下水水力坡度平缓地段，渗透系数最好能达到 10^{-7} m/s 以下，含水层以上最好有 5m 以上的隔水层，地下水化学类型以重碳酸钙型水为宜，不宜选择强酸性（pH＜4）、Cl^-、SO_4^{2-} 含量大于 200mg/L 的地下水类型，避免地下水对场地基础产生腐蚀。此外，场地内地下水的主流向应背向地表水域，地下水径流途径应比较短，最好具有较好的天然屏障，避免或减少地下水对周围水域的污染。湘乡市泉湖生活垃圾处理场位于湘乡市龙洞乡泉湖村，属白垩系罗镜滩组紫红色厚层块状砂砾岩夹砂岩区（图 5-12），节理裂隙较发育，含红层孔隙裂隙水，水量中等，渗透系数为 7×10^{-5} m/s，通过取样检测，排放废水中氯、铅略超标，污染下游溪沟，范围约为 2km，故该垃圾场在水文地质条件方面是较不适宜的。

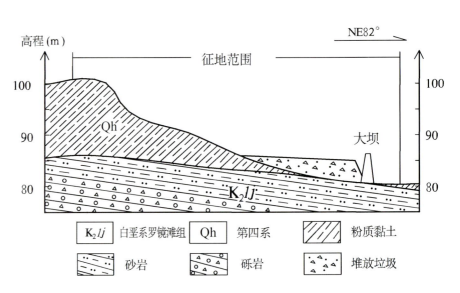

图 5-12 湘乡市泉湖生活垃圾处理场地质剖面图

工程地质条件方面,场地基础应选择在连续稳定且强度大的岩层之上,地基承载力应达到2 000kPa以上,应避开地质灾害易发生的地区。不应在滑坡、崩塌、泥石流、地面沉陷等不利的自然地质现象的影响范围之内,要考虑区内存在的软土地基等地质问题,尽量避免因工程地质问题使工程复杂化。

环境保护条件方面,场地宜选址在远离水源地、居民地、风景名胜地和飞机场的区域,针对长株潭区域,宜选在与湘江及其支流等地表水无水力连通的,距居民地大于1km,距飞机场大于5km,距风景名胜地大于15km且常年风向背离居民区的区域,不宜选址在居民集中区、工程规划区、生态保护区和河流阶地上。湘潭市双马垃圾卫生填埋场位于湘潭市岳塘区双马镇建设村,距湘江仅400m,渗滤液经处理后排入湘江(照片5-1、照片5-2)。周边居民较多,分布多口民井及水塘,通过取样检测,地下水及地表水中"三氮"、铁等有轻微污染。

经济条件方面,场地宜选址在丘陵沟谷中,占用土地以荒地为宜,附近200m以内有运输道路,距运输站距离小于10km的区域,不宜选址在林地、耕地和交通闭塞区域。

场地条件方面,场地宜选址在丘陵沟谷区,地形平坦,坡度小,防渗黏土材料可以就地取材,场地区域除满足垃圾填埋需要外,有足够大空间建立办公区并留有机动区,不宜选址在中低山地貌区域。

照片5-1 填埋场堆满部分覆土植草,但垃圾场距离湘江较近

照片5-2 填埋场渗滤液处理厂,渗滤液经处理再排入湘江

第六章 数据库建设

第一节 数据库建设概况

一、基本情况

数据库建设内容主要引自《长株潭城市群地质环境调查与区划》（2009—2015年），《湖南1∶5万铜官幅（H49E022020）、长沙幅（H49E023020）、大托铺幅（H49E024020）、湘潭幅（G49E001020）、下摄司幅（G49E002020）、青山铺幅（H49E022021）、株洲县幅（G49E002021）、镇头市幅（H49E024022）、普迹幅（G49E001022）环境地质调查》（2014—2015年），《湖南省地热资源调查与区划》（2013—2015年），《长沙市浅层地温能调查评价》（2011—2013年），《湖南省主要城市浅层地温能调查评价》（2013—2015年）等工作项目数据库建库报告，范围涵盖长沙、株洲、湘潭三市市域，面积$2.8 \times 10^4 km^2$。

二、目标任务

在现状调查成果的基础上，充分收集前人资料，建立数据库，包括属性数据库、空间数据库、成果图件及元数据库4个方面。

三、提交成果

（1）工作区野外调查卡片。
（2）工作区相关影像资料。
（3）原始资料电子档。
（4）属性数据库。
（5）空间数据库。
（6）工作区相应的专业成果图件。

第二节 工作方法及流程

一、数据库编制依据与标准

本次建库标准：《重要经济区和城市群地质环境调查评价数据库建设指南（Ver4）》（以下简称《指南》）。

系统库和子图库以采用武汉地质调查中心统一下发的标准库为准。

其他参考标准及规范：

GB/T 2260—88　《中华人民共和国行政区划代码》
GB/T 9649—88　《地质矿产术语分类代码》
GB/T 14848—93　《地下水质量标准》
GB/T 14538—93　《综合水文地质图图例及色标》
GB/T 12328—90　《综合工程地质图图例及色标》
GB/T 14157—93　《水文地质术语》
GB/T 14498—93　《工程地质术语》
GB/T 13923—92　《国土基础信息数据分类与代码》
GB/T 13989—92　《国家基本比例尺地形图分幅和编号》
DZ/T 0157—1995　《1∶50 000 地质图地理底图编绘规范及图式》
DZ/T 0197—1997　《数字化地质图图层及属性文件格式》

二、工作方法

依据设计要求，结合工作区的具体情况，本次建库的工作方法如下：

（1）对野外调查的卡片进行录入。

（2）以1∶5万数字形图、1∶5万数字地质图、1∶5万区调成果为基础，充分利用本次野外调查第一手资料，并收集工作区1∶20万区域水文地质普查以及县市地质灾害调查、工作区地下水资源勘查、生态环境地质现状调查等成果，经过综合分析研究，获取各专题图层属性数据。根据编制好的属性表进行分层属性录入，与MapGIS图形库建立连接。利用图形和属性一一对应关系，由图形到属性、由属性到图形对图形数据和属性数据进行全面检查和修改。MapGIS图形处理及属性录入均在高斯北京（毫米）中完成。

三、建库流程

（1）地理图层利用1∶5万数字地形图转换并投影，在MapGIS中进行删减或修改。

（2）建立拓扑，面图元由拓扑形成，拓扑时将图幅拼合在一起按工作区作拓扑。

（3）按图幅裁剪，在"属性库管理模块"中使各图层 ID 号与图元编号唯一、连续。

（4）属性录入，填写各图层的属性。点属性根据 DBF 文件转为 TXT 文件，采用用户文件投影得来。

（5）坐标投影。在 MapGIS 图层数据完成后，进行备份，再投影一套经纬度（度）数据。

（6）元数据编写，元数据内容是对本次重要经济区和城市群地质环境调查评价数据库建设的简要描述，数据集与资料来源、格式以及提交单位等信息说明。元数据参照《中国地质局工作标准元数据格式标准（2006）》。

四、属性采集

（1）基础地理图层：地形地理图使用国家测绘局数字地形图，根据《指南》修改其数据结构及属性。

（2）基础地质图层：充分收集工作区已有 1∶5 万区域地质空间数据库图幅以及已经开展或正开展区域工作的图幅资料，结合 1∶20 万、1∶25 万区域地质图，以及野外调查、实测资料。

（3）水文地质图层：在已修编好的基础地质图层的基础上编制。以图幅为单元，根据水文地质调查、水文地质钻探及相关试验情况，各系统按含水岩组进一步划分为 4 种地下水类型，分别为松散岩类孔隙水、碎屑岩裂隙孔隙水、基岩裂隙水和岩溶水。

（4）工程地质图层：在已修编好的基础地质图层的基础上编制。根据野外调查、工程地质钻探及相关试验情况，将区内岩体类型分为沉积碎屑岩建造、沉积碳酸盐岩建造、浅变质岩建造、岩浆岩建造 4 类，进一步分为 16 个岩组，据此进行工程地质分区。

（5）环境地质图层：根据工作区地质灾害调查、矿山环境问题调查、生态环境地质现状调查、岩土样和水样分析结果、工作区环境地质问题相关勘查报告和图件等资料。

（6）各类点图层（泉点、钻孔、取样点、监测点等）：根据野外调查实测资料。

第三节 数据库主要内容

一、属性数据库

属性数据库是将野外调查和收集的原始数据进行统一整理、分类、汇总，利用信息系统的录入模块而建立的，具体录入属性表类型及记录数见表 6-1。

表 6-1 属性数据库组成一览表

序号	属性表名称	计量单位	录入
1	野外调查路线表	条	138

续表 6-1

序号	属性表名称	计量单位	录入
2	调查点基础数据表	条	4 789
3	野外照片数据表	条	1 060
4	地层岩性界线调查点记录表	条	310
5	岩土地层调查点记录表	条	162
6	野外构造点调查表	条	77
7	微地貌调查表	条	684
8	节理裂隙记录表	条	25
9	机（民）井调查表	条	2 325
10	泉点野外调查表	条	275
11	矿山抽排水点调查表	条	132
12	水源地综合调查表	条	3
13	特殊土调查表	条	1
14	岩石风化程度调查表	条	3
15	崩塌调查表	条	44
16	滑坡调查表	条	81
17	不稳定斜坡调查表	条	28
18	地面塌陷调查表	条	49
19	岩溶塌陷调查表	条	7
20	地面沉降调查表	条	15
21	垃圾场调查表	条	16
22	固体废弃物堆放场调查表	条	233
23	地下水污染现状调查表	条	6
24	地源热泵工程开发利用调查表	条	41
25	回灌试验成果表	条	6
26	U型地埋管换热功率计算表	条	174
27	地下水换热功率计算表	条	34
28	温泉点调查表	条	108
29	地热钻孔调查表	条	107
30	矿坑调查表	条	3

二、空间数据库

拟编的图件经过扫描、误差校正、矢量化、拓扑查错、投影变换、系统生成等工作，建立图层属性结构，录入属性。基础、专业和综合图件的属性图层见表6-2。

表 6-2 空间数据库组成一览表

图类	图层
基础地理类	工作区范围、水域面、公路交通、铁路交通、河流、境界线、居民地
基础地质类	岩性分布、地质分布、地貌分区、断层分布、地质界线、产状
水文地质类	地下水富水程度划分、地下水化学类型划分、地下水类型划分、含水岩组类型划分
工程地质类	土体类型、岩体类型、综合工程地质分区
环境地质类	地下水污染程度分区、地质灾害防治分区、地质灾害易发性评价分区、土壤污染状况分区、崩塌、滑坡、泥石流、不稳定斜坡、地面塌陷
地质资源类	地下水应急水源地分布、地埋管地源热泵适宜性分区、地下水地源热泵适宜性分区、地下水地源热泵系统潜力评价区、地下水地源热泵系统潜力评价区、地下热水资源分区

三、元数据

依据《地质信息元数据标准》（DD 2006—05），采用中国地质调查局提供的元数据采集软件录入元数据。每一张成果图的所有说明信息均成一条元数据。共录入"长株潭城市群遥感影像图元数据""长株潭城市群地貌图元数据"等30个元数据。

四、成果图件

按数据库要求编制成果图件30张，具体见表6-3。

表 6-3 成果图件一览表

类别	图号	图 名
基础类	1-1	长株潭城市群遥感影像图
	1-2	长株潭城市群地貌图
	1-3	长株潭城市群地质图
	1-4	长株潭城市群构造纲要图
	1-5	长株潭城市群水文地质图
	1-6	长株潭城市群水文地质分区略图
	1-8	长株潭城市群工程地质图
	1-9	长株潭城市群活动断裂及区域地壳稳定性评价图

续表 6-3

类别	图号	图　　名
应用类	2-1	长株潭城市群地下水质量评价图
	2-2	长株潭城市群矿泉水资源分布图
	2-5	长株潭城市群地下热水资源分布图
	2-11	长株潭城市群地下水地源热泵系统适宜性分区图
	2-13	长株潭城市群地埋管地源热泵系统适宜性分区图
	2-14	长株潭城市群地下水地源热泵系统潜力评价图
	2-15	长株潭城市群地埋管地源热泵系统潜力评价图
	2-16	长株潭城市群地质遗迹景观资源分布图
	3-1	长株潭城市群浅层地下水污染图
	4-1	长株潭城市群应急（后备）地下水源地分布图
	4-3	长株潭城市群垃圾填埋场地质环境适宜性评价图
	4-5	长株潭城市群核心区地下空间（0～15m）开发利用适宜性分区图
	4-6	长株潭城市群核心区地下空间（15～40m）开发利用适宜性分区图
	4-7	长株潭城市群核心区地下空间（40～60m）开发利用适宜性分区图
	4-8	长株潭城市群崩塌、滑坡、泥石流易发性分区图
	4-9	长株潭城市群崩塌、滑坡、泥石流危险性分区图
	4-10	长株潭城市群岩溶塌陷易发性分区图
	4-11	长株潭城市群岩溶塌陷危险性分区图
	4-12	长株潭城市群表层土壤质量综合分级图
	5-2	长株潭城市群地质灾害防治分区图
	5-3	长株潭城市群矿山地质环境综合分区图
	5-4	长株潭城市群配方施肥建议图

结　语

本专著系统总结了中国地质调查局及湖南省自 2009 年以来在长沙、株洲、湘潭三市域内部署的"长株潭城市群地质环境调查与区划""湖南 1∶5 万铜官幅（H49E022020）、长沙幅（H49E023020）、大托铺幅（H49E024020）、湘潭幅（G49E001020）、下摄司幅（G49E002020）、青山铺幅（H49E022021）、株洲县幅（G49E002021）、镇头市幅（H49E024022）、普迹幅（G49E001022）环境地质调查""湖南省主要城市浅层地温能调查评价""长沙、株洲、湘潭 1:5 万地质灾害详细调查""长沙市地下热水资源普查"等多个项目的成果、资料，分析研究了长株潭城市群的地质环境条件，归纳总结了其地质资源优势；梳理出了区内存在的主要环境地质问题，对城镇应急（后备）地下水源地、城市垃圾处理场适宜性、地下空间开发利用地质环境适宜性、地质灾害易发性及危险性、土地质量进行了专题评价，提出了城市群地质环境保护与城市规划建议。专著全面系统、站位较高、成果最新，为长株潭城市群规划、建设提供了可靠的科学依据，亦对省内乃至全国其他城市地质环境工作具有较好的借鉴意义。

专著系全体编制人员智慧的结果，叶爱斌局长极为重视专著编纂工作，并给予了精心指导和大力支持，黄建中、盛玉环对专著编纂进行了工作谋划、提纲制定、编校审核。绪言，第一章第一、三、四节，第二章第二节，第五章第一节及第三节和结语由徐定芳编写；第一章第二节由柏道远编写；第二章第一节、第四章第一节、第五章第二节由童军编写；第二章第二节由姚腾飞编写；第二章第三节由王璨、周华编写；第二章第四节，第三章第一节，第四章第二、三节及第五章第三节由范毅编写；第三章第二节、第四章第四节、第五章第二节由刘声凯、黄超、赵祈溶编写；第三章第三节、第五章第二节及第三节由何阳编写；第三章第一节、第四章第五节由朱丽芬、刘显丽编写；第六章由刘一鸣编写。全书最后由黄建中、盛玉环、徐定芳统稿。

专著编纂工作始于 2016 年 7 月，至 2017 年 12 月完成，历时一年半。编纂期间，中国地质调查局水文地质环境地质调查中心文冬光主任，中国地质调查局林良俊处长，中国地质调查局武汉地质调查中心胡光明处长、金维群处长、陈立德教授、彭柯教授，湖南省国土资源厅刘五一处长，湖南省国土资源信息中心贺安生主任，湖南科技大学肖江博士等进行了悉心指导并提出了宝贵意见，在此表示衷心的感谢！

主要参考文献

杨晓强. 浅谈地下水资源评价方法 [J]. 内蒙古水利, 2015 (1) :78-79.

姚青梅, 姚家芬, 王军. 地下水资源评价问题探讨 [J]. 环境与生活, 2014(22) :346-346.

彭晓东. 地下水资源评价的原则与内容 [J]. 黑龙江科技信息, 2011 (31) :8-8.

全建英. 关于地下水资源评价问题的若干思考 [J]. 山西建筑, 2014 (34) :266-267.

肖俊, 胡国华, 张成才. 长株潭地下水质综合评价 [J]. 科技创新导报, 2008 (18) :72-73.

姚铭富. 地下水污染与防治 [J]. 黑龙江水利科技, 2013, 41 (11) :178-180.

郜洪强, 樊延恩. 层次分析法在垃圾填埋场适宜性评价中的应用 [J]. 中国地质, 2009, 36 (6) :1 433-1 441.

李宗祥, 庞君, 徐金鹏. 景洪市垃圾填埋场地质环境适宜性评价 [J]. 图书情报刊, 2010, 20 (1) :176-178.

彭俊婷, 洪涛. 基于模糊综合评价的城市地下空间开发适宜性评估 [J]. 测绘通报, 2015 (12) :66-69.

徐军祥, 秦品瑞. 济南市地下空间资源开发地质环境适宜性评价 [J]. 山东国土源, 2012, 28 (8) :14-17.

张晶晶, 马传明. 郑州市地下空间开发地质环境适宜性变权评价 [J]. 水文地质工程地质, 2016, 43（2）:118-125.

王贵玲, 蔺文静, 张薇. 我国主要城市浅层地温能利用潜力评价 [A]. 建筑科学, 2012, 28 (10) :1-3.

卫万顺, 郑桂森, 冉伟彦. 浅层地温能资源评价 [M]. 北京：中国大地出版社, 2010.

徐秋敏. U型垂直埋管式地热热泵地下传热特性的实验研究 [D]. 大连理工大学, 2005.

盛玉环. 湘潭市区岩溶塌陷勘查研究方法 [J]. 中国地质灾害与防治学报, 1997 (s1) :136-140.

雷明堂, 蒋小珍, 李瑜, 等. 湘潭市岩溶塌陷的综合预测与评价 [J]. 中国地质灾害与防治学报, 1997 (s1) :77-85.

张礼中, 张永波. 城市环境地质调查信息化建设 [M]. 地质出版社, 2011.

内部资料

湖南省地质调查院. 1：25万益阳市幅区域地质调查报告 [R]. 2003.

湖南省地质调查院. 1：25万长沙市幅区域地质调查报告 [R]. 2002.

湖南省地质调查院. 1：25万邵阳市幅区域地质调查报告 [R]. 2013.

湖南省地质调查院. 1：25万株洲市幅区域地质调查报告 [R]. 2013.

湖南省地质调查院. 1：25万衡阳市幅区域地质调查报告 [R]. 2005.

湖南省地质矿产勘查开发局水文地质工程地质二队. 湖南省长沙市水文地质工程地质环境地质详查报告 [R]. 1988.

湖南省地质矿产勘查开发局水文地质工程地质一队. 湖南省株洲市水文地质工程地质环境地质详细普查报告 [R]. 1987.

湖南省地质矿产勘查开发局水文地质工程地质二队. 湖南省湘潭市供水水文地质详查报告 [R]. 1990.

湖南省地质矿产勘查开发局水文地质工程地质一队、二队. 湖南省长株潭地区水文地质工程地质环境地质综合勘查报告 [R]. 1990.

湖南省地质矿产勘查开发局水文地质工程地质一队. 湖南省长沙市地下水资源开发利用现状调查报告 [R]. 1994.

湖南省地质矿产勘查开发局水文地质工程地质一队. 湖南省湘潭市地下水资源开发利用现状调查报告 [R]. 1994.

湖南省地质矿产勘查开发局水文地质工程地质二队. 湖南省长沙市区区域水文地质调查报告 [R]. 1999.

湖南省地质矿产勘查开发局水文地质工程地质二队. 湖南省长沙县区域水文地质调查报告 [R]. 1999.

湖南省地质矿产局水文地质工程地质一队. 湖南省地质灾害调查报告 [R]. 1991.

湖南省地质矿产局水文地质工程地质一队. 湖南省地质环境调查评价报告 [R]. 1993.

湖南省地质工程勘察院. 湖南省湘潭市区岩溶塌陷地质灾害勘查评价报告 [R]. 1997.

湖南省地质环境监测总站. 湖南省长沙市区、宁乡县、望城县、长沙县、湘潭市区、湘乡市、韶山市、湘潭县、株洲市区、株洲县、醴陵市、攸县、炎陵县地质灾害调查成果报告 [R]. 2002—2010.

湖南省地质环境监测总站,湖南省浏阳市国土资源局. 湖南省浏阳市地质灾害调查与区划成果报告 [R]. 2003.

湖南省地质环境监测总站,茶陵县国土资源局. 湖南省茶陵县地质灾害调查与区划成果报告 [R]. 2002.

湖南省地质调查院. 长江中游洞庭湖水患区环境地质调查评价成果报告 [R]. 2002.

湖南省地质调查院. 湖南省洞庭湖区多目标区域地球化学调查报告 [R]. 2006.

湖南省地质工程勘察院. 湖南省株洲市矿山环境地质调查与评价报告 [R]. 2008.

湖南省地质工程勘察院. 湖南省长沙市矿山环境地质调查与评价报告 [R]. 2009.

湖南省地质调查院. 湖南省湘潭市矿山环境地质调查与评价报告 [R]. 2009.

湖南省地质环境监测总站. 湖南省地质遗迹名录 [R]. 2003.

湖南省地质矿产勘查开发局四０二队. 长沙市浅层地温能调查评价成果报告 [R]. 2012.

湖南省地质矿产勘查开发局四０二队. 湖南省地热能资源报告 [R]. 2014.

湖南省地质矿产勘查开发局四０二队. 湖南省主要城市浅层地温能调查评价成果报告 [R]. 2015.

湖南省地质矿产勘查开发局四０二队. 湖南省干热岩资源潜力研究成果报告 [R]. 2016.